PRINCIPIOS DE GEOLOGÍA Y EXPLORACIÓN MINERA

Jorge Oyarzún Muñoz

EDITORIAL
UNIVERSIDAD
DE LA SERENA

PRINCIPIOS DE GEOLOGÍA Y EXPLORACIÓN MINERA
Jorge Oyarzún Muñoz

ISBN 978-956-7052-66-0
Primera edición: mayo 2019

© Editorial Universidad de La Serena
Los Carrera 207 – Fono (56-51) 2204368 – La Serena – Chile
editorial@userena.cl
www.editorial.userena.cl

Imagen de portada: Andacollo, Región de Coquimbo, Chile.
(Foto proporcionadas por el autor, al igual que todas las interiores)

Impreso en Gráfica Lom, Chile.

ÍNDICE

INTRODUCCIÓN

En un artículo de octubre del 2018, el distinguido geólogo de exploraciones Dan Wood señaló que un 70% de las explotaciones mineras desarrolladas en los últimos años están obteniendo resultados inferiores a los esperados conforme a los estudios de factibilidad de los respectivos proyectos. El mismo autor atribuye responsabilidad principal en ese déficit a la falta de comunicación entre geólogos e ingenieros (de minas, metalúrgicos y geotécnicos), que les impediría aportar informaciones útiles y aprovechar y utilizar plenamente sus capacidades y las de sus colaboradores. Respecto a las nuevas generaciones de geólogos, Wood menciona su menor conocimiento de dichas especialidades de ingeniería, lo que ha motivado a la Society of Economic Geologists a iniciar una serie de artículos de difusión para paliar en parte esa brecha.

La elaboración del presente texto obedece a dos objetivos. El primero es exponer a los ingenieros los principios, métodos y capacidades de entrega de información que implican los estudios geológicos, desde la planificación de prospecciones mineras hasta el cierre de la explotación del nuevo yacimiento descubierto. El segundo objetivo, dirigido a geólogos que inician su carrera profesional en la minería, es mostrar lo que ha sido la geología de minas desde su consolidación con los trabajos de R. Sales en Montana y la obra clásica de H. McKinstry, hasta nuestros días. Ello para indicar como los productos de su trabajo pueden ser más útiles aún a los ingenieros y colaborar al logro de una minería más segura y productiva, así como social y ambientalmente sustentable. Puesto que la exploración minera constituye una forma principal de creación de valor, y que la pequeña y mediana minería pueden ser actividades valiosas para contribuir al descubrimiento de nuevos yacimientos en los distritos en que operan, el texto dedica una atención principal a sus conceptos y metodologías.

En la redacción del texto se ha procurado utilizar un mínimo de términos especializados y, en cada caso, explicar su significado, lo que se completa con dos léxicos en los Anexos. También se expone, a modo de ejemplo concreto de las materias del texto, la historia del principal descubrimiento minero realizado en Chile en el siglo pasado (Escondida), conforme al relato de uno de sus protagonistas principales, el geólogo e ingeniero Francisco Ortiz.

El autor expresa su reconocimiento a los Dres. Roberto Oyarzún y Paloma Cubas, impulsores del grupo GEMM y del sitio www.aulados. com, por su colaboración a la edición científica de ambos léxicos, así como por las imágenes utilizadas en presente texto, y a don Alejandro Abufom, por el apoyo recibido de la Editorial Universidad de La Serena.

PRIMERA PARTE
Geología y Yacimientos Minerales

Filones de wolframita, Panasqueira (Portugal)

1.1. Yacimientos Minerales y su Formación

Los elementos químicos de la corteza terrestre están presentes en formas de cuerpos solidos formados por uno o varios elementos químicos, denominados minerales. La mayor parte de ellos están constituidos por un pequeño número de elementos (O, Si, Al, Fe, Ca, Mg, Na, K) y se denominan silicatos. Son los principales formadores de rocas y representan más de un 95% de la masa de la corteza. Sin embargo, cuando hablamos de minerales generalmente nos referimos a aquellos como la calcopirita ($CuFeS_2$), molibdenita (MoS_2), argentita (AgS_2) etc., que incluyen elementos químicos escasos pero valiosos, explotados por la "minería metálica". En el caso de Chile, la economía del país está ligada a un pequeño número de elementos: Cu, Mo, Fe, Au, Ag, que se presentan unidos a azufre, oxígeno, arsénico etc., o bien en forma metálica "pura", como el oro. Otro elemento "de actualidad" es el litio (Li) que se encuentra concentrado en algunas salmueras de los salares del Norte, como el Salar de Atacama. Al igual que los caliches salitreros, y el carbonato de calcio, el Li forma parte de la "minería no metálica" o "industrial".

Un yacimiento mineral es una concentración de minerales que podría explotarse con beneficio económico bajo circunstancias favorables. Por lo tanto, su definición incluye tanto un criterio geológico (el de concentración) como uno de carácter económico, que involucra factores como el precio de los metales y los costos de la extracción del metal o del mineral en cuestión. Al respecto hay que señalar que algunos minerales no metálicos se explotan por sus propiedades físicas o químicas (como las zeolitas) y no para extraer un metal.

La formación de los yacimientos minerales ocurre por efectos de una amplia gama de procesos geológicos, que operan tanto al interior de la Tierra (procesos endógenos) como al exterior de la corteza (procesos exógenos). Los primeros están ligados principalmente a la formación de magmas (mezclas fundidas de silicatos, como la lava de un volcán) y a su cristalización a profundidades de algunos kilómetros o cientos de metros bajo la superficie. Desde el punto de vista de su emplazamiento los cuerpos magmáticos se clasifican en intrusivos (cristalizados en profundidad) y en volcánicos (cristalizados en o cerca de la superficie del terreno). En términos de su composición se distingue entre magmas máficos, enriquecidos en Fe, Mg y Ca, cuya cristalización genera rocas oscuras y magmas félsicos, ricos en Na, K y Si, que dan lugar a rocas claras, como los granitos.

Existe una importante relación entre los procesos de la tectónica de placas y la formación de magmas, de manera que la posición del territorio de una región geográfica respecto a esos procesos es determinante respecto a qué tipos de magmas se pueden formar (o se formaron en tiempos geológicos pasados). En el caso de Chile, cuyo territorio es geológicamente joven y estructuralmente homogéneo, los yacimientos metalíferos se han formado durante los últimos cientos de millones de años y bajo condiciones de subducción de una placa litosférica oceánica bajo el borde del Continente (la misma condición que explica nuestros frecuentes sismos, así como la actividad de los volcanes). En ese contexto se forman los llamados "magmas calcoalcalinos", de composición intermedia entre los máficos y los félsicos, cuya cristalización produce rocas como las andesitas (volcánicas) o las granodioritas (graníticas intrusivas). Estos magmas son ricos en azufre y agua, lo que facilita la formación de soluciones hidrotermales con Cu, Mo, Au y otros metales, las que llegan a formar grandes cuerpos mineralizados, como los pórfidos cupríferos, que tanto contribuyen a la economía nacional (como Collahuasi, Chuquicamata, Escondida, Pelambres, Río Blanco, Los Bronces, El Teniente, etc.). Otros tipos de magmas se forman en contextos geotectónicos distintos. Este es el caso de los magmas máficos toleíticos, a los que se asocian los principales yacimientos mundiales de metales como el cromo y los elementos del grupo del platino. Esos magmas no participan mayormente en nuestra geología. Tampoco participan los magmas félsicos enriquecidos en Na y K (pero no en Si) denominados magmas alcalinos. Ello explica por qué nuestro territorio no es favorable para la existencia de yacimientos económicos de elementos como los del grupo "tierras raras" (La, Ce, Eu, etc), que se asocian a magmas alcalinos y que tantas nuevas aplicaciones tienen en la actual tecnología electrónica. Por supuesto, ello no implica que no estén presentes, pero sí que sus concentraciones sean bajas. Como consecuencia de lo expuesto, nuestro territorio es excepcionalmente rico en cobre y molibdeno, así como en plata y oro, y cuenta con yacimientos de buena ley, pero con reservas moderadas de hierro. A ello se une la presencia de los caliches salitreros y de las sales ricas en litio y otros elementos alcalinos de los salares andinos, así como de otros pocos elementos como el cobalto, que fue extraído en algunos yacimientos de cobre de la Cordillera de la Costa durante un período de alta demanda por la Segunda Guerra Mundial.

Los yacimientos minerales endógenos se pueden formar por cristalización directa de magmas ricos en minerales, denominados "magmas de mena", así como por la intermediación de soluciones calientes generadas durante la cristalización de los magmas, denominadas soluciones hidrotermales. También puede ocurrir que los metales sean trasladados desde el magma a su sitio de depósito en forma de compuestos gaseosos con elementos halógenos (como $FeCl_2$ o SnF_4) de elevada temperatura y den lugar a la formación de depósitos neumatolíticos. El primer caso (cristalización directa) es propio de los yacimientos ligados a magmas toleíticos. En Chile, ambos mecanismos han sido propuestos para explicar la formación del yacimiento de hierro de El Laco, en la Alta Cordillera de Antofagasta, ligado a un complejo volcánico plioceno (2-3 Ma). Sin embargo, la casi totalidad de nuestros depósitos metalíferos se ha formado por soluciones hidrotermales, y en algunos casos por la removilización posterior de parte de su contenido metálico (como en el caso de Sagasca, en Tarapacá, o de Exótica-Mina Sur de Chuquicamata- en Antofagasta.

El concepto de solución hidrotermal implica que los elementos mineralizadores son transportados en una solución acuosa a una temperatura que puede llegar a unos cientos de grados. En la mayoría de los casos estas soluciones provienen de magmas en proceso de cristalización, pero parte del agua puede ser de origen superficial (aguas subterráneas profundas) y también parte de su contenido metálico puede tener su origen en las rocas que atraviesa. A medida que las soluciones hidrotermales se desplazan a través de estructuras abiertas o de medios rocosos permeables, se modifica su temperatura, así como su presión y composición, lo que finalmente conlleva su desestabilización química y en consecuencia la precipitación de minerales.

La formación de yacimientos minerales exógenos ocurre en la superficie de la corteza, ya sea bajo aire o bajo agua y es producto de los procesos de meteorización, erosión y sedimentación. En el primer caso se incluyen los yacimientos formados por enriquecimiento selectivo de minerales. Así se originan los depósitos lateríticos de aluminio, hierro o cromo, a partir de rocas ricas en esos elementos, que alcanzan leyes económicas cuando la meteorización química bajo condiciones de clima tropical disuelve y se lleva otros constituyentes de la roca. En este caso, los minerales valiosos se quedan en su sitio original. Un caso distinto es cuando una roca mineralizada se meteoriza y sus constituyentes valiosos son disueltos y transportados, formando un depósito económico a cierta distancia del depósito original. Este es el caso de la Mina Sur de Chuquicamata, cuyo contenido de cobre fue llevado en solución por un paleo canal, millones de años (Ma) después de la formación de Chuquicamata. Si el mineral económico es transportado en forma detrítica hasta el sitio de depósito, tenemos la formación de un yacimiento aluvial, como en el caso bien conocido de los placeres auríferos. Para que ello ocurra el mineral transportado debe ser resistente a la meteorización química, así como a la erosión mecánica, y poseer un peso específico elevado, para separarse de los minerales sin valor del sedimento depositado.

Finalmente, también se forman yacimientos minerales por efectos de saturación química y por acumulaciones de origen orgánico. En el primer caso están los depósitos de carbonato de calcio (caliza) y de fosfatos sedimentarios, así como las distintas sales que se acumulan en los salares por la evaporación del agua (carbonatos, sulfatos, cloruros etc., principalmente de Na, K, Li, Mg, Ca, Sr). En el segundo caso, están los carbones y las variadas formas de depósitos de hidrocarburos, materias que van más allá del tema de este libro.

1.2. Soluciones Hidrotermales, Alteración Hidrotermal y Zonación

Cómo antes señalamos, las soluciones hidrotermales constituyen el principal mecanismo de formación de yacimientos metalíferos. En el caso de los yacimientos del territorio chileno, están claramente asociadas a la cristalización de magmas intrusivos calcoalcalinos. Puesto que dichos magmas se han formado por la interacción de la placa tectónica Pacífica con el borde occidental de Sudamérica, las etapas de emplazamiento de magmas coinciden con las de formación de yacimientos metalíferos y se expresan en fajas de orientación N-S. Esas fajas son más jóvenes de Oeste a Este, de manera que los yacimientos más antiguos, de más de 150 millones de años (150-200 Ma) se encuentran en la Cordillera de la Costa y los más jóvenes (5Ma) en las alturas de la Cordillera de los Andes. Los magmas formados en cada etapa cristalizaron en parte a algunos km de profundidad (niveles batolítico: 3-5 km, e hipabisal: menos de 3 km). Parte importante de los magmas formados en cada faja alcanzaron la superficie del terreno y dieron lugar a la formación de rocas volcánicas y volcánico - sedimentarias. Cuando la cristalización de los magmas intrusivos produjo soluciones hidrotermales, parte de la mineralización generada se hospedó en las mismas rocas intrusivas y parte de ella en la cubierta volcánico-sedimentaria superior. En el caso de los denominados "pórfidos cupríferos" (nivel hipabisal) tenemos un ejemplo de la primera situación en Chuquicamata (pórfidos mineralizados) y de la segunda en El Teniente (mineralización en rocas basálticas volcánicas o subvolcánicas). Al respecto, se denomina pórfidos a cuerpos magmáticos hipabisales (vale decir, de profundidad intermedia), cuyas rocas presentan tanto cristales finos como gruesos.

Los denominados "metales pesados" como Cu, Zn, Pb, Fe, Ni etc., al igual que los llamados "metales preciosos" como Au y Ag son prácticamente insolubles en agua, tanto si se presentan en forma pura como en forma de sulfuros. En consecuencia, fue difícil comprender cómo las soluciones hidrotermales habrían podido transportar las enormes cantidades de metales presentes en los grandes yacimientos. La respuesta a esta pregunta llegó de la química de los iones complejos solubles, que los metales pueden formar con iones de los grupos del azufre y del cloro. En consecuencia, entendemos que dichos elementos deben estar presentes en la solución y en la forma química adecuada. Ello implica que llegaron a alcanzar una alta concentración bajo las condiciones correctas de temperatura, presión, acidez (pH) y grado de oxidación. Por ejemplo, el oro requiere la presencia del ion HS^{-1}, con el cual forma el complejo soluble Au $(HS)_2^-$, que es estable bajo condiciones de acidez y de oxidación adecuadas. Si ellas cambian, entonces el oro precipita. De lo expuesto se deducen dos consecuencias importantes. La primera, que tan importante como la presencia de metales en las soluciones hidrotermales es la concentración de aquellas substancias que permiten su disolución, así como la existencia de condiciones físico-químicas apropiadas. La segunda es que si bien es necesario que los metales se puedan disolver, también es importante que su precipitación ocurra en otros lugares de manera que puedan formar las concentraciones económicas que constituyen los yacimientos metalíferos.

Cuando las soluciones de desplazan a través de los espacios abiertos en las rocas o por sus niveles permeables, ocurren también dos procesos importantes. El primero se denomina "alteración hidrotermal" y corresponde a los cambios químicos y mineralógicos que se producen en las rocas atravesadas por efecto de su reacción con la solución hidrotermal. El segundo es la precipitación secuenciada de los minerales a medida que la solución hidrotermal se desestabiliza (zonación). Ambos procesos merecen ser considerados con algún detalle.

Las alteraciones hidrotermales acompañan al proceso de mineralización y por lo tanto tienen mucho valor prospectivo. Están constituidas por conjuntos de minerales, principalmente silicatos y óxidos, formados a partir de los silicatos primarios de las rocas, bajo las condiciones de temperatura y acidez que presenta la solución hidrotermal a medida que se aleja del origen de la mineralización. Aparte de la composición química de la solución, los principales factores determinantes del cambio son la temperatura y el grado de oxidación y de acidez del sistema. En general, las soluciones hidrotermales de mayor temperatura, dominantes en las cercanías del centro mineralizador, tienen menor acidez y dan lugar a la formación de silicatos de temperatura intermedia (respecto a la de los silicatos de las rocas ígneas). En estas condiciones se forman los silicatos de la alteración calco-sódica, como actinolita y escapolita, que acompaña la formación de los yacimientos de hierro y de hierro – cobre – oro (IOCG). En los yacimientos porfíricos de cobre, se distingue una zona interna con feldespato potásico o biotita (zona potásica) que acompaña a la mineralización principal de Cu- Mo o de Cu-Au. Ella pasa hacia el exterior a la zona con cuarzo-sericita y después a la zona argílica, de baja temperatura y alta acidez. Los pórfidos cupríferos presentan también una aureola externa de alteración propilítica, que incluye minerales como epidota, clorita, albita y hematita. Esta alteración es estéril en los yacimientos porfíricos, pero acompaña a la mineralización de alta ley en los yacimientos cupríferos "tipo manto" presentes en rocas volcánicas de Chile. Otro tipo frecuente de alteración es la silícea, constituida por una impregnación fina de sílice (SiO_2). Algunos tipos de alteración hidrotermal son fáciles de identificar, incluso a distancia. Es el caso de la propilítica, por sus minerales verdes (clorita y epidota) y los tonos violáceos de la hematita. También la zona argílica, donde se ha lixiviado el Fe de los silicatos y se ha depositado como limonita o hematita, es notable a la distancia, debido al blanqueamiento de las zonas lixiviadas y los tonos amarillos y rojizos de las que han recibido el Fe extraído y re depositado como óxido. Ello, en conjunto con su disposición zonal y su asociación con tipos de mineralización, hace de la alteración hidrotermal una excelente guía de prospección minera. Por ejemplo, en el caso de los yacimientos tipo IOCG, la mineralización de hierro es propia de la alteración calco-sódica, pero la de Cu-Au ocurre en una segunda etapa, asociada a alteración potásica.

Al igual que existe la distribución zonal de los minerales de alteración hidrotermal, también los minerales metálicos se distribuyen zonalmente. En general, se observan distribuciones que van desde un centro mineralizador de alta temperatura hacia la periferia del distrito minero (baja temperatura), con secuencias metálicas como la que se presenta a continuación, con minerales de: Sn-W-Mo-Cu-Zn-Pb-Au-Ag-Sb-Hg (nombrados desde el centro a la periferia). Sin embargo, ello ocurre sólo de manera parcial y en distritos de tipo polimetálico. Ellos son importantes en Perú (por ejemplo, Cerro de Pasco). En cambio, en Chile, el efecto de la zonación metálica es muy restringido. Probablemente ello es consecuencia de la homogeneidad composicional de nuestras rocas, que impide un control efectivo discriminante de su litología sobre las soluciones hidrotermales que las atraviesan, ya sea a través de sistemas de fracturas o bien de niveles permeables. Esto, a diferencia de Perú, donde los estratos sedimentarios ricos en carbonatos y otras sales tienen un notable desarrollo. Sin embargo, la composición de los magmas puede tener también un efecto importante en la formación de distritos polimetálicos.

1.3. Modelos Metalogénicos

Aunque los yacimientos minerales presentan amplias diferencias en los distintos factores que los caracterizan, es conveniente agruparlos en modelos y sub modelos con el objetivo de entenderlos mejor, de guiar su exploración y de prever los cambios que pueden mostrar sus características a medida que se profundiza la explotación del depósito. Al respecto existen dos clases de modelos, a saber, los modelos empíricos y los modelos conceptuales. Los modelos empíricos se elaboran agrupando depósitos que muestran rasgos similares y discerniendo cuáles de esos rasgos son propiamente distintivos del grupo y cuáles corresponden sólo a características individuales. Entre los rasgos principales considerados están las rocas "encajadoras" que albergan la mineralización, la mineralogía "primaria" del yacimiento y su relación con la alteración hidrotermal, las condiciones de temperatura, presión y temperatura bajo las cuales se forman esas asociaciones minerales, la forma de los yacimientos y su control estructural y mineralógico. Un modelo así definido se denomina "modelo empírico". Un clásico modelo, cuya definición coincidió con el descubrimiento de la parte oculta de un yacimiento, es el propuesto para los pórfidos cupríferos por J. Lowell y J.Guilbert (1970) basado en el estudio del yacimiento de San Manuel (Arizona) y de su parte oculta (Kalamazoo). Posteriormente surgieron otros modelos para estos yacimientos, como el de R. Sillitoe (1973) para la parte inferior y superior de los pórfidos cupríferos, y variantes como la propuesta por Hollister (1978) para los pórfidos de cobre asociados a rocas máficas (donde la zona fílica cuarzo-sericítica, intermedia entre la potásica y la propilítica, tiene escaso desarrollo).

Si a la definición del modelo empírico se le agrega la relación entre las características objetivas retenidas y los procesos geológicos y físico químicos considerados como responsables de la mineralización, se habla de un "modelo conceptual". La ventaja del modelo conceptual radica en la mejor evaluación que posibilita cuando no todas las características del modelo empírico están presentes. Entre los principales modelos metalogénicos presentes en Chile están los correspondientes a los pórfidos cupríferos, a los yacimientos de magnetita "tipo Kiruna" en rocas andesíticas, a los yacimientos de contacto tipo skarn, a los mantos cupríferos en rocas volcánico-sedimentarias, a los yacimientos epitermales de metales preciosos, etc. A su vez, algunos de estos modelos se dividen en varios sub modelos, considerando factores mineralógicos, estructurales o morfológicos.

Por ejemplo, el modelo pórfido cuprífero agrupa yacimientos tri - extendidos de cobre con 100 millones de toneladas de roca mineralizada(mena) o más, y que pueden llegar a alcanzar varios miles de millones de toneladas. Están asociados a intrusivos porfíricos de composición intermedia altamente fracturados, que cristalizaron a 2-3 km bajo la superficie del terreno. Su mineralización primaria está principalmente diseminada y constituida por calcopirita y bornita subordinada. Pirita es muy abundante y el contenido de molibdenita importante. La alteración hidrotermal incluye un núcleo de tipo potásico (al que se asocian las mejores leyes de

Cu y Mo) que pasa hacia afuera a una zona cuarzo-sericítica de menor ley y después a un envolvente propilítico estéril. Hacia arriba puede existir una zona con alteración argílica con oro. Este modelo general, definido por Lowell y Guilbert presenta una serie de variantes o sub modelos. Por ejemplo, la zona cuarzo-sericítica puede faltar (sub modelo Hollister) de manera que la zona potásica está en contacto directo con la propilítica. En lugar de emplazarse en un pórfido de forma irregular finamente fracturado ("stockwork") la mineralización puede estar en una estructura tipo "chimenea de brecha". También el contenido de Mo puede ser muy bajo, pero en cambio el de oro ser económicamente importante, lo que es más común en los pórfidos de los arcos de islas.

Los yacimientos tipo manto de cobre de Chile pueden ser asimilados a un modelo que incluye su relación con rocas volcánicas andesíticas y sedimentos clásticos de similar litología, con intercalaciones carbonatadas. Su ley primaria es del orden de 1 a 3 % y su mineralogía incluye calcopirita, covelina, bornita y calcosina. Pirita no es abundante y por lo menos en un caso (Buena Esperanza, Antofagasta, Losert, 1973) se ha documentado su reemplazo hipógeno por sulfuros de cobre. La alteración hidrotermal dominante es propilítica y la más relacionada a la mineralización es clorítica-sericítica. También la albitización puede ser un rasgo principal. En general, son estratiformes pasando a estratoligados y siguen los plegamientos suaves de las series mesozoicas y terciarias. Su tonelaje promedio es del orden de las decenas de millones de toneladas pero pueden llegar a pasar de la centena. Ciertas formaciones son especialmente favorables, como Lo Prado en Chile Central y Arqueros en Coquimbo, ambas de edad cretácica inferior y las edades de la mineralización en torno a 110 millones de años son notablemente frecuentes.

Junto con la comprensión del modelo de yacimiento que se pretende encontrar o explotar, es importante establecer sus controles litológicos y estructurales, vale decir, los factores que determinan la distribución de la mineralización. Una vez identificados, será posible planificar mejor los sondajes y trabajos de reconocimiento que permitirán dirigir su reconocimiento en las etapas de exploración, desarrollo y explotación.

1.4. Controles Estructurales y Litológicos de los Yacimientos

Una roca puede constituir un control importante de la mineralización por tres razones distintas. La primera, porque esa roca contenía los metales valiosos desde el momento en que se formó. Por ejemplo, puede corresponder a un magma cristalizado rico en metales del grupo del platino o bien a un sedimento litificado (convertido en roca) que originalmente era un rico placer aurífero aluvial (como en el caso de los grandes depósitos auríferos del Rand Sudafricano). La segunda razón es que su litología o composición química haya ayudado a precipitar los metales valiosos de la solución hidrotermal, cuando pasaba a través de ella. Una tercera razón podría ser que sus características mecánicas favorecieran el desarrollo de fracturas, creando espacios para el depósito de los minerales económicos. En el primer caso se dice que el yacimiento es "singenético", mientras en el segundo y en el tercero se habla de yacimientos "epigenéticos", vale decir formados tiempo después que la roca encajadora. En el caso de los yacimientos epigenéticos, los minerales valiosos necesitan tener un espacio donde depositarse. Si la roca encajadora es porosa y permeable, ese espacio es provisto por los poros de la roca. También es posible que los nuevos minerales se depositen a medida que la solución hidrotermal disuelve los minerales de la roca y deposita otros en su lugar. Finalmente, los nuevos minerales pueden ocupar los espacios generados por la deformación tectónica de las rocas encajadoras, a través de la formación de fallas, diaclasas o plegamientos.

Las fallas se forman por esfuerzos de corte que rompen un bloque geológico y causan que los dos bloques resultantes se deslicen uno respecto al otro, a lo largo del plano de ruptura. Según la actitud del plano de falla al producirse la ruptura, se distinguen tres tipos de fallas. En rocas competentes (resistentes y elásticas), las fallas que se forman por compresión horizontal y forman unos 30° respecto a la superficie se denominan fallas Inversas y en ellas el bloque que sube se encuentra sobre el plano de falla. Las que forman unos 60° con la superficie son las fallas normales, producidas en condiciones de descompresión horizontal. Un tercer tipo de fallas son las de rumbo, cuyo plano es casi vertical. Las fallas más favorables para albergar mineralizaciones son las normales, y la mayoría de las vetas son fallas normales rellenas con minerales. Si bien las fallas son muy valiosas para permitir el paso de las soluciones hidrotermales y albergar vetas minerales, también pueden cortar y desplazar posteriormente los cuerpos mineralizados, lo que genera problemas para encontrar la prolongación de la estructura mineralizada cortada. También las fallas favorecen el paso de aguas subterráneas y si son activas implican problemas geotécnicos, al debilitar el macizo rocoso (se entiende por tal la roca, con sus estructuras, alteraciones, estados de esfuerzo y aguas subterráneas).

A diferencia de las fallas, generadas por esfuerzos de corte, y que forman un ángulo aproximado de 30° respecto a la dirección del esfuerzo mayor, las diaclasas responden a esfuerzos extensionales y acompañan tanto a las fallas como a los pliegues. Son simplemente planos de abertura, paralelos al esfuerzo mayor y perpendiculares respecto al menor, sin que exista movimiento relativo a lo largo de ese plano de separación. Las diaclasas pueden albergar gran parte de la mineralización, tanto aquella asociada a fallas como a plegamientos. Si se encuentran muy cercanas entre sí, y no han sido rellenas por minerales secundarios, pueden debilitar las rocas y favorecer el paso del agua subterránea.

Los plegamientos se forman por esfuerzos compresivos y su eje es perpendicular al esfuerzo horizontal mayor. Su formación se facilita si las rocas presentan plasticidad, vale decir, si al ser sometidas a un esfuerzo compresivo tienden primero a deformarse y después a romperse, lo cual se facilita cuando son ricas en minerales arcillosos (la "plasticina" es básicamente arcilla). En este caso se habla de rocas "incompetentes". Por el contrario, se denomina rocas "competentes" a aquellas que, sometidas a esfuerzos compresivos, se comportan elásticamente (vale decir, que su deformación es proporcional al esfuerzo actuante conforme a la Ley de Hooke, y que, sobrepasada su resistencia, se fracturan).

En general la resistencia de las rocas a la ruptura es mayor en el caso de las rocas competentes. La mayor parte de las rocas de nuestro territorio son rocas ígneas o sedimentario-volcánicas competentes, salvo que hayan perdido esta cualidad por efecto de la alteración hidrotermal o supérgena. Ello es favorable desde el punto de vista de las explotaciones mineras, porque se traduce en cuerpos mineralizados de estructura sencilla y en rocas encajadoras que facilitan su explotación. Al respecto, el geólogo y el ingeniero de minas deben prestar atención a unos pocos factores, y en términos de dos objetivos principales.

El primero de ellos es utilizar las observaciones estructurales para establecer los controles de la mineralización y por lo tanto para guiar la exploración del depósito. Ese control puede ser muy simple, por ejemplo, si se trata de una o más fallas principales rellenas de mineral que forman cuerpos tabulares tipo veta, los que pueden estar cortados por fallas más jóvenes (post minerales) que desplazan la mineralización. También es común encontrar cuerpos mineralizados paralelos a la estratificación, constituidos por rocas cuyas propiedades físicas o químicas fueron favorables para albergarla, como ocurre en los yacimientos cupríferos tipo manto. Puesto que las rocas volcánico-sedimentarias tienden a estar suavemente plegadas en Chile, tendremos entonces cuerpos mineralizados sub horizontales de forma tabular. Si está afectado por fallas normales post mineralización, habrá varios cuerpos horizontales paralelos y la labor del geólogo será la de establecer su desplazamiento relativo para dar continuidad a la explotación, lo cual se facilita al localizar "capas guía" características (por ejemplo, un estrato de color especial u otras características que permitan correlacionarlos).

El segundo objetivo de las observaciones estructurales consiste en utilizarlas para identificar los riesgos de desprendimientos de masas de rocas durante la explotación. Por ejemplo, detectar la presencia de una "falla activa" (vale decir, que ha tenido movimientos geológicamente recientes) que amenace la estabilidad de las faenas mineras. Otro factor de riesgo es la presencia de diaclasas paralelas al techo de una galería, las que facilitan la caída de "planchas" de rocas del techo ("planchoneo"). Por otra parte, diaclasas demasiado próximas entre sí y entrecruzadas pueden causar que la roca se comporte como un suelo, sin cohesión. Todo esto se agrava si la roca es débil producto de su alteración. Naturalmente es casi imposible eludir la presencia de fallas, pero hay que tomarlas en cuenta y procurar cortarlas en forma perpendicular, de manera de restringir y controlar sus posibles efectos, recordando que pueden ser canales propicios para el ingreso de agua subterránea a las labores.

En operaciones mineras a cielo abierto el talud es un punto central a considerar. Si existe debilidad estructural o litológica será necesario adoptar taludes más "conservadores" vale decir de menor inclinación, aunque ello implique mayor costo por remoción de estéril. En términos estructurales hay que considerar tres factores: A) La presencia de planos de debilidad (fallas, diaclasas, planos de estratificación) inclinados hacia el rajo abierto. B) El "ángulo de reposo" vale decir aquella inclinación que si se excede permitirá el deslizamiento de las masas rocosas. C) El talud económicamente deseable. De esa consideración y por razones geométricas se desprende que los posibles deslizamientos de rocas ocurrirán cuando el ángulo de talud sea mayor que la inclinación de los planos de debilidad susceptibles de deslizamiento. Puesto que los planos de debilidad que se inclinan hacia el rajo en un lado de la explotación lo hacen en dirección al macizo rocoso en el lado opuesto, el talud puede ser diferente en distintos sectores del rajo. Otro factor a considerar es el efecto del agua subterránea o meteórica infiltrada, que facilita los desprendimientos, por lo cual los episodios de fuertes precipitaciones deben ser enfrentados con prudencia.

1.5. Meteorización, Remoción en Masa y Erosión

Cuando una roca se presenta en la superficie de la Tierra, se dice que ella "aflora". Exceptuando las volcánicas, la mayoría de las rocas cristalizan en profundidad o están constituidas por sedimentos que experimentaron progresivo hundimiento por efectos tectónicos (compactándose y endureciéndose en el proceso). Sin embargo, los mismos efectos tectónicos que hunden bloques geológicos causan el ascenso de otros. Un bloque tectónico en hundimiento tiende a recibir sedimentos mientras uno que asciende tiende a ser erosionado, por efecto de la mayor energía potencial que adquiere. En consecuencia, ambos procesos ocurren constantemente en la corteza terrestre, aunque a velocidades del orden de mm/año. Así, un yacimiento de cobre porfírico formado entre 2 y 3 km bajo la superficie demoraría entre 2 y 3 Ma (millones de años) en aflorar, a una velocidad uniforme de 1mm/año. La erosión de los bloques en ascenso, como los de nuestra Cordillera Andina, se facilita por efecto de la meteorización de las rocas superficiales.

Se entiende por meteorización la destrucción de las rocas en el lugar en que se encuentran. Esa meteorización puede ser física o química y contar con la ayuda de la vegetación. La primera destruye las rocas mediante la expansión del agua al congelarse o por el efecto de sucesivas dilataciones y contracciones producidas por los cambios de temperatura día-noche, y es especialmente efectiva en cadenas montañosas. En cambio, la meteorización química las destruye por efecto de la formación de ácido carbónico, que rompe las estructuras de los silicatos y los disuelve parcial o totalmente:

$$CO_2 + H_2O = H_2CO_3 \quad H_2CO_3 = H^+ + HCO3^- \quad MgSiO_3 + 2H^+ = Mg^{2+} + SiO_2 + H_2O$$

Considerando que los suelos formados bajo condiciones de clima lluvioso son ricos en agua y en materia orgánica, cuya descomposición libera abundante CO_2, se entiende que en ellos predomine este tipo de meteorización. En cambio, bajo las condiciones de meteorización y erosión de la Cordillera de Los Andes se observa un fuerte predominio de los procesos erosivos y una muy baja meteorización química. También la meteorización química es débil en la Cordillera de la Costa del Norte de Chile, principalmente por efecto de su aridez.

Se entiende por "remoción en masa" el desplazamiento de masas de rocas o suelos por efecto de la gravedad. Estos desplazamientos se favorecen por la presencia de planos de debilidad inclinados en el sentido de la pendiente, así como por el mayor grado de meteorización de las rocas y por el efecto del agua, que altera la consistencia de suelos y sedimentos y facilita el deslizamiento de las rocas. La minería sufre sus efectos en los caminos de montaña, en las explotaciones a cielo abierto y en los embalses de relaves.

La meteorización química contribuye a la formación de yacimientos metalíferos a través de la liberación del oro y otros elementos o minerales resistentes presentes en las rocas silicatadas, los que son concentrados posteriormente por los procesos erosivos debido a su mayor peso específico. Así se forman los depósitos o placeres aluviales, con cuya explotación se inició la minería en Chile. Por otra parte y, en colaboración con la erosión, contribuye al afloramiento de los depósitos minerales formados a cientos o miles de metros de profundidad. La erosión se define como el traslado de los materiales por efecto de un agente de erosión que actúe como tal, por ejemplo, el agua de un río, un glaciar o el viento. Un ejemplo de la interacción sucesiva de distintos agentes de erosión es la formación de los placeres auríferos australes (Tierra del Fuego; islas del Canal Beagle) donde primero la erosión glacial destruyo las rocas y arrastró los materiales formando depósitos morrénicos. Estos depósitos fueron a su vez erosionados por corrientes fluviales generando una primera concentración del oro, a la que contribuyó finalmente el efecto del oleaje costero.

1.6. Enriquecimiento Secundario

Se entiende por enriquecimiento secundario de minerales sulfurados el efecto de la meteorización experimentada por la pirita y otros sulfuros primarios, en particular de cobre, que permite primero la oxidación de los sulfuros, seguida por la migración vertical de los metales valiosos que contienen, los que en profundidad dan lugar a la formación de sulfuros enriquecidos. Para que este proceso sea efectivo se requieren condiciones climáticas semi áridas, un ascenso tectónico moderado del bloque mineralizado, la presencia de fracturas sub verticales y un contenido suficiente de pirita. Esto último, porque la pirita, al oxidarse en presencia de agua, genera la acidez necesaria para que los metales liberados se mantengan disueltos. Lo señalado ocurre a través de reacciones químicas como las siguientes:

$FeS_2 + H_2O + 3.5\ O_2 = FeSO_4 + 2H^+ + SO_4^{2-}$ A la fuerte acidez del H_2SO_4 formado por la oxidación directa de la pirita, se agrega la acidez producto de la oxidación e hidrólisis del sulfato ferroso:

$2FeSO_4 + 6H_2O = 2\ Fe\ (OH)_3 + 6H^+ + 2SO_4^{2-}$ +e y $CuFeS_2 + 4\ O_2 = Cu^{2+} + Fe^{2+} + 2SO_4^{2-}$

Finalmente, Cu^{2+} reemplaza a Fe^{2+} y convierte la calcopirita en covelina:

$Cu^{2+} + CuFeS2 = 2\ CuS + Fe^{2+}$

El enriquecimiento secundario ha enriquecido notablemente la ley de nuestros yacimientos de cobre y seguramente también la de nuestras vetas de plata. Su rol es notable en distritos como Chuquicamata, así como en las ricas vetas cupríferas explotadas en el siglo 19, como Tamaya, las que alcanzaron leyes de decenas por ciento. En el caso de Escondida, convirtió un yacimiento muy grande, pero de baja ley en la explotación más rentable de su tipo en Chile (ahora que las fabulosas leyes de Chuquicamata ya fueron explotadas hace mucho tiempo). En todo caso, fue una coincidencia feliz el hecho de que los principales yacimientos de cobre de Chile se encontraran en el centro y norte del País, donde las condiciones climáticas favorables al enriquecimiento secundario han persistido por más de doscientos millones de años. Puesto que el enriquecimiento secundario depende de las propiedades químicas y cristaloquímicas de los elementos metálicos, lo que "funciona" para el Cu no es efectivo para el Mo que lo acompaña en los pórfidos cupríferos.

Debido al mecanismo descrito de migración del Cu, es natural que la parte superior de un yacimiento presente un empobrecimiento del metal en la zona superior de oxidación, de donde ha sido removido. En consecuencia, inicialmente, se debería encontrar minerales oxidados pobres por encima del nivel freático (aquel nivel bajo el cual todos los espacios interconectados están saturados de agua) así como sulfuros enriquecidos bajo ese nivel. Sin embargo, dado que el ascenso del bloque tectónico y la erosión hacen que el nivel freático tienda a bajar, parte de los sulfuros enriquecidos se oxidan. En consecuencia, generalmente se encuentra, de arriba hacia abajo: A) Minerales oxidados pobres, B) Minerales oxidados ricos, C) Sulfuros ricos, D) Sulfuros primarios.

En algunos casos existe también una migración lateral del Cu, que puede alejarse hasta unos 10 km. del depósito primario. A medida que el metal va migrando en un acuífero, siguiendo la pendiente del terreno, pero bajo la superficie, la acidez que le permite estar en solución se va agotando por reacción con la roca:

$$2H^+ + MgSiO_3 = Mg^{2+} + H_2SiO_3 \quad Cu^{2+} + H_2SiO_3 = CuSiO_3 + 2H^+$$

En consecuencia, se forman así yacimientos secundarios, constituidos por silicato de Cu y otros minerales oxidados, así como por óxido de Mn rico en Cu (wad de Cu), por oxicloruro de Cu (atacamita) etc. Estos reciben el nombre de yacimientos exóticos de Cu. El principal es Mina Sur de Chuquicamata.

Debido a la acidez desarrollada por efecto de la oxidación de pirita, se produce una fuerte alteración de los terrenos afectados, con un resultado muy parecido al de la alteración hidrotermal argílica avanzada, que incluye también zonas blanquedas, y otras notablemente coloreadas por los óxidos de hierro y manganeso y por los remanentes de los minerales oxidados de cobre y otros metales. Estas zonas se denominan "sombreros de hierro" o "gossans" y son muy útiles en prospección minera. Por ejemplo, es posible identificar los minerales primarios lixiviados, por las formas de las celdillas residuales que dejan en las rocas.

SEGUNDA PARTE
Los Mapas Estructurales y Geológico Mineros

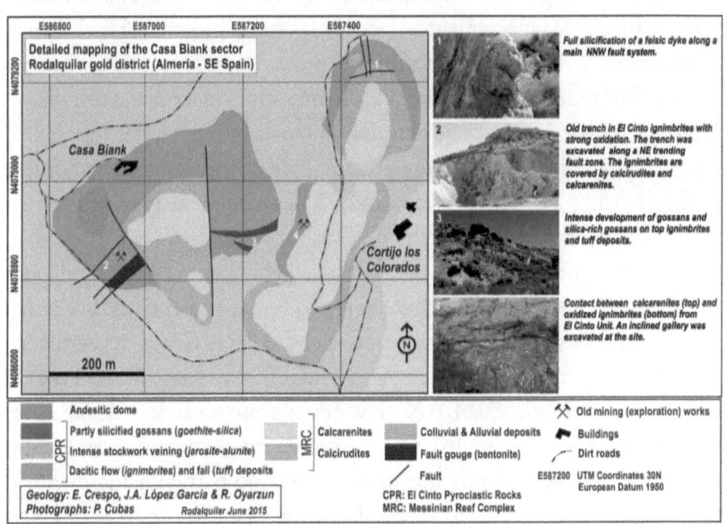

Cartografía geológica de zonas alteradas

2.1. Elementos Estructurales. Los Mapas Geológicos

El estudio de la geología es complejo por varias razones. Una de ellas es que sus objetos y procesos se desarrollan en amplias escalas de espacio y de tiempo (desde fracciones de mm a miles de km, desde segundos a miles de millones de años). Por otra parte, trata con objetos que son cuerpos materiales como las rocas, pero también con diversos tipos de procesos físicos, químicos, físico químicos y biológicos, así como con conceptos y parámetros esencialmente geométricos. A ello se añade que su estudio requiere del conocimiento básico de las matemáticas, la física, la química y la biología. Por ejemplo, rocas y minerales son cuerpos físicos "reales". En cambio, una falla o una diaclasa son esencialmente conceptos. No se pueden pesar ni guardar. Lo que existe son las rocas que separan. Tampoco "existen" los plegamientos, pero sí las rocas plegadas. En términos geométricos, entendemos por afloramiento la intersección de un cuerpo rocoso con la superficie del terreno. Si lo que aflora es un plano de falla, su intersección con la superficie definirá una línea. Como todos los planos, los geológicos pueden ser curvos o rectos. Para operar con los segundos, la geología utiliza los conceptos de rumbo y de manteo, de gran utilidad en cálculos estructurales y en el dibujo de mapas geológicos.

Se define como rumbo de un plano geológico recto el ángulo que una línea horizontal perteneciente al plano forma con el eje N-S. Ese ángulo se mide desde el norte, ya sea hacia el E o hacia el W y se escribe indicando el N primero, luego el ángulo y finalmente el lado hacia el cual se cuenta, por ejemplo, N30°E o N30°W (existiendo un ángulo de 60° entre los dos rumbos del ejemplo). El parámetro complementario del rumbo es el manteo o buzamiento, que debe ser medido perpendicularmente al rumbo y que nos dice cuan inclinado está el plano respecto a un plano horizontal (manteo 0°). Si el rumbo del plano fuera N30°E podría estar inclinado hacia el NW o bien hacia el SE. Naturalmente la máxima inclinación sería 90°. Si fuera, por ejemplo, 70° al NW, entonces se escribiría N30°E / 70°NW. Si se tratara de un eje estructural, por ejemplo, la línea de intersección de dos planos, su dirección e inclinación coincidirían, por ejemplo, N40°W–20°NW o bien N40°W–20°SE. Tanto el rumbo como el manteo se determinan mediante el uso de una brújula especial (modelo Brunton u otros) que tiene invertido el E y el W de manera de poder determinar el rumbo directamente. Al usarla para determinar la actitud de estratos de rocas sedimentarias o volcánicas, es necesario asegurarse de que se están determinando efectivamente planos de contacto estratigráfico y no simplemente planos de fractura.

Los mapas geológicos constituyen la forma más breve y perfecta de comunicar el conocimiento geológico. Como todos los mapas, consisten en proyecciones verticales, en este caso de la información litológica, estructural, estratigráfica, geológico-minera etc., y pueden elaborarse en una gran variedad de escalas según sea su propósito. Puesto que la escala constituye la razón entre la distancia en el mapa y la distancia real, un mapa 1:1.000.000 (escala del Mapa Geológico de Chile), en el cual 1 cm corresponde a 10 km se considera una escala pequeña. En cambio, uno de escala grande sería 1: 1000, donde 1cm representa 10m. Los mapas geológicos de escala mayor de 1:200.000 llevan normalmente curvas de nivel, no así los de pequeña escala.

La elaboración de mapas geológicos formales parte con la decisión de su objetivo y escala, así como de los elementos geológicos que se representarán, lo cual requiere consistencia entre los tres aspectos. Los principales mapas son elaborados por los servicios geológicos, a escalas 1:20.000 o menor. Respecto al detalle de la información que entregan se debe actuar con buen criterio. Ello, porque el exceso de detalle impide que el usuario pueda efectuar una lectura consistente, lo que ocurre si se diferencian áreas menores de 0.5 cm^2. Por otro lado, si las áreas son muy grandes, ello implica un desperdicio de la escala. En el caso de mapas de síntesis (como el 1:1.000.000 de Chile), es normal que las escalas efectivas sean distintas según el grado de conocimiento geológico del territorio.

Un elemento central de los mapas geológicos son las unidades lito- estratigráficas, que reúnen "paquetes" de rocas estratificadas pertenecientes a una cierta litología y edad geológica, normalmente agrupados en "formaciones", que son justamente unidades geológicas "mapeables", vale decir que tienen una extensión superficial adecuada a la escala de trabajo. Las formaciones se pueden sub dividir, según esa escala, en "miembros", En la Región de Coquimbo se han definido dos formaciones mesozoicas importantes: Arqueros y Quebrada Marquesa, ambas de edad cretácica y constituidas por rocas estratificadas volcánicas y sedimentarias, cuyos lugares típicos de afloramiento son justamente el Llano de Arqueros y la Quebrada Marquesa, en la cuenca del Río Elqui. También se definen unidades equivalentes pero distintas para las rocas batolíticas y las series metamórficas. En materia estructural, los mapas geológicos representan los distintos tipos de fallas y los ejes de los pliegues principales. También se indican algunos rumbos y manteos de rocas estratificadas, la presencia de zonas de alteración hidrotermal y las dataciones isotópicas disponibles.

Actualmente, la preparación de las bases cartográficas, la adquisición de datos en el terreno y la elaboración de los mapas utilizan metodologías digitales y se hace un uso importante de las imágenes satelitales. Sin embargo, los métodos tradicionales continúan vigentes tanto en la preparación del trabajo, que utiliza fotografías aéreas, como en la adquisición de datos estructurales y la toma de muestras en el terreno. SERNAGEOMIN, responsable de la cartografía geológica nacional, ofrece mapas geológicos y geofísicos digitales, además de cartografía temática (hidrogeológica, geoquímica, metalogénica, de riesgos naturales etc.) que pueden ser adquiridos a través de su "tienda digital". Naturalmente, su uso constituye una excelente base para planificar y efectuar prospecciones mineras.

Aparte de esta cartografía básica, la prospección minera, así como la explotación de un yacimiento necesitan contar con mapas geológicos a escala mayor (1:10.000 o más detallada) que permitan integrar espacialmente las observaciones geológicas. Naturalmente ellos deben contar con el respectivo apoyo topográfico. Aunque lo ideal es que los datos geológicos producto del avance de la explotación se integren al mapa día a día, para pequeñas explotaciones puede ser suficiente una actualización mensual o trimensual. También al examinar un "prospecto" es conveniente pasar las informaciones a un mapa provisorio. La base de ese mapa puede ser una imagen tipo Google a la cual se incorpora información referenciada mediante un gps. Para interior mina, una cinta métrica o un distanciómetro laser permiten traspasar las informaciones al mapa en papel o digital.

Los mapas geológicos tienen su complemento en los perfiles, que equivalen a un corte vertical destinado a revelar la relación entre las rocas y estructuras en profundidad. Puesto que el manteo verdadero se observa en la dirección perpendicular al rumbo, se procura trazar las líneas de los perfiles en direcciones que se aproximen a esa condición.

2.2. El Mapeo Geológico Minero

A diferencia de los mapas geológicos generales, como los que elaboran a distintas escalas los servicios geológicos, que están sujetos a ciertas normas internacionales y pueden servir para diferentes propósitos científicos y aplicados, los mapas geológicos mineros se realizan básicamente para descubrir, explorar y explotar yacimientos minerales. Ello no implica que puedan carecer de rigurosidad. Por ejemplo, McKinstry enfatiza la necesidad de distinguir en ellos entre observaciones e inferencias. Así, un contacto observado en los afloramientos debe ser marcado con línea continua, pero uno inferido debe ir con línea discontinua. Por supuesto este último puede estar equivocado y la línea discontinua indica esa posibilidad. Igualmente, un mapa minero debe distinguir entre otros tipos de observaciones e inferencias. Sin embargo, los mapas geológicos "mineros" presentan una selección intencionada de los datos de campo, privilegiando aquellos que se consideran más pertinentes para entender el control geológico de los cuerpos mineralizados.

Gran parte del antiguo mapeo minero se realizaba sobre una base topográfica previa o utilizando el método de la plancheta, que permitía realizar simultáneamente la topografía y el mapeo geológico. Actualmente las imágenes satelitales, entregan una base topográfica geo referenciada, al mismo tiempo que permiten distinguir entre diferentes litologías, alteraciones, rasgos estructurales, fisiográficos, estructurales etc. Por otra parte, el uso del gps (posicionador geosatelital) ha facilitado mucho la cartografía geológica, en especial el mapeo de escala regional. Sin embargo, para contar con una precisión adecuada, del orden de los 10 m en la horizontal, se requiere que el gps cuente al menos con acceso lineal a 4 satélites ampliamente separados. En ese aspecto, la topografía abrupta puede ser un problema serio. En cuanto a las fotografías aéreas, sus principales debilidades son la ausencia de coordenadas y las distorsiones que afectan a las áreas situadas en su tercio exterior.

Un aporte extra de las imágenes satelitales, aparte de su carácter geo referenciado, es la de poder operar con distintos rangos del espectro electromagnético, lo que las convierte en un instrumento directo de prospección. Así, es posible definir los rangos del espectro magnético característicos de la presencia de minerales de alteración indicativos de un tipo de mineralización (por ejemplo, las relaciones clorita- hematita) y procesar esas relaciones matemáticamente para obtener un algoritmo que explore la imagen del área del Proyecto. También son muy útiles las imágenes de radar, por cuanto tienden a resaltar los rasgos de las rocas subyacentes con respecto al efecto de la cubierta de sedimentos recientes o suelos. En el mismo sentido son útiles las imágenes satelitales tipo Spot, que entregan valiosa información estructural. Para el estudio de cubiertas alteradas, las imágenes en el infrarrojo cercano ofrecen un buen medio de detección de minerales de interés diagnóstico.

A diferencia de un mapa geológico normal, los planos geológico-mineros pueden tener un mayor grado de subjetividad y representar puntos de vista sobre los factores principales que controlan la distribución de la mineralización. Sin embargo, al inicio del estudio se recomienda incluir la mayor cantidad de información posiblemente relevante que permita la escala. Después se podrán descartar las no significativas, de manera que el mapa se volverá progresivamente más selectivo. En general se recomienda, para el mapeo de explotaciones mineras, una escala 1:500 (McKinstry), de manera que el ancho de un dique o veta de 1 m de ancho queda de 2 mm. También es muy conveniente que el mapeo de superficie y subterráneo se realice a la misma escala. El mismo autor recomienda mostrar la relación entre la mina y su entorno a una escala del orden de 1:5000, mientras los mapas realizados por los servicios geológicos al 1: 50000 o 1:100000 servirán para entender el contexto geológico regional del yacimiento.

Aunque los métodos digitales han cambiado profundamente las antiguas tecnologías de mapeo y almacenamiento de datos, siempre es importante la localización exacta de las observaciones, ya sea que se utilice un taquímetro y cinta métrica o se trabaje con un "distanciómetro" laser y una "tablet". Por supuesto la brújula geológica, ya sea Brunton o de modelos alternativos, sigue siendo un equipo esencial para determinar la actitud de las estructuras.

Especialistas experimentados, como el geoquímico A. E. Fersman (1966) recomiendan revisar los desmontes de las minas subterráneas antes de ingresar a trabajar en su interior. Ello, con el fin de familiarizarse a la luz del día con los distintos tipos de litologías y alteraciones que serán más difíciles de apreciar en el interior de la mina. Por otra parte, es posible que determinado tipo de mineral ya haya sido explotado y sólo se encuentren evidencias de él en los desmontes.

El mapeo de interior mina, que normalmente se realiza en un plano horizontal imaginario situado a la altura de la cintura del profesional, es un arte que exige tanto visión e imaginación espacial como rigurosidad en las observaciones, mediciones y traslado de estas al mapa. Esto debe ser efectuado de inmediato en el punto de trabajo, considerando en las proyecciones el hecho de que las líneas rectas son raras en la naturaleza. Para evitar la confusión entre lo observado y lo proyectado, en algunas faenas se han llevado dos mapas paralelos, uno de ellos sólo con lo observado. En general, los planos que definen vetas, diques y fracturas son fáciles de mapear. En cambio, son complejos los contactos gradacionales. También es difícil medir la actitud de fallas caracterizadas por zonas anchas de rocas fracturadas y alteradas. En ese caso su rumbo y manteo puede ser determinado mediante geometría proyectiva (método de "los tres puntos") utilizando las coordenadas del plano en tres puntos separados de la mina situados a diferentes cotas.

Puesto que los mapas geológico- mineros son selectivos, es natural que representen preferentemente los rasgos que expresan los controles estructurales y litológicos de la mineralización, cuyo conocimiento ayudará al geólogo a mostrar resultados útiles. Sin embargo, éste debe estar siempre abierto a descubrir que la mineralización puede estar sometida a distintos controles en diferentes sectores del depósito. Una anécdota es explicativa a este respecto: En un yacimiento "tipo manto" de Antofagasta, que no contaba con un geólogo residente, el mapeo era puesto al día anualmente por un consultor. Un año este no pudo viajar y envió dos jóvenes recién egresados a realizar el trabajo. Hasta ese momento el control de la mineralización eran las zonas más permeables de las coladas volcánicas que albergaban la mineralización cuprífera. Cuando intentaron realizar su trabajo se dieron cuenta de que no podían distinguir los contactos entre las coladas volcánicas según las instrucciones recibidas pese al mucho empeño que ponían en hacerlo. La razón era sencilla: en la nueva zona en explotación, la mineralización estaba controlada por un cuerpo intrusivo de brecha que era independiente de las coladas volcánicas. Marjoribaks menciona en su libro la llamada "Regla de Pumpelly" según la cual algunas relaciones observadas a la escala del mapa se correlacionan con las observadas a la escala de muestras de mano. Lo señalado, que se corresponde con la teoría físico-matemática de los fractales (rasgos que se presentan a diferentes escalas físicas), puede ayudar a establecer los controles de la mineralización. Al respecto, a diferencia de otros muestreos, las observaciones geológicas no deben seguir una grilla ni efectuarse al azar, sino que realizarse ya sea para establecer nuevos controles y comprobarlos o decartarlos.

Cómo señalan dos pioneros del mapeo geológico, R. Sales y Mc Laughin, "la habilidad para percibir detalles oscuros pero críticos requiere de estudios repetidos y de la experiencia ganada en uno o varios distritos". Por ejemplo, un cambio de color atribuido en el terreno a la alteración hidrotermal puede ser efectivamente una litología diferente. Un ejemplo extremo es la discusión sobre el carácter, ya sea primario de las "traquitas" del yacimiento de El Soldado (Valparaíso) o bien su interpretación como producto de la alteración sódica de andesitas. Por otra parte, especialistas con alta competencia y experiencia pueden ser engañados por la estructura que adopta un mineral en diferentes distritos. Un caso típico al respecto es la confusión de piroxenos fibrosos con anfíbolas en yacimientos de hierro.

En suma, el mapeo geológico, incluso el de mejor calidad, no es una ciencia exacta sino más bien un instrumento para generar y establecer criterios para establecer hipótesis. Dichas hipótesis pueden tener carácter científico, cómo la comprensión de la génesis de un yacimiento (a menudo controvertida), o bien un objetivo tan práctico como el descubrimiento de un nuevo cuerpo mineralizado. En el segundo caso, uno o varios sondajes demostrarán el grado de acierto logrado.

2.3. Prospección y Exploración Minera

Un tema de discusión académica es el referente al significado de los términos "prospección" y "exploración" minera. Al respecto seguiremos aquí la definición de Marjoribanks, según la cual un prospecto es un volumen de terreno que presenta indicios de contener un volumen explotable de mineralización, mientras la exploración es la actividad destinada a materializar el descubrimiento. En consecuencia, la prospección busca generar prospectos y la exploración encontrar yacimientos. Normalmente, los costos de generar un prospecto son muy inferiores a los de explorarlo para convertirlo en un yacimiento debido a los sondajes y otras labores de muestreo que se requieren. Por eso muchos prospectos no pasan de esa etapa o son negociados como tales con empresas más solventes económicamente.

Básicamente existen dos razones para explorar y la primera es la necesidad de iniciar o asegurar el futuro de una explotación minera o metalúrgica. Por ejemplo, al acercarse el fin de la vida útil del yacimiento de Potrerillos (Atacama), alrededor de 1960, se buscó en su entorno un yacimiento que permitiera seguir aprovechando las instalaciones de su fundición de cobre, lo que condujo al descubrimiento de El Salvador. Igualmente, las empresas mineras tienen un natural interés en acrecentar su patrimonio de reservas, lo que mejora su valor de mercado y evita futuros sobresaltos. La segunda razón es la de encontrar un prospecto o un yacimiento, ya sea para venderlo o negociar la participación en una futura explotación minera. En este aspecto el descubrimiento de Escondida (Antofagasta) en 1981, por un pequeño grupo de asociados liderado por J. Lowell, es un buen ejemplo de éxito, considerando que su presupuesto total era de 4.5 millones de dólares y que condujo a un descubrimiento que se valora en varios miles de millones de esa moneda. La exploración minera (en el sentido amplio del término) tiene distintos tipos de actores, desde gobiernos y organismos internacionales interesados en promover el desarrollo minero hasta pequeños prospectores independientes, pasando por grandes empresas mineras, así como por otras pequeñas, pero especializadas y en algunos casos, muy exitosas: las llamadas "junior", comunes en países como Canadá, EEUU y Australia.

Las decisiones en exploración deben responder a las clásicas preguntas: ¿qué?, ¿dónde?, ¿cuándo?, ¿cómo? La primera respuesta se refiere tanto a la experiencia de los actores como a las demandas del mercado, traducidas en perspectivas de precio. La segunda es materia tanto de análisis geológicos, puesto que no todos los terrenos son igualmente favorables para los distintos minerales, como de consideraciones políticas y sociales, en cuanto a las garantías que tiene el inversor en caso de un descubrimiento exitoso. El "cuándo" obedece principalmente a las perspectivas económicas, pero también a oportunidades políticas, cuando un nuevo gobierno decreta reglas del juego más favorables para las empresas mineras. Al respecto, también pueden llegar malas noticias desde el mundo social y ambiental que lleguen a disuadir a los inversores en minería. Finalmente, el "cómo" se refiere a las actitudes, métodos y técnicas a utilizar en los trabajos de exploración.

De lo anterior se desprende que existen oportunidades especiales para la exploración, asociadas a nuevas demandas de los mercados, como resultado de innovaciones industriales. Ejemplo de ellas son la demanda por nuevos metales asociados a la electrónica (elementos lantánidos o "tierras raras") y a la construcción de automóviles de propulsión eléctrica (Li y Co para baterías). Otras oportunidades tienen relación con el reconocimiento de nuevos modelos metalogénicos (como el de los IOCGs) o con nuevos avances técnicos en geoquímica o geofísica de prospección. En el caso de Chile, una gran oportunidad sería el cambio de nuestro actual sistema de propiedad minera por otro de "licencias de exploración" que obligara a las empresas a devolver aquellos terrenos respecto a los cuales no tienen proyectos de exploración a corto plazo. Donde existe ese sistema se ha revelado como muy productivo en términos de nuevos descubrimientos.

En todo territorio "minero" la exploración pasa por etapas de progresivo envejecimiento, a lo largo del cual se van descubriendo primero los yacimientos aflorantes, después aquellos cuyas zonas de alteración hidrotermal, sus afloramientos lixiviados o sus anomalías geoquímicas aparecen en superficie, seguidos por otros ocultos por cubiertas estériles, pero poco profundas. Naturalmente, ello implica dificultades crecientes a los prospectores. En términos de las áreas elegidas para la exploración se habla de prospecciones greenfield o relativamente "no tocadas" o brownfield, si se encuentran en distritos conocidos. Cuando la exploración parte desde el principio se la denomina grassroot. Por supuesto, no se trata de categorías absolutas y hay muchas "zonas grises".

La mayoría de los prospectores experimentados reconocen que esta actividad es "un arte, informado con conocimiento geológico" más que una ciencia y que el practicante exitoso tiene las cualidades del buen cazador y necesita, aparte de conocimiento, intuición, suerte y atrevimiento para llegar sin vacilaciones a la etapa de sondajes. Como plantea Lowell, el buen prospector no debe tener temor a estar equivocado, porque la mayoría de las veces lo estará y en el fondo la exploración minera es una apuesta. Por supuesto, esto no es necesariamente del agrado de los ejecutivos más formales de las grandes mineras, que por otro lado conocen el poco halagador testimonio de las estadísticas. Pero esas son las reglas del juego. Naturalmente, las empresas mineras económicamente sólidas tienen la opción de adquirir propiedades mineras probadas a las empresas menores especializadas en prospección.

2.4. Aspectos Fisiográficos y Estructurales

Según F. Ortiz, geólogo e ingeniero de minas, que dirigió los trabajos en el terreno que condujeron al descubrimiento de Escondida, los grandes yacimientos deben buscarse junto a los caminos o a las líneas de ferrocarril. Más allá del sentido práctico y humorístico de la afirmación (ciertamente los caminos facilitan el acceso al sitio y el transporte del mineral si el proyecto es exitoso), ella implica una profunda realidad geológica. En efecto, en países de difícil orografía como el nuestro, caminos y líneas férreas tienden a aprovechar las superficies aplanadas producto del efecto de fracturas tectónicas mayores que debilitan las rocas y facilitan su erosión y posterior relleno. El emplazamiento de cuerpos magmáticos mineralizadores tiende a seguir esas zonas de fracturas, que se convierten así en sitios propicios para la exploración. Al respecto, un buen ejemplo es la línea NE que sigue la carretera de Antofagasta a Calama, a lo largo de la cual se sitúan varios distritos mineros. El descubrimiento de Spence, pórfido cuprífero no aflorante, se situó de tal manera en la línea del camino que hubo necesidad de desplazar la carretera para poder explotar el nuevo yacimiento. En el caso de Escondida, su ubicación cumplía con los dos requisitos de Ortiz. Por supuesto no se trata de una condición única sino de una intersección de "metalotectos", siendo los segundos las fajas N-S de intrusiones magmáticas, de edad decreciente de W a E.

La fisiografía es el resultado de la interacción de los procesos tectónicos y magmáticos con los procesos externos controlados por el clima y la gravedad (meteorización, remoción en masa y erosión). Por lo tanto, constituye una guía para detectar la presencia de condiciones estructurales favorables para la presencia de yacimientos metalíferos de origen magmático hidrotermal. Al respecto, se entiende que las fracturas favorecen tanto la intrusión de cuerpos magmáticos de alto nivel de emplazamiento como el paso de las soluciones hidrotermales provenientes de éstos. En consecuencia, para el geólogo de exploraciones constituyen blancos atractivos, al igual que la presencia de alteraciones hidrotermales extensas e intensas. Sin embargo, esas zonas, especialmente en condiciones montañosas y de altas precipitaciones, deben ser consideradas como alertas tempranas respecto a riesgos geotécnicos y ambientales. Un caso representativo es el del distrito Pascua-Lama (Au, Ag, Cu) en la cordillera andina de Atacama, donde el intenso fracturamiento está acompañado de alteración argílica avanzada, así como de una mineralogía que incluye varios elementos metálicos menores potencialmente tóxicos.

Las guías fisiográficas pueden ser directas o indirectas respecto a la presencia de un yacimiento. Las primeras son consecuencia de la mayor o la menor resistencia que pueden imprimir la alteración hidrotermal y la mineralización a las rocas afectadas, lo cual depende tanto de su composición químico-mineralógica como del clima regional. Así, una veta rica en cuarzo tenderá a sobresalir en la superficie, por su mayor resistencia a la erosión, mientras una rica en calcita, que es soluble en agua, formará una especie de trinchera si el clima es lluvioso. Por otra parte, una zona mineralizada rica en pirita puede dar lugar a una depresión por efecto de la disolución de minerales facilitada por la oxidación de la pirita. Un clásico ejemplo es el del filón de Broken Hill, Australia, cuyo afloramiento formaba un lomaje constituido por sílice ferruginosa, que cubría uno de los yacimientos de Pb -Zn más ricos del mundo, lomaje visible desde varios km de distancia. También las guías fisiográficas pueden ser indirectas, en cuanto revelan la presencia de rasgos estructurales favorables a la formación de yacimientos metalíferos. En este aspecto vale la pena detenerse en los mecanismos básicos del fracturamiento y el plegamiento.

Fallas, diaclasas y pliegues se forman normalmente por efectos tectónicos compresivos. Como se explicó en el Capítulo 4, si las rocas afectadas tienen un comportamiento "competente", tenderán primero a deformarse elásticamente, hasta llegar a un punto de ruptura por cizalla (efecto de corte). De acuerdo al modelo de Anderson, que considera la descomposición de los esfuerzos corticales en tres ejes ortogonales, uno vertical y dos horizontales se definen tres situaciones: A) Los ejes de esfuerzo intermedio y menor son horizontales y el mayor vertical. En este caso se genera una "falla normal", cuyo plano forma 30° con el eje vertical (y, por lo tanto, 60° respecto a la horizontal) y cuyo rumbo es paralelo al eje intermedio. El bloque fallado, que está sobre el plano de falla desciende y el bloque crece en la dirección del menor esfuerzo. Estas fallas se forman en condiciones extensionales y son favorables para albergar cuerpos vetiformes inclinados unos 60° respecto a la horizontal. En nuestro territorio, que ha estado sometido a esfuerzos principales horizontales W-E por efecto de la convergencia de las placas oceánica y continental desde fines del Paleozoico, el rumbo dominante de estas fallas es N-S. B). Los ejes de esfuerzo mayor e intermedio son horizontales y el menores vertical. Estas fallas, denominadas "inversas" se forman durante pulsos compresivos, como el que afecta actualmente a las regiones de Atacama y Coquimbo. En nuestro territorio su dirección dominante es N-S y su inclinación es de unos 30° respecto a la horizontal. Durante su formación fueron desfavorables para recibir soluciones hidrotermales debido a que su condición física compresiva cierra los espacios a las soluciones hidrotermales. C) Los ejes de compresión mayor y menor son horizontales y el intermedio es vertical. Estas fallas, denominadas "de rumbo" tienen un manteo casi vertical. En Chile existen grandes "zonas de falla" que han tenido movimientos de rumbo en ciertas épocas como consecuencia de "convergencia oblicua" de las placas tectónicas y que han coincidido con el emplazamiento de fajas de intrusivos fértiles. Es el caso de las zonas de falla (ZF) de dirección N-S de Atacama (Cordillera de la Costa) en torno a 120-100 millones de años (Ma), rica en yacimientos de Fe, Cu, Au y del tipo IOCG (Fe-Cu-Au) y de la ZF Domeyko (Cordillera de Domeyko) entre 45-30 Ma, con sus importantes yacimientos porfíricos como Collahuasi, Chuquicamata, Escondida, etc.

El plegamiento de las rocas se ve favorecido cuando los esfuerzos compresivos afectan a series estratificadas que incluyen rocas con grados de plasticidad, como las sedimentarias de grano fino ("pelíticas"). En el territorio chileno, donde predominan las rocas de origen magmático y son escasas las sedimentarias pelíticas, el plegamiento es relativamente suave y ha contribuido poco a la localización de cuerpos mineralizados. En cambio, desempeña un rol importante en la geología minera del Perú, que es rica en pelitas de origen sedimentario marino. En rocas plegadas, los lugares favorables para la mineralización se relacionan con los efectos extensionales cercanos a los ejes del pliegue. Este control es importante en el caso de los yacimientos auríferos de tipo "orogénico", como los saddle reefs de cadenas orogénicas metamórficas plegadas, hasta ahora no representados en nuestro territorio

Respecto a estos temas es importante señalar que el efecto positivo de las estructuras (fallas, diaclasas o pliegues) ocurre cuando la abertura de espacios extensionales coincide con la actividad hidrotermal. Si no es así, por ejemplo, en el caso de estructuras post mineralización, su efecto es más bien negativo, por cuanto complican la geometría de los cuerpos y por lo tanto su seguimiento y explotación. Por otra parte, hay que considerar que las variaciones en la dirección e intensidad de los esfuerzos implican que fallas que fueron favorables en un intervalo de tiempo dejen de serlo después. A lo anterior se debe agregar que existen dos tipos de condiciones de generación de fallas y diaclasas. La ya descrita, también denominada "cizalla pura", con los planos de falla a 30°| del esfuerzo mayor y con diaclasas paralelas a ese esfuerzo y perpendiculares al esfuerzo menor, y la llamada "cizalla simple" que se produce por el efecto de una pareja de fuerzas, cuyas consecuencias estructurales son más complejas.

Una importante guía de exploración es el cambio de rumbo o de manteo en planos de falla lo que conlleva por razones de geometría que se generen espacios por efecto del movimiento relativo de los bloques, lo que facilita la circulación de fluidos hidrotermales y el depósito de masas de minerales. Las relaciones generales entre el stress tectónico, el desarrollo de estructuras permeables y la presión de los fluidos en macizos rocosos se resumen en el llamado "Triángulo de Siebson". Éste ilustra como el stress tectónico desarrolla estructuras permeables e impulsa el desplazamiento de fluidos, los cuales contribuyen a su vez a crear nuevos espacios y a precipitar minerales en los espacios atravesados.

Parte importante de la mineralización se encuentra diseminada o en filones de rocas brechificadas, en las cuales la roca encajadora está constituida por fragmentos entre los cuales se encuentra la mineralización sulfurada, que en parte reemplaza también el material de la roca. Algunos tipos de brechas filonianas son:

a) Seudo brechas, en las que la roca fracturada ha sido reemplazada por soluciones hidrotermales que circularon por esas fracturas.

b) Brechas hidráulicas, donde los fragmentos de las rocas conservan su carácter anguloso y están separados por los minerales hidrotermales, dando un aspecto de "rompecabezas", con perfecto ajuste.

c) Brechas de explosión, formadas por la expansión brusca del agua que pasa explosivamente del estado super crítico al estado vapor.

Naturalmente, la actividad minera, al generar espacios y fracturas en el macizo rocoso intervenido, es causa de importantes efectos de reactivación estructural, los que pueden alcanzar resultados catastróficos. En consecuencia, la comprensión de la geología estructural es básica en estudios geotécnicos, junto con la apreciación del efecto de la alteración de las rocas. En minería subterránea, el efecto de los planos de diaclasas (vale decir planos de separación que no incluyen desplazamientos relativos paralelos a ellos) es un factor de riesgo importante cuando ellas son paralelas al techo de la labor y por lo tanto pueden caer. Un fenómeno análogo, pero más grave, es el estallido de rocas, que ocurre en macizos rocosos sometidos a alto estrés compresivo. Al abrirse una cara libre en las labores subterráneas, la energía se libera bruscamente proyectando la laja desprendida hacia la cavidad. Las explosiones ocurren en rocas competentes, con escasa presencia de fallas o de alteración hidrotermal destructiva, como es el caso de El Teniente, lo que les permite almacenar una alta energía.

Una mayor presencia de fracturas implica también una mayor permeabilidad secundaria de las rocas y por lo tanto mayor presencia de agua subterránea si el clima es lluvioso. Es un factor a considerar en el diseño de la explotación por dos razones principales. En primer lugar porque el agua dificulta la explotación y debilita la estabilidad de las rocas. En segundo lugar porque favorece la formación y transporte de drenaje ácido contaminante, lo que causa serios problemas ambientales.

Por otra parte, tanto las fracturas como la alteración hidrotermal y supérgena (por meteorización) facilitan la ocurrencia de fenómenos de remoción en masa en explotaciones a cielo abierto. Respecto a las primeras, es importante considerar tres factores, ya mencionados en el Capítulo 4. El primero es el sentido e inclinación del manteo de las estructuras, entendiendo que las peligrosas son las que se inclinan hacia el rajo abierto. El segundo factor es el ángulo de reposo de los bloques situados sobre las fracturas principales y el tercero es el talud de la explotación. Por razones de orden geométrico, los bloques en peligro son aquellos cuyos potenciales planos de deslizamiento tienen menor inclinación que el talud, y cuyos contactos presentan baja rugosidad, lo que facilita el deslizamiento. Naturalmente, la rebaja del talud evitaría el riesgo, pero el hacerlo encarece la explotación, al obligar a arrancar más estéril. A lo anterior hay que agregar los riesgos que implican las fuertes precipitaciones pluviales, ya que ellas facilitan el desplazamiento de los bloques.

Finalmente, no se debe olvidar que el debilitamiento del macizo rocoso por efecto de la alteración puede tener igualmente graves consecuencias. Años atrás ocurrió un importante deslizamiento de rocas en el yacimiento de hierro de El Romeral, cuyo rajo está orientado en dirección N-S. En esa operación se prestaba especial atención a las importantes fallas de la pared W. Sin embargo, el deslizamiento ocurrió en forma inesperada en su pared E, donde predominaba el efecto de la alteración hidrotermal.

2.5. Guías Litológicas y Estratigráficas en Prospección Minera

Las rocas no sólo albergan los yacimientos minerales, sino que también constituyen las principales fuentes de los metales, de los elementos que los acompañan, del calor que moviliza las soluciones hidrotermales y de parte del agua de la que estas derivan. Como señala J. Price, es esencial estudiarlas para comprender los procesos endógenos y exógenos que dan lugar a los diferentes tipos composicionales y estructurales de los yacimientos. Partiendo con las rocas magmáticas, los petrólogos distinguen tres grandes series de rocas que denominan toleíticas, calcoalcalinas y alcalinas. La composición principal de estas series incluye 8 elementos químicos: O, Si, Al, Fe, Mg, Ca, Na y K. Ellas se derivan en último término del material ultramáfico (vale decir rico en Mg y Fe) del Manto, a través de distintas líneas de diferenciación que reducen paulatinamente los contenidos de Mg y Fe del magma e incrementan los de Na y K y, en menor grado, los de Si y Ca. En la serie toleítica el magma retiene un mayor contenido de Fe y produce principalmente magmas basálticos. En cambio, en la serie calco-alcalina hay una fuerte reducción en Fe, y se forman magmas intermedios que dan lugar a rocas dioríticas y andesíticas. Finalmente, en los magmas alcalinos hay un notable enriquecimiento en Na y K. Los yacimientos minerales asociados a las tres series son de diferente composición. Así, los yacimientos de Cr, de Ni y de metales del grupo del Pt se asocian preferentemente a rocas ultramáficas (UMf) y máficas (Mf) toleíticas, mientras los de Cu, Mo, Mn, Fe, Co, Cu, Ag, Zn, Pb, Hg, así como también de Ni, lo hacen a los magmas calcoalcalinos. En cuanto a los magmas alcalinos, ellos se asocian a una serie de metales menos comunes pero de carácter estratégico, como los elementos lantánidos ("tierras raras"), Nb - Ta ("Coltan"), etc. Según el comportamiento mineralógico del elemento, se lo encontrará en mayores concentraciones en las rocas cristalizadas al inicio (Cr), en la etapa media (Cu) o al final (U) del proceso de diferenciación magmática (Price, 2004).

Considerando que las series magmáticas se distribuyen en la corteza terrestre según diferentes contextos de las placas tectónicas, es posible establecer los territorios más favorables para su prospección. Así, los magmas toleíticos continentales se asocian a cuerpos magmáticos UMf y Mf en el centro de los escudos continentales o bien en intrusiones peridotíticas en bordes tectónicos de placas (Ni en Nueva Caledonia). En cambio, los calcoalcalinos se encuentran sobre zonas de subducción de una placa oceánica bajo otra placa oceánica (arcos de islas, como Japón) o de placa oceánica bajo placa continental (cadenas tipo Andino, como la nuestra). Finalmente, los magmas alcalinos muestran cierta relación con las zonas de subducción pero se encuentran en una posición continental más alejada de ellas.

Lo antes señalado tiene una clara expresión en la zonación metalífera de la parte central de la Cadena Andina, donde de W a E se presenta primero una faja cuprífera con Mo, que incluye también yacimientos de hierro en su parte más occidental así como yacimientos de plata y de oro. En Perú, los depósitos de cobre presentan zonación periférica con Zn-Pb, especialmente cuando se encuentran en rocas carbonatadas. Más al E, hay depósitos polimetálicos, con Zn-Pb, tanto en Argentina como en Bolivia y Perú, mientras que en territorio boliviano se distingue una faja estañífera, que en su sector norte incluye también W y en su sector sur notables depósitos de Sn-Ag, como Cerro Rico de Potosí.

La zonación metálica descrita la sido explicada en términos de las condiciones físico-químicas de los magmas, qué presentan ya sea carácter oxidante, manifestado en la abundancia de magnetita ($Fe^{2.5+}$)en las rocas, o bien carácter reductor, expresado por la presencia de ilmenita (Fe^{2+}). La condición oxidante favorece la liberación de azufre del magma en forma de SO_2, y por lo tanto la formación de yacimientos ricos en sulfuros, cono los pórfidos cupríferos. En cambio, los magmas en Bolivia, al ser moderadamente reductores (mayor presencia de ilmenita) son favorables al depósito de minerales de Sn. Es interesante el hecho de que al otro lado de Océano Pacífico se registra un esquema simétrico con el descrito (una faja cuprífera externa y otra de Sn-W en posición continental interna), en un contexto también simétrico de subducción de placa oceánica.

Las relaciones de los yacimientos minerales respecto a las rocas que los albergan pueden ser caracterizadas en términos cronológicos y composicionales. Si la formación de la roca y del yacimiento fueron contemporáneas y la mineralización procede de la misma fuente que la roca (yacimientos singenéticos-familiares) la relación es máxima y la roca se constituye en la principal guía de exploración. En cambio, si el yacimiento es posterior a la formación de la roca y sus componentes son extraños a ella, la relación es menor. Este es el caso, por ejemplo, de los yacimientos epitermales formados por relleno o reemplazo en rocas de diversas características, por el efecto de soluciones hidrotermales procedentes de un cuerpo magmático. En este caso, las guías de exploración pueden ser estructurales (fallas), junto con la alteración hidrotermal.

Un caso interesante es el de los yacimientos formados en la zona de contacto de un cuerpo magmático intrusivo con una formación de rocas volcánicas intercaladas con rocas carbonatadas. En estas condiciones es frecuente el desarrollo de piroxeno y granate en las rocas carbonatadas (facies de skarn) que constituyen un medio favorable para el depósito hidrotermal de minerales sulfurados, óxidos, oro, etc. Las aureolas de contacto se distinguen fácilmente por su coloración y expresión topográfica y cuando existe desarrollo de skarn se pueden utilizar criterios mineralógicos de polaridad, así como indicativos de los probables minerales depositados. El hecho de que los minerales del skarn estén alterados (el granate a epidota y el piroxeno a actinolita) por el efecto hidrotermal, se considera un indicio favorable.

En el caso de los yacimientos de hierro e IOCG se ha documentado que entre la fuente magmática hipabisal y los depósitos de Fe o Fe-Cu-Au existe una importante zona de metasomatismo sódico, donde las rocas andesíticas han experimentado albitización y perdido la mayor parte de su contenido normal de Fe. En los depósitos formados, la magnetita está acompañada por abundante actinolita (alteración calco - sódica). Cuando hay un segundo pulso mineralizador con hematita y alteración potásica se agrega Cu y Au a la paragénenesis(depósitos IOCG). Si ello ocurre en una posición más continental, el yacimiento puede estar también enriquecido en lantánidos y en uranio. El caso descrito ilustra el rol genético que puede tener la alteración hidrotermal, así como su utilidad como guía de la mineralización. Otro caso interesante se relaciona con una controversia respecto a la presencia de rocas con alto contenido de elementos alcalinos (Na_2O + K_2O = 15% app) asociadas a mineralización de Cu (Punta del Cobre, Atacama; El Soldado, Valparaíso) o de Au (Andacollo, Coquimbo). Esas rocas han sido clasificadas como traquitas o albitófiros e interpretadas ya sea como primarias o bien como andesitas alteradas. Cualquiera sea la opción, constituyen una valiosa guía litológica de exploración.

Finalmente, existen excelentes guías litológicas de exploración asociadas a "barreras geoquímicas"(Rosler y Lange, 1972) en yacimientos singenéticos o diagenéticos formados por flujos de aguas subterráneas a través de acuíferos que presentan variaciones por cambio de facies que implican distintas condiciones de Eh y pH. Al respecto es notable el caso del uranio, que en condiciones oxidantes forma el complejo soluble uranilo: UO_2^{+2} en estado de oxidación +6, el cual se desestabiliza al pasar a un ambiente reductor, precipitando como UO_2. En el caso de un antiguo acuífero parcialmente erosionado formado por arenisca, veríamos una arenisca rojiza (Fe^{3+}) que, al pasar al estado reductor, por efecto de materia orgánica carbonácea, cambia a color gris verdoso (Fe^{2+}). El cambio de color constituye la guía principal, pero el UO_2 se encuentra en el material negro responsable del cambio de Eh (por ejemplo, un tronco carbonizado). Las barreras geoquímicas pueden ser también de carácter oxidante, por ejemplo, la precipitación del hierro por oxidación e hidrólisis (Fe^{2+} + $3OH^-$ = Fe $(OH)_3$ +e),de carácter alcalino (Al^{3+} + $3OH^-$= Al $(OH)_3$, de tipo ácido, sulfáticas, carbonáticas etc. Además del Fe, el Mn tiene un rol importante en la coloración de las rocas, ya que al pasar de Mn^{2+} a MnO_2 toma un color negro detectable desde lejos.

Una última observación: la alteración hidrotermal, como las cubiertas lixiviadas de sulfuros oxidados (Thompson y otros, 1999; Blanchard, 1968), son excelentes guías prospectivas, pero deben ser usadas con criterio en la etapa de exploración. Por ejemplo, la alteración argílica avanzada genera notables anomalías de color y blanqueamiento, pero pueden haber sido formadas por gases sulfurados oxidados, sin la actividad de una solución hidrotermal, en cuyo caso son estériles. Este puede ser el caso de las notables alteraciones argílicas cercanas al pueblo de Combarbalá (Coquimbo), donde se explota la roca ornamental denominada "Combarbalita", formada por la alteración de rocas volcánicas piroclásticas. En todo caso, conviene considerar que no necesariamente la parte "más vistosa" de un prospecto es la más productiva, y que creerlo así puede llevar a desechar equivocadamente un prospecto valioso.

2.6. Guías Mineralógicas en Prospección Minera

El depósito de los minerales en torno a un centro mineralizador implica conocer y comprender su naturaleza y distribución en términos composicionales y cronológicos, vale decir establecer su paragénesis (asociaciones de minerales con su orden de cristalización) términos mineralógicos, así como la zonación (distribución espacial de los minerales respecto a dicho centro). Estos procesos están controlados tanto por los factores composicionales de las fases sólidas, líquidas y gaseosas como por factores físicos (T y P) y físico-químicos (Eh, pH, electronegatividad, potencial iónico) que controlan la migración y depósito de los elementos metálicos.

En los yacimientos de segregación magmática, vale decir los de mayor temperatura, los minerales metalíferos se individualizan conforme a su temperatura de cristalización y a la cristaloquímica de sus elementos. Así, el Cr se segrega de la masa silicatada líquida en asociación con el Fe formando la cromita. $Fe(Cr, Fe)_2O_4$. Ello es posible por la alta temperatura de cristalización del mineral así como por la compatibilidad cristaloquímica del Fe y el Cr en sus estados de oxidación Fe^{2+}, Fe^{3+} y Cr^{3+}. Siguen, en orden de temperatura descendente, los depósitos hipotermales neumatolíticos, formados por reacción de un haluro metálico en fase gas con agua, también en estado gas. En la formación de yacimientos de Sn asociados a rocas graníticas se producen alteraciones micáceas tipo greisen y reacciones como $SnF_4 + 2H_2O = SnO_2 + 4HF$. En presencia de minerales de Ca, ello puede ser seguido por la formación de fluorita: $2HF + CaO = CaF_2 + H_2O$. Esta alteración se reconoce fácilmente por la fuerte diseminación de mica blanca.

Los yacimientos porfíricos de cobre están asociados a complejas asociaciones de alteración hidrotermal que acompañan la interacción del cuerpo magmático calcoalcalino, cuyo techo se sitúa a unos tres km bajo la superficie regional. Sin embargo, los cuerpos menores brechosos alcanzan niveles más altos y todo el sistema puede estar cubierto por un aparato volcánico. En la fase inicial de la intrusión, el magma está protegido por una "caparazón" de roca cristalizada, lo que dificulta el escape de los gases derivados de su cristalización. En esa etapa se produce la mineralización principal y la alteración hidrotermal potásica, en forma de feldespato o biotita, con anhidrita y magnetita (en los de carácter diorítico). Al mismo tiempo se genera alteración propilítica , con clorita, epidota, hematita, etc. Cuando la presión de gases sobrepasa la resistencia de la "caparazón", ésta se rompe y el sistema interactúa con las aguas subterráneas. Entonces se removiliza parte de la mineralización primaria y se desarrolla la alteración fílica con cuarzo, sericita y turmalina. A medida que el sistema se enfría y se oxida por efecto de las aguas subterráneas, los gases sulfurados remanentes experimentan el mismo efecto y tanto SO_2 como H_2S dan lugar a la formación de H_2SO_4, responsable de la formación de las zonas de alteración hidrotermal argílica y argílica avanzada, que se encuentran en los niveles superiores del sistema mineralizador (Halley y otros, 2015).

Lo importante del esquema descrito es que se dispone de una serie de minerales cuya presencia, abundancia y relaciones paragenéticas permiten establecer y evaluar el potencial económico del depósito en exploración. A lo anterior podemos agregar la formación de minerales secundarios y la de aquellos presentes en la zona superficial oxidada y lixiviada. En consecuencia, junto con la geoquímica que entrega criterios para interpretar las concentraciones de los elementos químicos producto de la dispersión primaria y secundaria, las guías mineralógicas constituyen un aporte principal a la prospección y exploración de estos depósitos.

Lo expuesto hasta ahora ha considerado básicamente lo relativo a las rocas magmáticas responsables de la mineralización. A ello hay que agregar el efecto de las rocas encajadoras cuando estas presentan contrastes composicionales con el cuerpo magmático mineralizador. Por ejemplo, si la roca en contacto con el magma es una caliza, el resultado puede ser la formación de un pórfido cuprífero con mineralización tipo skarn. De similar manera, si la roca encajadora del pórfido es un basalto o una andesita máfica, la zona hidrotermal cuarzo-sericítica puede estar ausente o muy poco desarrollada (Modelo Hollister de pórfidos cupríferos, como en el caso de El Teniente en Chile).

Los yacimientos epitermales, en particular los de oro, se clasifican según su contenido de azufre y el grado de oxidación bajo el cual se formaron. Si el grado de oxidación es bajo, el yacimiento, ya sea que contenga poca o mucha pirita, no tendrá una expresión de color notable, puesto que ella se genera por el ataque de ácido sulfúrico a las rocas (lo que implica la abundancia de S^{6+}). Tampoco la tendrá si el contenido de S del sistema es bajo. Bajo esas condiciones se forman los depósitos epitermales de oro del tipo adularia-sericita. En cambio, si se trata de sistemas epitermales ricos en azufre y formados en condiciones oxidantes, sus anomalías de color serán visibles a distancia, salvo que la roca encajadora tenga composición pelítica - carbonatada en cuyo caso la acidez es neutralizada por la roca encajadora. Este es el caso de los yacimientos auríferos tipo Carlin (oro diseminado en rocas carbonatadas y pelíticas silicificadas).

Cuando las anomalías de color y los minerales de alteración argílica o argílica avanzada (caolinita, alunita) se han formado por efecto de la reacción de una fase gas rica en SO_2 con aguas meteóricas oxigenadas, el ácido sulfúrico generado produce en efecto análogo al de la alteración hidrotermal ácida pero no deposita mineralización. La ausencia de pirita es característica de esta situación.

El enriquecimiento secundario o supérgeno del cobre es un proceso de notable importancia económica, puesto que ha elevado hasta decenas por ciento el contenido del metal en algunos yacimientos y permitido que otros, de ley primaria muy baja, alcanzaran leyes explotables. Su fundamento físico-químico radica en que el Cu tiene mayor afinidad por el azufre que el hierro. En consecuencia, las soluciones ricas en Cu^{2+} desplazan al Fe^{2+} de los sulfuros de Cu y Fe, así como de la pirita, por ejemplo: $CuFeS + Cu^{2+} = 2CuS + Fe^{2+}$. Para que ello ocurra, es necesario que primero se produzca la oxidación de los sulfuros de Cu, de manera que el metal se disuelva como Cu^{2+} (por ejemplo: $CuFeS_2 + 4O_2 = CuSO_4 + FeSO_4$ y $CuSO_4 = Cu^{2+} + SO4^{2-}$). Esas reacciones deben ocurrir en la zona de oxidación del yacimiento, vale decir sobre su nivel de agua subterránea, ya que bajo él existe un Eh reductor y en esas condiciones ocurre el desplazamiento del Fe según la ecuación antes señalada.

Para que el enriquecimiento secundario de los sulfuros de Cu sea efectivo debe existir agua, pero no abundante (clima semiárido) puesto que de otra manera el Cu tenderá a dispersarse lateralmente y la profundidad de la zona de oxidación sería muy pequeña. También se requieren suficientes fracturas para el descenso del agua y una tectónica de ascenso moderada, porque si el bloque sube muy rápido el yacimiento puede ser erosionado. En esas condiciones se desarrollan enriquecimientos profundos. En estos procesos cabe a la pirita un rol esencial, puesto que por su exceso de azufre genera las condiciones ácidas necesarias para la migración del Cu (si lo hace lateralmente puede formar un depósito de tipo "exótico", con crisocola y otros minerales oxidados Chávez, 2000).

Estos procesos pueden dar lugar a la formación de numerosos minerales oxidados, como se registra en la rica mineralogía de especies oxidadas de Chuquicamata. En el caso del gran yacimiento Escondida, la lixiviación del cobre de la zona oxidada fue tan intensa que llegó a confundir a los especialistas en esta materia. En esos casos es más confiable la geoquímica del molibdeno, elemento que acompaña a nuestros yacimientos porfíricos y que forma un compuesto de baja solubilidad con la limonita (ferrimolibdita), cuyas concentraciones anómalas tienden a coincidir con la parte central del yacimiento cuprífero.

El estudio de las cubiertas lixiviadas por la oxidación tiene como principal referencia el texto de R. Blanchard(1968; Boletín 66 del *Nevada Bureau of Mines*) que entrega los lineamientos básicos para su interpretación. Ellos comprenden principalmente la investigación de las limonitas y de las celdillas dejadas por los diferentes minerales sulfurados oxidados, cuyas formas y colores permiten alcanzar conclusiones sobre su composición y leyes probables. Al respecto se han desarrollado métodos basados en el color de las limonitas que han sido muy utilizados en prospección y exploración, por supuesto, en conjunto con la información geoquímica.

TERCERA PARTE
La Geología de Minas

Geólogos en explotación aurífera subterránea en Asturias (España)

3.1. Trincheras, Sondajes y Labores para Muestreo

Realizados los estudios de superficie es necesario comprobar la existencia y orden de magnitud del cuerpo mineralizado y efectuar su muestreo y reconocimiento para determinar su potencial valor económico. El inicio de esta tarea puede ser muy diferente. En un extremo podemos tener una roca expuesta y con bajo grado de meteorización. En el otro, una roca cubierta por sedimentos o materiales volcánicos recientes o por un suelo de decenas de metros) de espesor. En grados intermedios, puede haber cubiertas de pocos metros de potencia de rocas meteorizadas o un suelo cubierto por un bosque. Naturalmente, cada una de estas situaciones requiere ser enfrentada de diferente manera. Tanto en el primer caso como en el último, será adecuado realizar sondajes exploratorios si las evidencias geológicas, mineralógicas, geoquímicas y geofísicas son positivas. En cambio, en los otros es conveniente realizar labores exploratorias previas de costo menor, destinadas a acercarse más a la mineralización y realizar algunos muestreos. Para ello se utilizan excavaciones en forma de trincheras o calicatas de unos 2 m de ancho y profundidad, por varios metros de largo. Si el área está cubierta por un regolito de 1-2 m de potencia, factible de remover con bulldozer se puede "limpiar" áreas extensas para reconocimiento visual y muestreo geoquímico. Este procedimiento fue utilizado con mucho éxito en el distrito de Michilla a fines de los 1960`s y posteriormente en otros distritos de la Cordillera de la Costa de Antofagasta. En el caso de suelos de regolitos o suelos de áreas boscosas es aconsejable utilizar barrenos manuales o mecánicos para potenciar el muestreo geoquímico. A ello se puede agregar la construcción de piques de reconocimiento si se cuenta con mano de obra capacitada y el material del terreno no implica problemas serios de seguridad o costo. El uso de piques puede ser utilizado también en etapas avanzadas de la exploración cuando se requiere mayor seguridad en el muestreo, así como conocer el comportamiento metalúrgico de la mena. Al respecto, S. Rivera (en Lunar y Oyarzun, 1990) describe su utilización en la evaluación del yacimiento de Ag-Au de La Coipa, Atacama).

Históricamente, los sondajes se han realizado para extraer agua, petróleo y gas del subsuelo, así como muestras de rocas mineralizadas para determinaciones de ley, y los avances técnicos principales han sido aportados por la industria del petróleo. En las últimas décadas se han perfeccionado técnicas analíticas para efectuar perfilajes químicos, físicos y mineralógicos de las perforaciones, así como para obtener imágenes y realizar determinaciones geológico estructurales. Las tecnologías de sondajes comprenden dos tipos básicos: Los sondajes por percusión y los rotatorios. El primer tipo, el más simple, consiste en levantar y dejar caer una barra de acero cuyo impacto quiebra la roca y en extraer los fragmentos mediante la circulación de un barro que reúne condiciones de densidad y fluidez. Su alcance inicial era de unos 100 m y el impacto de la barra se atenuaba con la profundidad. El hecho de colocar un martillo en su extremo inferior ("down the hole") extendió su alcance a unos 300 m y la calidad del muestreo mejoró mucho mediante el reemplazo del barro por una corriente de "aire reverso". El sondaje rotatorio, desarrollado por la industria petrolera fue adaptado por la minería cambiando el barro de perforación por aire comprimido, alcanzando unos 500 m. También puede utilizarse en la modalidad de recuperación de testigo. Su diámetro puede llegar a unos 15 cm, lo cual es muy adecuado para leyes de oro bajas, así como para estudios geometalúrgicos.

En algunas situaciones, como en el caso de rocas muy alteradas, de suelos lateríticos, de depósitos aluviales de oro, o en el muestreo de relaves, puede ser difícil obtener testigos continuos sin perder material fino. Para enfrentar estos problemas se ha desarrollado el llamado "sondaje sónico", que incorpora un oscilador axial, el que produce un efecto positivo de "sube y baja", permitiendo obtener testigos continuos (Orberger y otros, 2018).

Es importante considerar que los sondajes desempeñan tres funciones esenciales en minería. La primera es la prospección de nuevos yacimientos, una tarea que se vuelve cada vez más difícil a medida que las áreas de prospección se vuelven más escasas por distintas razones, entre ellas las de carácter ambiental o las de oposición de comunidades tradicionales, y la probabilidad de encontrar yacimientos parcialmente aflorantes se hace menor por la larga actividad prospectiva ya realizada. La segunda tarea es la de explorar, valorizar y aportar información metalúrgica y geotécnica a los ingenieros especialistas que deben elaborar y evaluar el proyecto de explotación. Finalmente, la tercera tarea es la de acompañar el desarrollo de la mina y el distrito, de manera de aportar información a la planificación de corto y mediano y largo plazo y mantener una actitud alerta respecto a los cambios estructurales y composicionales de la mineralización que puedan afectar la operación. Dentro de esta tarea, está también la prospección de nuevas reservas en el distrito que puedan extender la vida de las operaciones.

Respecto a las tareas propiamente prospectivas un interesante artículo de Giles y otros (2014) describe los esfuerzos de un grupo de empresas mineras e institutos de investigación aplicada para desarrollar metodologías para sondajes profundos, del orden de 500 m, rápidos y de bajo costo (del orden de US$50/m), que han llevado a desarrollar la tecnología DET - CRC. Esta tecnología tiene aspectos técnicos y conceptuales novedosos. Por una parte, se trata de un equipo de percusión del tipo down the hole liviano (unas 10t) y fácil de desplazar, que utiliza un cable enrollado en lugar de tuberías, lo que ahorra tiempo de operación. En lo conceptual, reemplaza la toma de muestras por una sonda con capacidad analítica mediante fluorescencia X, que además permite determinar parámetros físicos y estructurales. Vale decir, es un equipo destinado a la prospección que permite tomar decisiones rápidas y en el terreno.

Descubrir un posible yacimiento requiere más de un sondaje prospectivo positivo y es deseable que el inicio de estos no se retarde en exceso por el temor de "matar un prospecto" que afecta a algunos equipos de prospectores. Por supuesto, hay que tener razones para recomendar un sondaje de este tipo, pero tampoco hay que considerarlos como "la prueba definitiva", sino como un instrumento de prospección más, con el enfoque de Giles y otros. Es diferente el caso de los sondajes de exploración, los que deben ser planteados y ejecutados con mucho cuidado, considerando que además de servir de base a las estimaciones de tonelajes y leyes deben también aportar información útil para evaluar las alternativas de explotación y de procesamiento metalúrgico, así como la presencia de elementos químicos que impliquen beneficios o problemas, y las posibles dificultades geotécnicas que se desprendan de la calidad de las rocas presentes.

Los sondajes son caros, pero constituyen la principal fuente de información geológica disponible. Por otra parte, pueden ser valiosos para la toma de decisiones años después de efectuados, como los revisados por Lowell en San Manuel (Arizona) que contribuyeron al descubrimiento de Kalamazoo, la mitad oculta del yacimiento. En consecuencia, deben ser descritos y almacenados cuidadosamente, con indicación precisa del metraje que representan. Su descripción sigue los procedimientos clásicos propuestos por R. Sales con el agregado actual de registros instrumentales muy completos, que incluyen fluorescencia X, reconocimiento infrarrojo de minerales, etc. La parte a analizar por laboratorios químicos, al igual que el conjunto de las operaciones está sujeta a procedimientos normalizados certificados, muy rigurosos, al igual que las determinaciones de tonelajes y leyes. Ello obedece en buena parte al escándalo internacional generado por el caso del falso descubrimiento de Bre-X, ocurrido en 1997, cuando una compañía inscrita en la bolsa de Toronto, que había logrado capitalizar 6 mil millones de dólares sobre la base de un falso descubrimiento de oro supuestamente logrado en Busang, Indonesia, en 1995, confesó que las muestras, analizadas por un prestigioso laboratorio, eran fraudulentas. El caso implicó serias pérdidas para los fondos de pensiones y otros inversionistas y generó una crisis de confianza para las empresas mineras junior de exploración. Como reacción se generaron una serie de instrumentos, mecanismos y sistemas de gestión que hoy regulan estas actividades, como el de las de las reservas certificadas o "bancables", la definición y rol de "personas competentes" etc. Cabe señalar que la metodología y grado de exactitud que hoy se exige a las determinaciones de tonelaje y ley es tan alto que pequeñas desviaciones porcentuales son suficientes para la anulación legal de acuerdos previos entre empresas mineras. Puesto que esas determinaciones parten con el muestreo, siguen con el análisis químico y mineralógico, y culminan con los cálculos geoestadísticos, cada una de estas operaciones debe ser auditada de manera rigurosa.

Hasta mediados del siglo 20, los cálculos de tonelaje y ley se realizaban mediante metodologías estadísticas simples y un criterio básico era la exposición del cuerpo mineralizado evaluado, vale decir, si se conocía de él una, dos o tres de sus caras, procedimiento que se adecuaba bien a cuerpos de tipo vetiforme. Las aplicaciones de la geoestadística a la minería surgieron principalmente de la minería de cuerpos de forma irregular de gran dimensión y con mineralización diseminada e irregular, como los depósitos porfiricos de cobre y fueron desarrolladas por ingenieros de la Escuela de Minas de París (H. Matheron) y de la minería del oro en Sudáfrica (D. Krige). Su principal aporte se refiere a la determinación del alcance predictivo de una muestra en distintas direcciones espaciales, a través de un algoritmo: el Variograma, que permite proyectar valores para puntos no muestreados y utiliza modelos de estimación simples y de indicadores (krigeaje) para asignar valores a esos puntos. Esto permite realizar evaluaciones de reservas a partir de un número relativamente pequeño de sondajes y de muestras. Las estimaciones de tonelajes bajo distintos grados de certidumbre siguen generalmente las recomendaciones del USGS, basadas en criterios geoestadisticos. Así se distingue entre: a) Reservas Medidas (Número suficiente de muestras espaciadas entre sí a distancias iguales o menores que su alcance) b) Reservas Indicadas (Número suficiente de muestras, pero espaciadas a una distancia mayor que su alcance) c) Reservas Inferidas (Cifras estimadas sobre la base del conocimiento de características geológicas del volumen rocoso evaluado que posibilitan esa extensión hipotética).

La mayoría de los geólogos exploracionistas exitosos plantean que un tema principal en el logro de descubrimientos es la relevancia de los sondajes en el proyecto de exploración. En el exitoso y económicamente eficiente proyecto Atacama de D. Lowell, que condujo al descubrimiento de Escondida, se ahorró prácticamente en todo para asegurar dinero para sondajes, Ello, junto con la perseverancia, experiencia y suerte aparecen reiteradamente en las historias con final feliz. Sin embargo, hay un caso que llega a ser increíble por su combinación de audacia y suerte, junto con la riquísima recompensa obtenida: el descubrimiento de Olympic Dam en el Cratón Gawler, en el sur de Australia. El área a explorar estaba cubierta por cientos de metros de rocas sedimentarias paleozoicas por lo que no había ningún tipo de evidencia, ni siquiera indirecta del yacimiento. La única razón para intentar los sondajes era la hipótesis de una eventual mineralización del tipo sulfuros macizos en una posible cuenca precámbrica, propuesta por un geólogo joven y sin experiencia. Sin embargo, la compañía Western Mining corrió el riesgo y guiándose por anomalías geofísicas realizó los sondajes, los primeros de los cuales no encontraron mineralización, lo que no fue suficiente para desalentar a la empresa. Cuando finalmente se encontró el riquísimo yacimiento de cobre, uranio, oro y plata se comprobó que no tenía relación con el tipo de yacimiento imaginado y el descubrimiento dio lugar a la proposición de un nuevo tipo de modelo: los IOCG ("iron ore- copper- gold").

Considerando lo anterior y la bajísima probabilidad de encontrar un yacimiento en ese tipo de condiciones (menores de 1 en 1000) cabe preguntarse cómo se logran dineros corporativos para ese tipo de riesgo y de donde surge la persistencia ante los fracasos iniciales (materia que será analizada en el capítulo 4.3). Al respecto, los geólogos experimentados recomiendan cumplir el programa de sondajes previsto, a menos que los primeros realizados demuestren que la hipótesis que llevó a decidirlos era equivocada. Por otra parte, hay más de una historia (real o ficticia) respecto a que el último de la serie es el que "dio en el blanco". Al respecto la historia del descubrimiento de Candelaria muestra cómo una hipótesis equivocada puede llevar a un resultado exitoso. En un antiguo distrito, Punta del Cobre (Atacama), una empresa internacional importante, reconocida por su experiencia en minería cuprífera Phelps Dodge, se instaló en el distrito en 1985 con dos explotaciones mineras menores (Lar y Bronce) pero de buena ley de Cu y Au y acompañó su explotación con prospecciones geofísicas (IP) y sondajes, los que en 1987 condujeron al descubrimiento "inicial" de Candelaria, un IOCG de varios cientos de Mt y leyes sobre el 1.5%. Aunque el blanco buscado era más bien un pórfido cuprífero, la estrategia seguida fue impecable e ilustra la importancia de realizar sondajes de exploración en el distrito durante la etapa de explotación de un yacimiento, más allá de asegurar las futuras necesidades de producción de mediano y largo plazo. A diferencia de Olympic Dam, un caso extremo de prospección greenfield, Candelaria ilustra el valor de la prospección tipo brownfield y el buen criterio de ejecutarla desde explotaciones activas, las que entregan conocimientos adicionales directos a los prospectores.

3.2. Evaluación y Adquisición de Propiedades Mineras

Existen distintas razones para la adquisición de propiedades mineras. Entre las principales está el interés de las empresas mineras por asegurar su producción futura adquiriendo propiedades que cuenten con reservas mineras de buena calidad, lo que es una alternativa razonable en términos de costos y tiempo respecto a conseguirlas mediante su propia exploración. Ello se puede hacer directamente o bien comprando stocks accionarios de las empresas que cuentan con esas reservas. Una segunda razón puede ser el interés de un grupo empresarial por ampliar su cartera de prospectos.

Otra, la que llevó a Phelps Dodge a iniciar explotaciones mineras en Punta del Cobre, al mismo tiempo que comenzaba su prospección. También se suele adquirir propiedad minera si ello aparece como un buen negocio, al encontrarse la empresa vendedora en dificultades financieras debido a una mala gestión.

En cambio, también hay razones para evitarlo. Entre ellas, el hecho de que los mejores negocios en minería están asociados a la etapa del descubrimiento, así como las expectativas exageradas de los propietarios mineros respecto al valor real de sus propiedades. También influye en esto el orgullo de "llegar primero" en lugar de adquirir algo que otros encontraron, aunque hay también mérito en reconocer el potencial de una propiedad minera que otros han pasado por alto. Una dificultad adicional suele ser el elevado número de propietarios y la dificultad para ponerlos de acuerdo (cómo en el caso de las gestiones para simplificar la propiedad minera en La Coipa, Atacama, que realizó con éxito el geólogo J. Ambrus).

Entre las principales razones para adquirir reservas mineras a través de la compra de las compañías que cuentan con ellas, se encuentra el actual desbalance entre las crecientes demandas de la industria y la merma de los inventarios de reservas. Como señalan Giles y otros (2014) hay una tasa decreciente de nuevos descubrimientos tipo greenfield y un aumento sostenido de los costos de exploración por descubrimiento, incrementado entorno a un 160% en términos reales en los últimos 20 años. Lo señalado, junto con el alto grado de incertidumbre de la prospección minera, hace que las preferencias corporativas se inclinen por la compra. Sin embargo, ello es insostenible a mediano plazo, si se considera por ejemplo que en 1975 existían reservas de cobre para 60 años y hoy sólo para 39 años, que las reservas actuales provienen en su mayor parte de descubrimientos realizados más de 20 años atrás y que las leyes de mina promedio han bajado de 1.0 a 0.7% de Cu.

Si se trata de una compraventa entre empresas solventes, una auditoria de reservas más la información geológica-económica respectiva y sus implicaciones geometalúrgicas, permitirán tomar las decisiones con confianza. Distinto es el hecho si la empresa vendedora carece de "reservas bancables" basadas en sondajes, muestreos y estudios geoestadísticos refinados. En ese caso será necesario que el equipo geológico del comprador realice un estudio detallado según lineamientos como los señalados por McKinstry en su texto clásico "Geología de Minas". Ellos incluyen recomendaciones como no confiar mucho en la notable historia de la mina (que se refiere a lo ya extraído, no a lo existente) ni tampoco a las inferencias sobre supuestas prolongaciones de cuerpos mineralizados ya explotados. Considerar que si la mina está paralizada o en crisis deben existir razones para ello. Buscar siempre "el eslabón más débil" pero con atención al hecho de que tal problema podría dejar de serlo (por ejemplo, por un progreso metalúrgico). Las consideraciones deben ir más lejos de las relativas a tonelajes y leyes e incluir aspectos ambientales, disponibilidad de agua, actitud de la población local, etc.

La situación es algo distinta si lo que interesa es la propiedad minera con fines exploratorios. En ese caso puede ser valiosa la sugerencia de Lowell de adquirir la propiedad a través de terceros, para no llevar a los posibles vendedores a ilusiones desmedidas. Por otra parte, en la historia de la exploración minera hay varios casos de un comprador que muy poco tiempo después encontró un yacimiento más rico que el recién adquirido en su misma propiedad. Por supuesto, no se trata sólo de suerte sino de la experiencia y visión de quien realizó o recomendó la compra. Entre los estudios de terreno a realizar en estos casos está la observación de desmontes, realización de muestreos selectivos (privilegiar su calidad sobre el número), levantamientos geológicos parciales, y si no hay mapas geológicos, procurar conseguir los topográficos de labores, observar las dimensiones de los tajos, los restos de pilares etc. Actualmente hay otro punto de alta importancia a considerar: Los cierres mineros planificados. Faenas con desmontes contaminantes, evidencias de drenaje ácido, tranques de relaves inseguros, etc., pueden resultar siendo pasivos muy costosos y sujetos a estrictas legislaciones.

Finalmente, siempre vale la pena mirar mas allá. Pensar que la mina en explotación puede ser la expresión externa de un yacimiento mayor situado en profundidad o en una extensión lateral y que se debe hacer lo posible por confirmar esa posibilidad. Que lo aprendido en el día a día de la geología de producción debe llevar más lejos que sus fines inmediatos y que hay que escuchar las sugerencias de los conocedores prácticos del distrito, por dudosas que puedan parecer.

3.3. Labores del Geólogo de Mina o de Distrito

Dependiendo del tamaño y complejidad de la operación minera, ésta puede no contar con geólogo residente o llegar a tener una gerencia con decenas de geólogos y una amplia gama de responsabilidades. También existe la posibilidad de que un distrito minero con dos o tres operaciones de bajo tonelaje cuente con un geólogo que apoye sus labores. Esta tarea ha sido asumida en Chile tanto por la Empresa Nacional de Minería, como por el Servicio de Geología y Minería, aunque no ha tenido continuidad. En este capítulo se considera el caso de operaciones de nivel medio, que pueden contar con uno o dos geólogos realizando tareas permanentes.

Desde luego, la principal de esas tareas es llevar las operaciones de mapeo de las labores y su muestreo, así como planificar sondajes para apoyar la producción y mantener al día las cifras de reservas para la planificación de corto y mediano plazo. Al respecto el mapeo diario de las nuevas caras rocosas expuestas por los avances de la explotación es una tarea central y para ella se debe contar con una topografía de calidad. Esta tarea no debe caer en la rutina sino ser considerada por el geólogo como la mejor oportunidad para realizar observaciones y sugerencias útiles para la gerencia de la mina, que demuestren la importancia de su labor. Por ejemplo, ha ocurrido que lo que se tenía por una de las caras de las rocas encajadoras de una veta, era sólo una delgada pared en una veta ramificada, lo que pudo ser demostrado por una pequeña estocada, con gran provecho para la empresa.

Por otra parte, si el geólogo está al tanto y comprende bien los problemas de la mina y de la planta, su mapeo y el muestreo de labores puede ser más útil para los usuarios de la geología, al incorporar informaciones más pertinentes para la mina y la planta, ya sea en términos litológicos, estructurales o mineralógicos. También debería ser de su responsabilidad el proponer y asesorar en materia de requerimientos de servicios externos (en temas como el estudio mineralógico de briquetas para resolver problemas por baja calidad de los concentrados o de la necesidad de ensayes geomecánicos). Al respecto, el responsable de la geología de la mina puede aportar mucho a la necesidad de mantener un programa sólido de mantención o expansión de reservas, así como de seleccionar la mejor ubicación para instalaciones logísticas y de depósitos de desmontes y relaves.

También respecto a alertar sobre riesgos geotécnicos, y del manejo del tema aguas subterráneas y de la preparación del futuro cierre de la mina. Desde luego esta enumeración de tareas puede parecer excesiva para un solo geólogo, pero si se cumple adecuadamente, la unidad de geología crecerá orgánicamente, conforme a su aporte a la creación de valor.

Una tarea importante del geólogo de mina es contribuir a explicar y difundir las bases conceptuales y metodológicas de su especialidad entre los ingenieros de las distintas especialidades de la empresa, así como la de procurar adquirir el mayor conocimiento posible respecto a las necesidades técnicas de los ingenieros de minas, metalurgistas y responsables de la gestión económica y legal de la empresa. Ello facilitaría su participación en las decisiones técnicas como puede ser la adquisición de otras propiedades mineras en el distrito y el adecuado resguardo de las que ya posee la empresa. Lo anterior, en términos del principio de la creación de valor y de la sinergia que requiere la empresa moderna. Al respecto, es normal que exista mucho desconocimiento mutuo entre profesionales de distintas especialidades, loque puede llevara ironizar respecto a la solidez de las afirmaciones de los demás, en particular en un medio tan complejo y azaroso como el de la minería.

Finalmente, y sin desmedro de sus demás obligaciones, el geólogo de mina debe "sacar la cabeza" mas allá de ésta y considerar otras oportunidades en el distrito. Porque junto con celebrar la perspicacia y la decisión de los grupos de prospección que encontraron Escondida, Candelaria y Spence, también podríamos esperar más participación de los "locales", que poseen conocimientos y medios suficientes. Al respecto, empresas como Antofagasta Minerals en Chile y Buenaventura Ingenieros en Perú han demostrado consistentemente que "se puede".

3.4. Conceptos y Métodos en Geología de Minas

Aparte de los conceptos básicos de todo mapeo geológico, existen dos que orientan de modo especial el mapeo de minas. Uno de ellos es el referente a los controles de la mineralización, vale decir de los factores litológicos y estructurales que explican su distribución e intensidad. El otro es el de los modelos de yacimientos, que nos dicen qué podemos esperar en el curso del progresivo conocimiento de la mineralización conforme al modelo al que se ha adscrito el yacimiento. En consecuencia su mapeo no es una operación neutra sino un diálogo constante entre lo que se espera y lo que se encuentra, en el curso del cual se confirman las predicciones o por el contrario se van refinando, modificando o abandonando las ideas iniciales.

El mapeo de interior mina se realiza normalmente en planos o secciones de la mina que el geomensor entrega en escalas que dependen del tipo y características del yacimiento, tanto mayores mientras más compleja y valiosa es la mineralización, lo que llega a máximos en depósitos epitermales vetiformes de oro de alta ley (como en el caso del mineral aurífero de exportación directa explotado en El Indio), y a requerimientos menores en depósitos como los diseminados de hierro. Sin embargo, la escala del mapeo se sitúa normalmente entre 1:500 y 1:10. Generalmente se recomienda mapear la geología en un plano horizontal (situado a la altura de la cadera del geólogo), pero que en casos complejos estos se pueden completar con mapas de ambas paredes y de la cara de avance, que facilitan más adelante la construcción de planos por niveles y secciones. En todo caso, la información geológica principal debe ser llevada al plano oficial de la explotación subterránea, para el que McKinstry recomienda una escala de 1:500 y que debe tener su correlato en un mapa geológico de superficie a la misma escala.

Las minas subterráneas no son siempre lugares fáciles de mapear, puesto que pueden tener filtraciones de agua desde el techo, presentar rocas muy alteradas, tanto por efectos hidrotermales como por la meteorización y estar afectadas por zonas difusas de fracturas más que por planos definidos de fallas. En casos como estos, no es posible medir directamente su rumbo y manteo, pero ello se puede calcular a partir de la posición topográfica de la fractura en distintos lugares de la mina, mediante métodos proyectivos, que permiten también una serie de cálculos, cómo la dirección e inclinación de sondajes, la planificación de labores inclinadas etc. Cuando se trabaja en faenas antiguas es también recomendable lavar previamente las paredes para no pasar por alto evidencias valiosas. Por otra parte, el geólogo de minas debe estar también atento a las máquinas que circulan en su interior, a los cables eléctricos, los piques abiertos etc. Los textos clásicos, como la *Geología de Minas* de McMackinstry, recomiendan utilizar tinta a prueba de agua en hojas resistentes y con un soporte de aluminio con tapa de bisagra. Por supuesto, actualmente existen dispositivos electrónicos como las "tablets" que permiten simplificar y enriquecer la tarea del mapeo. El riesgo radica en no incluir información importante porque no se adecúa a los requerimientos del software. En ese caso, lo mejor es combinar lo nuevo con lo antiguo.

Respecto al mapeo de explotaciones a cielo abierto, en su mayor parte se realiza en las caras verticales o sub verticales de los bancos, lo cual se combina con mapas del fondo de la explotación, que va siendo expuesto a medida que ésta avanza. La información obtenida se va utilizando para construir secciones interpretativas verticales del yacimiento.

El mapeo de las minas no sólo debe entregar una representación de lo que se conoce sino constituir también un instrumento predictivo. Con ese fin es importante considerar los principios geológicos, físicos y químicos que explican la forma y composición de los cuerpos mineralizados. Por ejemplo, tanto la presión litostática como el agua desempeñan roles principales en la ramificación de los depósitos epitermales en sus niveles superiores. Ello obedece a dos razones. La primera, que al estar sometidas a menor presión lateral el sistema tiende a abrirse. La segunda, que el agua "líquida" presente a temperaturas super críticas pasa bruscamente a vapor al decrecer la presión, expandiendo su volumen cientos de veces, facilitando su expansión lateral y generando estructuras de brechas de explosión e hidráulicas. En consecuencia, es de esperar que esas estructuras tiendan a cerrarse en profundidad. De igual modo el dominio del control puede pasar de litológico a estructural según existan o no cuerpos de rocas de comportamiento permeable durante la etapa hidrotermal. Desde luego esas características aparecen claramente en el mapeo y es importante utilizarlas para proyectar el comportamiento vertical y lateral de la mineralización. Por otra parte, es frecuente la coexistencia de mineralización correspondiente a dos o más modelos en un mismo yacimiento, como se desprende de los esquemas propuestos por G. Amstutuz y R. Sillitoe para las distintas formas de mineralización asociadas a yacimientos porfíricos de cobre.

Por otra parte, también los fenómenos supérgenos pueden afectar seriamente el comportamiento geomecánico de un yacimiento. Eso se constató en la mina de El Teniente cuando se pasó de una zona superior con disolución de parte de la anhidrita a la zona primaria no afectada y, por lo tanto, más resistente a las tronaduras, lo que obligó a cambiar los parámetros de explotación por hundimiento. A mayor profundidad la misma operación experimentó también el grave problema de las explosiones de rocas, por el alto stress que estas almacenan.

Si a lo expuesto se suman los cambios composicionales verticales y laterales de origen hipógeno y supérgeno,y su importancia para la planificación y la adaptación de las labores de la mina y la planta, se puede comprender mejor la importancia de la tarea de previsión que corresponde cumplir al geólogo de minas.

3.5. Minería y Aguas Subterráneas

Uno de los problemas más graves que ha experimentado la minería a lo largo de su historia en las regiones normalmente lluviosas, ha sido la presencia de aguas subterráneas, que hacía progresivamente más difícil la explotación a medida que las minas profundizaban y el trabajo humano y animal se hacía insuficiente para extraer el caudal de agua que ingresaba a las labores. Precisamente, uno de los objetivos principales del desarrollo de las máquinas térmicas que marcaron el paso a la era industrial fue la necesidad de contar con la energía necesaria para las bombas que extraían el agua de las faenas subterráneas. Puesto que la era industrial requería grandes cantidades de hierro y de carbón para la construcción y funcionamiento de las máquinas, se potenció la actividad minera y se inició un ciclo de progreso técnico y económico continuo, que llega hasta nuestros días.

El agua de los océanos se encuentra en un continuo proceso de destilación por efecto de la energía del sol, que actúa directamente como fuente de calor e indirectamente a través del efecto del viento, que incrementa la evaporación. Las aguas evaporadas se condensan en nubes que posteriormente precipitan su contenido de agua en forma de lluvia o nieve. Las precipitaciones que caen sobre los continentes e islas se evaporan en parte, así como escurren sobre la superficie o se infiltran. La porción infiltrada depende de varios factores, como la permeabilidad del terreno, la presencia de vegetación, la topografía etc., y constituye el agua subterránea. Los cuerpos que la contienen se denominan acuíferos y en ellos se distingue una parte superior no saturada denominada Zona Vadosa, y una inferior saturada. El plano que las separa se denomina Nivel Freático y bajo él todos los espacios interconectados están ocupados por agua. Por otra parte, se distingue entre el comportamiento de los acuíferos libres y el de los confinados, que están limitados hacia arriba por un nivel de materiales impermeables. En estos últimos, el nivel piezométrico del agua (vale decir aquel que debería alcanzar si no estuviera confinado) es mayor que su nivel efectivo.

Existen dos tipos de permeabilidad, denominadas primaria y secundaria. La primera depende de la litología de la roca o del sedimento. La segunda, de los espacios creados por las fracturas que presentan las rocas o por efectos de disolución. El primer caso está representado por sedimentos o rocas sedimentarias de grano medio a grueso, como arenas y gravas, en las que el agua circula a través de los espacios libres entre sus granos. La circulación del agua en estos materiales obedece a la Ley de D'Arcy que señala que la conductividad hidráulica del acuífero entre dos puntos de él es igual al producto de su permeabilidad por la diferencia de cota entre los dos puntos, dividida por el camino efectivo recorrido. Así, si los dos puntos se encuentran a las cotas 120 m y 40 m separados por 300 m, pero el agua sigue un camino efectivo de 380 m y la permeabilidad es $1x\ 10^{-3}$ m/seg, la conductividad hidráulica (velocidad) será $80/380x10^{-3} = 2x10^{-4}$ m/seg. En estos acuíferos, el agua sigue una trayectoria generalmente curva, perpendicular a las líneas de igual nivel freático. La situación es diferente y más compleja en el caso de los acuíferos asociados a rocas fracturadas, que se rigen por la "Ley Cúbica". En este caso, la trayectoria del agua dependerá de las orientaciones de las fracturas. Junto con la densidad del fracturamiento, la abertura de las diaclasas tiene gran importancia en la conductividad hidráulica, que es proporciona al cubo de ella (de ahí el nombre de la Ley). En minería en rocas duras, la permeabilidad secundaria es dominante y además las cavidades abiertas juegan un rol muy importante (de hecho, una mina subterránea abandonada puede convertirse en un sistema tipo kárstico, análogo al formado en rocas carbonatadas disueltas).

Ya hemos visto que la zona vadosa desempeña un rol muy importante en el enriquecimiento secundario de los minerales de cobre y de plata, ya que en ella ocurre la oxidación de los sulfuros que libera en Cu^{2+}, así como la formación de H_2SO_4 a expensas de la oxidación de pirita (FeS_2), la que genera el ambiente ácido requerido para su migración (hacia abajo para formar sulfuros enriquecidos o lateralmente para generar depósitos "exóticos"). Estos mismos procesos son los responsables de la producción de "drenaje ácido", uno de los problemas ambientales más serios que afectan a la minería metálica y la del carbón (que puede ser rico en pirita).

El drenaje ácido es un problema más complicado en minas subterráneas después del cierre de sus operaciones, debido a que las superficies reactantes crecen exponencialmente con mayor "densidad" de los laboreos internos. En principio, se podría esperar que si la mina se inundara la menor cantidad de oxígeno disuelto impediría el proceso oxidativo. Sin embargo, tampoco esto es efectivo debido al efecto oxidante que cumple el ion Fe^{3+}. En la práctica, una mina subterránea rica en pirita y situada en la zona cordillerana, reúne las condiciones de presencia de fracturas y disponibilidad natural de agua y gradiente hidráulico para ser una fuente permanente de drenaje ácido con posterioridad a su cierre (dado que es imposible tapar todas sus fracturas para aislarla del medio natural).

En el Estado de Montana, EE.UU., las importantes operaciones mineras de Anaconda y otras empresas han generado un problema permanente y de gran magnitud de drenaje ácido (Diamond, 2005), que incluye el traspaso de la carga de acidez y metales disueltos de las aguas subterráneas a las superficiales o a través del lago que ocupa una anterior operación a cielo abierto, y cuyas aguas deben ser tratadas de modo permanente para mitigar daños mayores.

Es importante considerar que no sólo las minas generan drenaje ácido, sino que también pueden hacerlo los desmontes, pilas de lixiviación y relaves. Al respecto una adecuada disposición en los botaderos de rocas estériles con pirita, alternadas con rocas frescas máficas con potencial de neutralización, podría mitigar la generación de acidez.

La presencia de agua subterránea implica una serie de riesgos geotécnicos que pueden llegar hasta su irrupción violenta (junto a materiales de arrastre) en las faenas mineras. Entre esos riesgos está la disminución de la resistencia de las rocas a los esfuerzos de corte y, principalmente, la facilitación de desplazamiento de bloques al actuar como una especie de "gata hidráulica" por el efecto hidrostático de la columna de agua. En casos límites, es posible la generación de sismos de baja magnitud por esa causa, y más frecuentemente, el deslizamiento de bloques en operaciones a cielo abierto después de lluvias importantes. También pueden ser afectadas las paredes de los rajos que presenten materiales alterados o muy fracturados, debido al aumento de peso y pérdida de consistencia que implica su saturación por el agua que accede a ellos. La respuesta a estos riesgos consiste en la instalación de "pantallas de bombeo" destinadas a interceptar las aguas subterráneas que fluyen hacia la operación minera, así como en el monitoreo de la presión del agua en las fracturas.

Por otra parte, las aguas subterráneas son un recurso importante para las operaciones de la mina, la planta y los campamentos mineros. Normalmente se obtienen de captaciones ubicadas en sus alrededores, pero también la Ley permite el uso de las aguas subterráneas interceptadas por efecto necesario (y no deliberado) de la explotación ("Aguas del Minero"). También es posible interceptar las aguas que fluyen desde un tranque de relaves (por ejemplo, recuperarlas en un rajo abierto abandonado, situado a menor cota que dicho tranque).

Dentro de los actuales enfoques integrales de gestión, el manejo, reciclaje y reutilización de agua tiene un rol principal, y dentro de éste le cabe una participación principal al manejo sustentable de las aguas subterráneas de la mina y del distrito.

CUARTA PARTE
La Exploración Minera

Examen de testigos de sondajes en exploración minera

4.1. Prospección y Exploración Geofísica

La Geofísica es la ciencia cuya tarea central es el estudio de la estructura y actividad de la Tierra, basada en la determinación de sus propiedades físicas. La prospección geofísica es la búsqueda de anomalías geofísicas, probablemente vinculadas a la presencia de yacimientos minerales o de estructuras favorables para albergarlos. La exploración geofísica utiliza las propiedades físicas de un yacimiento detectado para modelar su probable forma, magnitud y composición mineralógica. Durante la explotación de un yacimiento, la geofísica puede aportar también información valiosa de interés geotécnico.

Normalmente la geofísica aplicada se clasifica según la propiedad física utilizada. Conforme a ello, se distinguen la Prospección Gravimétrica, la Magnetométrica, la Sísmica, los Métodos Eléctricos y Electromagnéticos y la Prospección Radiométrica, los cuales reseñaremos en términos de su base conceptual y aplicaciones prospectivas.

La Prospección Gravimétrica permite la detección de yacimientos metalíferos o no metálicos, así como de cuerpos o estructuras geológicas que generan anomalías de gravedad por efectos ya sea de su alta o baja densidad. Su base conceptual radica en ley de gravitación universal de Newton, partiendo de la base de que si la Tierra tuviera una composición homogénea y una forma esférica perfecta, la aceleración de gravedad g debiera ser uniforme en su superficie: 980 gal (1 gal= 1 cm x seg^{-2}). Si se considera que su diámetro es menor entre sus polos que en el Ecuador, ella debería ser 983 gal en el primer caso y 978 gal en el segundo. Puesto que la Tierra no tiene composición homogénea, la presencia de cuerpos de mayor o menor densidad cerca de la superficie se expresa en mayores o menores lecturas respectivamente, después de haber hecho las necesarias correcciones. Aparte de la corrección por latitud ya mencionada, es también necesario corregir según la altura a la que se realizó la medición, así como por el material geológico situado entre el nivel del mar y el punto de medición ("Corrección de Bouger").

Los principales métodos de medición de g son el del péndulo, cuya fórmula permite determinar g en función de su longitud y del número de sus oscilaciones por unidad de tiempo, y el gravímetro. El segundo método es una especie de balanza de resorte notablemente sensible, cuyo estiramiento es proporcional a la anomalía de densidad presente en el lugar y que incluye dispositivos ópticos y eléctricos que magnifican el efecto.

Como es normal en prospección geofísica, la tarea más difícil es la de modelar las posibles situaciones que expliquen la anomalía detectada, lo cual requiere conocimiento, experiencia y paciencia, a través de sucesivas aproximaciones iterativas. Sin embargo, esta metodología puede entregar resultado muy acertados, como en el caso de la exploración del yacimiento de hierro Los Colorados, Atacama, donde tanto la forma, posición y leyes del depósito fueron determinadas con mucha aproximación.

La Prospección Magnetométrica utiliza el campo magnético de la Tierra, cuyas líneas de fuerza son desviadas por la presencia de cuerpos que poseen alta "permeabilidad magnética". El efecto es equivalente al flujo difuso de aguas subterráneas que encontraran a su paso un medio altamente permeable, el que canalizaría una parte mayor de ese flujo. En consecuencia, la anomalía positiva o negativa resultado de la distorsión de las líneas de fuerza normales del CM terrestre, puede ser resuelta en términos de las características mineralógicas de los cuerpos geológicos presentes. En la práctica, los mayores efectos magnéticos generados son consecuencia de la presencia de magnetita, cuya susceptibilidad magnética es unas cuatro veces mayor que la de los minerales que la siguen: ilmenita y pirrotina y una doscientas veces mayor que la de las rocas ígneas máficas. Puesto que la magnetita está presente en distintos tipos de yacimientos, eso abre un amplio campo de aplicaciones a la prospección magnetométrica. Aunque las anomalías magnéticas son fáciles de detectar (una simple brújula puede ser suficiente para hacerlo), la tarea de interpretarlas puede ser muy compleja. Ello es consecuencia de varios factores. El primero es la naturaleza bipolar del campo magnético (a diferencia del gravitacional, que es unipolar), lo que genera interferencias entre los polos opuestos. Otro factor negativo es el de la inclinación de las líneas de fuerza del campo magnético terrestre. Al ser ésta casi vertical en las cercanías de los polos magnéticos, hay una buena correlación entre la presencia de las anomalías positivas y las de los cuerpos mineralizados. Sin embargo, las líneas de fuerza son horizontales en el Ecuador y sub horizontales en las latitudes bajas, lo que distorsiona mucho la relación entre anomalías magnéticas y la posición de los cuerpos responsables de ellas.

Entre los criterios prácticos para utilizar magnetometría en prospección minera están los siguientes: A) En nuestro territorio, cuidado con las importantes anomalías magnéticas que producen las abundantes andesitas basálticas ricas en magnetita. B) Atención a las anomalías negativas, que pueden resultar de la destrucción de la magnetita por soluciones hidrotermales y ser por lo tanto un indicio favorable. C) Considerar que la mayor profundidad de la fuente de la anomalía tiende a expresarse en anomalías más extensas. D) Si se dispone de un magnetómetro de flujo discriminante, utilizar la componente horizontal del flujo para determinar la posición de la fuente y la componente vertical para estimar su magnitud.

Además de la prospección de yacimientos de hierro, la prospección magnetométrica puede ser muy útil en la de depósitos tipo IOCG (que incluyen mineralización de Fe), así como del tipo manto y skarn con pirrotina y magnetita, así como en general para el estudio de zonas de contacto entre cuerpos batolíticos o hipabisales con series volcánico-sedimentarias.

En la prospección de pórfidos cupríferos en Chile el principal método geofísico utilizado ha sido el de Potencial Inducido (IP). Este consiste en la generación de una corriente en el subsuelo mediante la introducción de dos electrodos separados por cientos de metros, entre los cuales se mantiene un potencial de algunos centenares de volts (Dobrin, 1961). La corriente generada entre ellos no se puede calcular directamente, pero si se pueden establecer las líneas equipotenciales perpendiculares a ella. Para hacerlo, se trabaja con dos electrodos de prueba, uno de los cuales se sitúa entre los dos electrodos principales, mientras el otro se mueve hasta que no pase corriente entre ellos, lo que indica que se encuentran en una línea de igual potencial. Estas líneas, a su vez, permiten localizar las masas mineralizadas conductoras. Éste método geofísico es el más utilizado en prospección de pórfidos cupríferos. Sin embargo, D. Lowell (1987) basado en la experiencia de 30 años de uso del método, lo estimó confiable sólo en condiciones óptimas del terreno (mineralización sulfurada homogénea, sin una capa lixiviada gruesa y sin una capa salina superficial conductora).

Los métodos radiométricos de prospección se sitúan en una posición intermedia entre los geofísicos y los geoquímicos. Con los primeros comparten la naturaleza física del método, vale decir la radiación de energía electromagnética de alta frecuencia cuya intensidad y características permiten detectar la presencia en concentraciones anómalas de los isótopos radioactivos responsables de su emisión. En cambio, comparten con los segundos la naturaleza química de la identificación, que permite distinguir a los principales isótopos involucrados. Al respecto, conviene recordar que la radioactividad natural involucra la emisión de partículas alfa (núcleos de He), partículas beta (electrones) y radiación gamma de alta frecuencia (radiación gamma). Es esta última la utilizada en prospección radiométrica. Esta metodología tiene la complejidad que implica el alto número de isótopos radiactivos, la mayoría de los cuales pertenecen a series de "decaimiento" que van dando lugar a series de isótopos por efecto de emisión o captura de partículas. La vida media de esos isótopos presenta un amplio rango que va de miles de millones de años a milésimas de segundo, y por lo tanto la intensidad de sus emisiones (que es inversamente proporcional a su vida media) es también muy variada. Las cuatro principales series de desintegración son las del K^{40}, el Th^{232}, el U^{238} y el U^{235}, cada una de las cuales genera entre 1 (la del Th^{232}) y 14 (la del U^{238}) "isótopos hijos". Los instrumentos utilizados en prospección radiométrica son el Contador de Geiger Muller, que utiliza en efecto ionizante de las partículas emitidas y sus consecuencias en la emisión de partículas beta y de radiación gamma, y el escintilómetro, que utiliza la radiación gamma y permite una mayor sensibilidad (Dobrin, 1961). En todo caso la distinción entre los isótopos responsables de la radiación principal no es sencilla, en especial si las rocas mineralizadas son ricas en K. Sin embargo, ello permite también utilizar el escintilómetro para detectar zonas con alteración potásica en prospección de depósitos de cobre o de oro(como es el caso de los depósitos tipo pórfidos cupríferos, y de algunos depósitos tipo manto).

Aunque la radiometría se ha utilizado principalmente en prospección de yacimientos de uranio, también se puede utilizar en la de otros depósitos que contienen uranio en bajas cantidades, como las fosforitas. Otro uso interesante de la radiometría, es la utilización de radón-222, gas noble radioactivo de la serie del U^{238}, cuya vida media es de 3.8 días. Su carácter de gas permite que el radón ascienda a través de las zonas de fractura con o sin agua y pueda ser medido en superficie. Ello se realiza a través de la toma de aguas en terreno y su posterior lectura en el laboratorio. También se puede efectuar mediante tubos cortos con una película fotográfica sensible que se entierran en el suelo durante algunas semanas y son posteriormente enviados a laboratorios especializados para efectuar el conteo en las películas impresionadas.

4.2. Prospección y Exploración Geoquímica

El "programa científico" o tarea central de la geoquímica es determinar las concentraciones de los elementos químicos y sus isótopos en las distintas "esferas geoquímicas" de la Tierra (rocas, sedimentos, ríos, océanos etc.,) así como establecer sus migraciones entre ellas y las leyes que las rigen. Fue establecido por científicos como V. M. Goldschmidt en Alemania, A. E. Fersman en Rusia y F. W. Clarke en EEUU, y compilado en 1950 en la obra *Geoquímica* de K. Rankama y Th. G. Sahama. Rápidamente se desarrollaron sus aplicaciones a la prospección de minerales en la ex Unión Soviética, en Inglaterra (Imperial College), Canadá y los EE.UU. (USGS). En las últimas décadas ha alcanzado relevancia como "geoquímica ambiental" en la investigación relativa a contaminación por metales pesados y en los estudios relativos al ciclo del carbono y sus relaciones con el cambio climático.

Como ciencia básica, la geoquímica se ha enfocado en los estudios relativos al ciclo geoquímico, a partir del análisis de rocas, yacimientos minerales, suelos, sedimentos, aguas, gases y materias vegetales, en términos de establecimiento de los principios y leyes que explican el comportamiento de los elementos químicos en los ciclos de la materia al interior de la Tierra ("ciclo endógeno") y en su superficie ("ciclo exógeno"). Así, Godschmidt (1934) y posteriormente Ringwood establecieron las reglas de la distribución y reemplazo de los elementos químicos en los minerales, basadas en su radio iónico, valencia y electronegatividad, y se aplicaron conceptos como los de potencial iónico (razón entre la carga iónica positiva y el radio iónico; Cartledge, (1928, en Rankama y Sahama) y las relaciones Eh (potencial redox)- pH, para explicar la conducta de los elementos en las aguas naturales y los sedimentos.

Entre los conceptos marco de la geoquímica está la definición de "provincias geoquímicas" que tiene sus correlatos en los de "provincias petrológicas" y "provincias metalogénicas" y cuyo tema de investigación central es la desigual distribución de los elementos químicos en los distintos ambientes geotectónicos. El aspecto más visible de estas diferentes provincias es la distribución geográfica de los yacimientos minerales, cuya abundancia y riqueza son claramente desiguales.

En última instancia, la principal fuente de los elementos químicos es el magmatismo y los procesos asociados. Por otra parte, los distintos tipos de magmas se forman en diferentes ambientes tectónicos (dorsales oceánicas, zonas de subducción, cratones, puntos calientes, etc.) a través de dos procesos básicos: La fusión parcial y la cristalización fraccionada. El primero permite la fusión de los materiales del manto, ya sea por aumento de temperatura, disminución de presión o por efecto de un "fundente". El segundo favorece la generación de magmasmás ricos en Na, K y Si, debido a la cristalización y separación de minerales ricos en Mg, Fe y Ca (como olivina, piroxeno y anfíbola). Los demás elementos químicos de los silicatos siguen a los nombrados, según las reglas formuladas por Goldschmidt y Ringwood.

En cambio, cuando las rocas ígneas se meteorizan y erosionan, es la solubilidad de sus elementos químicos la que determina si se quedarán acompañando a minerales resistentes o pasarán al agua y se dispersarán en forma disuelta. Aquí intervienen controles como el potencial iónico y el producto de solubilidad de sus compuestos, así como el efecto de la acidez del medio (pH) y su potencial redox (Eh).

La "movilidad" de los elementos químicos corresponde a su capacidad de migrar y dispersarse y depende tanto de sus características químicas o cristaloquímicas como de las del medio. Por ejemplo, Sn, Fe y U pueden migrar en fase gas a elevada T°. En aguas subterráneas, Fe puede migrar como $Fe^{2+,}$ pero precipita como $Fe(OH)_3$ si el medio es oxidante. Por el contrario, U puede hacerlo en ambiente oxidante como U^{6+} pero precipita como UO_2 (con valencia 4+) si el ambiente es reductor.

Cuando se forman los yacimientos hidrotermales se genera una "aureola primaria" de dispersión en torno a ellos, la cual puede ser detectada mediante muestreo de rocas o mediante el análisis de sondajes. Estas aureolas han sido principalmente utilizadas en prospección y exploración geoquímica en Rusia (Beus y Grigorian, 1977) y en Canadá (Govett, 1981, 1994). Las "aureolas secundarias" se forman durante la meteorización y erosión de los yacimientos minerales. Naturalmente, su extensión depende de las características del elemento y de las del medio (clima, desarrollo de suelos, topografía etc.). Han sido las más utilizadas en prospección geoquímica.

La prospección geoquímica (detección de anomalías geoquímicas probablemente asociadas a un yacimiento) y la exploración geoquímica (definición de esas anomalías y su relación con la mineralización) se pueden clasificar considerando el tipo de materiales muestreados (rocas, suelos sedimentos, etc.) o bien por la etapa del muestreo y sus objetivos. En el segundo caso se utilizan los términos de prospección estratégica y táctica. La primera dedicada a la detección de anomalías geoquímicas y la segunda a precisar sus características, en un proceso intermedio entre la prospección y la exploración geoquímica. De esta manera, un procedimiento especialmente adecuado para la prospección estratégica es el muestreo de aguas o sedimentos fluviales, que permiten evaluar el interés de áreas extensas con números limitados de muestras. En cambio, el muestreo de suelos o rocas es más apropiado para la prospección táctica.

Para cada tipo de muestreo existen criterios estandarizados, que no siempre se pueden cumplir dadas las características del terreno. Por ejemplo, para los suelos se recomienda efectuar el muestreo entre unos 10 y 30 cm de profundidad y extraer del orden de 1kg de muestra, la que se somete a tamizaje de modo de utilizar el material comprendido entre limo y arcilla (malla Tyler -60). En el caso de los sedimentos fluviales, las muestras deben corresponder a materiales de similar granulometría y que cumplan la condición de ser "sedimentos activos", vale decir, que estén bajo el agua, en interacción con la corriente. Sin embargo, se trata sólo de criterios referenciales e idealmente, la malla a utilizar es aquella que dé el mejor contraste entre áreas normales y anómalas, lo cual puede ser establecido mediante estudios previos en la zona en estudio.

Las muestras son enviadas a laboratorios para su análisis y procesadas mediante métodos estadísticos simples o multivariados (Oyarzún, 2012). Los primeros tienen por objetivo distinguir entre valores comprendidos dentro de la variabilidad estadística normal y aquellos propiamente anómalos, lo que tiene relación con el tipo de distribución estadística encontrada (normal, lognormal, etc.). Los segundos trabajan con el conjunto de los elementos analizados para estudiar sus correlaciones y asociaciones (Halley, 2016). Entre los métodos multivariados principales están el de "componentes principales" o factorial y el análisis de clusters. Aunque se trata de métodos valiosos, no deben hacer olvidar la importancia de considerar la geología, la geomorfología y las conductas geoquímicas de cada elemento como los principales criterios interpretativos. Al respecto, el caso de Escondida (Antofagasta) es un excelente ejemplo, donde las anomalías de cobre eran muy débiles, pero había anomalías importantes de Mo. Ello se explica fácilmente por la movilidad del Cu, que migra en ambientes ácidos. En cambio, el Mo, que forma un compuesto insoluble con la limonita, es retenido en la superficie. Ello explica el hecho de que las anomalías de Cu no pasaran de 2 a 4 veces su valor normal ("background") mientras las de Mo llegaban a unas 25 veces ese valor, de manera que el Mo era mejor indicador del interés del área prospectada que el propio Cu.

El geoquímico ruso Fersman (1966) señaló el gran valor orientativo que tiene el uso de la Tabla Periódica. En efecto, la posición de los elementos químicos en ella puede ser una excelente guía para pronosticar sus asociaciones en la naturaleza. Por ejemplo, las rocas volcánicas terciarias que sirven de marco a los salares andinos, como el gran Salar de Atacama, son ricas en K, elemento del Grupo 1 A, caracterizado por la solubilidad de sus compuestos. En consecuencia, K migra con facilidad y se concentra en las salmueras de dicho salar. La misma conducta tiene el Li, el elemento más liviano de ese Grupo, que acompaña al K en las salmueras.

Las concentraciones de los elementos químicos en rocas, suelos y sedimentos pueden sobrepasar el 1% en peso (elementos mayores, como Si, Al, Fe, Mg, Ca, Na y K), situarse entre O.1 y 1% (elementos menores, como Ti, P, o Mn) o alcanzar valores inferiores al 0.1, vale decir menos de 1000 g/t, en cuyo caso se los denomina elementos en trazas. Entre ellos se distinguen los que tienen contenidos mayores de 1 g/t (como el Cu, el Zn o el Pb) y los situados bajo ese umbral, cuyo contenido no pasa de los mg/t (caso del Au, el Hg o el Pt). Cuando se inició el desarrollo de la geoquímica, el único instrumento dotado de la sensibilidad necesaria para analizar elementos en trazas era el espectrógrafo de emisión. El instrumento está constituido por electrodos de grafito donde se coloca la muestra, la cual es energizada mediante un arco eléctrico entre los electrodos de grafito, uno de los cuales contiene la muestra. La luz emitida por cada elemento químico presente es captada por una placa fotográfica en vidrio, en la cual impresiona rayas cuya distribución en la placa es diferente para cada elemento y cuya densidad es proporcional a su concentración en la muestra analizada. Se trata de un instrumento sensible, preciso y exacto, pero cuyo uso requiere especialización y es lento y arduo.

Puesto que ciertas formas de la prospección geoquímica no requieren análisis de mucha calidad, y toleran errores de precisión del orden de 5 o 10%, se desarrollaron métodos analíticos "colorimétricos" rápidos y de bajo costo basados en la formación de compuestos órgano - metálicos, los cuales tuvieron una gran aplicación en la prospección geoquímica mundial realizada en las décadas de los 50 y 60. Posteriormente, pasaron a ser en parte desplazados por el desarrollo de la espectrometría de absorción atómica (aunque el descubrimiento de Escondida en 1982 utilizó un modesto laboratorio por colorimetría instalado en las también modestas oficinas del proyecto). Aunque la calidad de los resultados por absorción atómica es alta, es necesario utilizar una lámpara catódica para cada elemento analizado, lo cual lo hace lento si se desea analizar un grupo mayor de elementos.

Actualmente, el método más utilizado en estudios de prospección geoquímica por multielementos es el denominado ICP-AES, cuyo desarrollo data de mediados de los 70. El método somete a la muestra a una temperatura del orden de 8.000°K mediante un plasma de argón. Esto conlleva que los elementos, introducidos en forma disuelta, emitan radiación electromagnética característica al caer sus electrones desde niveles de mayor a menor energía. Junto con la alta precisión del análisis para elementos que presentan amplios rangos de concentración (entre mg y kg por tonelada), los precios ofrecidos por los laboratorios instalados en Chile (del orden de US$ 10-15, por muestra, para paquetes analíticos de 40 o más elementos químicos), hacen de este método analítico una opción muy atractiva.

Una metodología complementaria, a la cual se atribuyen algunos resultados exitosos pero que implica factores aun no bien comprendidos es la de "extracción selectiva enzimática" que consiste en someter a la muestra a un ataque químico muy suave, de manera que sea analizado sólo el metal débilmente fijado. La hipótesis básica es que ese metal puede haber ascendido desde una fuente situada a decenas o cientos de metros de profundidad, ya sea por efecto de una celda electroquímica, un"bombeo por vibraciones sísmicas" u otra causa. El servicio analítico es ofrecido desde el extranjero a un costo prudente, que incluye el tratamiento y representación de los resultados. Se supone que podría ser útil en zonas semidesérticas donde el zócalo rocoso está cubierto por algunos metros de sedimentos cuaternarios.

La contribución de la geoquímica a la exploración minera en Chile y en el ámbito de los Andes Centrales entre 1975 y 2010 fue analizada por V. Maksaev en una contribución presentada al Congreso de Minería de Colombia (Medellín, 2011). De los 50 casos de descubrimientos importantes considerados, 25 fueron conseguidos en la década de los 90 y 12 en la de los 2000 y, entre 1991 y 2001, la relación entre yacimientos no aflorantes y aflorantes descubiertos fue de 21 a 14 respectivamente. De los 50 yacimientos descubiertos, 21 fueron pórfidos de Cu-Mo, 11 pórfidos de Cu-Mo-Au, 8 epitermales de Au-Ag, 4 pórfidos de Au, 4 IOCG`s de Cu-Au y 2 exóticos de Cu. Del total de los yacimientos descubiertos, sólo 18 lo fueron en "áreas vírgenes". Maksaev atribuye un rol principal en los descubrimientos a la geología y la geoquímica en 23 de los casos, a la geología convencional en 11, a la geología más geoquímica y geofísica en 3, a los sondajes como instrumento principal en 2 y a la "suerte" en otros 2. Respecto a la geoquímica, en particular aquella de suelos, rocas, fragmentos de rocas, y minerales pesados, Maksaev le atribuye una participación directa en el 52% de los hallazgos realizados en los Andes Centrales y en un 70% de los logrados en la región Circum Pacífica.

4.3. Inversiones y Negocios en Exploración Minera

Alguien definió a la exploración minera como el mejor sistema de apuestas del mundo, y si se consideran historias como las del descubrimiento de Escondida o la extraordinaria apuesta y recompensa del descubrimiento de Olympic Dam, la frase cobra bastante sentido. Distinto es el caso si se consideran las cifras calculadas por Wood (2010) para la probabilidad de éxito en distintas situaciones de exploración. Al respecto el autor citado considera cuatro casos, a saber: A) Extensiones de un yacimiento conocido: Probabilidad de 1 en 5 a 1 en 10, en un período de 1 a 2 años. B) Depósito oculto en las cercanías de otro conocido: Probabilidad menor de 1 en 10, en 3 a 5 años. C) Depósito oculto en un distrito conocido. Probabilidad 1 en 100, en 5 a 10 años. D) depósito oculto en una zona donde no se conocen otros yacimientos (caso de Olympic Dam): Probabilidad "en extremo baja" (1 en 1000 o menos). En consecuencia, los casos C y D exceden el riesgo de apostar a un número de la ruleta y requieren bastante más tiempo y trabajo... Sin embargo, pese a sus altibajos, la exploración minera continúa atrayendo capitales, aunque con resultados positivos seriamente decrecientes (Giles y otros, 2014).

Cuando se menciona el concepto de sustentabilidad con relación a la minería, normalmente se alude a las condiciones que ésta debe cumplir para ser considerada como una actividad sustentable. En cambio, es menos frecuente que se mencione que la sustentabilidad de la civilización contemporánea depende del flujo de minerales y metales que aporta la minería. Esto, con independencia del estilo de vida que se elija, ya que la actual población mundial colapsaría sin los metales y la energía que aporta la minería. Para al menos mantener ese flujo, es imprescindible reponer las reservas agotadas por sus explotaciones. Esa es la tarea que cumplen las empresas mineras, ya sea mediante sus propias exploraciones o adquiriendo las obtenidas por las empresas de exploración de tipo "junior" En el primer caso se trata de inversión para mantener la actividad minera. En el segundo, se trata propiamente de un negocio, ya que dichas empresas y sus accionistas esperan ganancias sustantivas. Puesto que las empresas mineras financian su inversión en las etapas de precios favorables de los metales, y otro tanto ocurre con los capitales levantados por las juniors, y pasan varios años antes de que ello fructifique en nuevos yacimientos desarrollados, es normal que existan desajustes entre oferta y demanda (Jenning y Scholadde, 2016). Sin embargo, la situación se ha complicado por efecto del "envejecimiento" de muchos depósitos de gran importancia, como Chuquicamata y El Teniente en Chile, así como por las decrecientes cifras de efectividad de la exploración de yacimientos en terrenos tipo greenfield. En tanto, el costo promedio de la exploración creció 160% (en términos reales) entre 1980 y 2000, y en terrenos maduros, como los australianos, en un 260%, mientras caen las reservas mundiales de metales como el cobre a sólo 39 años, según cifras del USGS (Giles y otros, 2014).

Si la exploración minera espera ser un negocio económicamente sustentable y atractivo para los accionistas de sus pequeñas empresas (en su mayoría de Canadá, EEUU y Australia), necesita generar más dinero del que invierte, lo que se ha vuelto más difícil. Wood (2014) atribuye las crecientes dificultades a una serie de factores, como la escasez de terrenos disponibles potencialmente favorables, y atribuye el éxito de las que logran sobreponerse a ellas a un conjunto de cualidades y actitudes, como el contar con un grupo capaz y decidido de geólogos, bien liderado y dispuesto a correr riesgos. La persistencia es también un factor clave en este negocio, como lo muestra el descubrimiento del rico distrito epitermal de Au-Ag de Halmahera, Indonesia (Wood y MacCorquodale, 2015). La prospección se inició en 1991 y se extendió a lo largo de 15 años, con resultados de importancia creciente, mientras disminuía el costo en dólares por onza de oro descubierto, como resultado de la mejor comprensión del control estructural del distrito. De esa manera, distintos factores se fueron concatenando para llegar finalmente al descubrimiento de Gosowong, uno de los más ricos depósitos epitermales del mundo.

Enders y Saunders (2011) son críticos de la lentitud de la industria minera para desarrollar o adaptar nuevas tecnologías, en comparación con otras industrias. Respecto al resultado de los programas de exploración aurífera entre 1997 y 2008 ilustra la fuerte declinación de los resultados después del 2000, pese al fuerte aumento de los gastos dedicados a esta actividad. Los autores citados culpan en parte a la poca cooperación y al secretismo propio de las empresas mineras, demasiado centradas en aprovechar ventajas transitorias. Sin embargo, aunque ello sea efectivo no es algo nuevo y en cambio sí lo es la creciente dificultad para alcanzar nuevos logros. Como señala Wood (2018) habrá que buscar "más profundo" y bajo cubiertas difíciles de penetrar. En tal sentido, las nuevas tecnologías para sondajes profundos rápidos y de menor costo, como la ya descrita por Giles y otros(op. cit.) pueden ser un buen aporte.

En todo caso, los problemas que enfrenta la exploración minera como inversión y como negocio no son muy diferentes de los que afectan a la minería en general, con los largos tiempos que van desde el inicio de las prospecciones a la puesta en producción de un nuevo yacimiento descubierto, con todos los cambios que pueden producirse durante ese lapso.

4.4. Evaluación Temprana de Factores
Ambientales y Sociales

Si se consideran las cifras de crecimiento del consumo de minerales, no hay dudas respecto al futuro de la minería. Así, el consumo de metales y productos minerales creció entre 1950 y 2014 por factores de 37 (Al), 29 (cemento), 7 (Cu), 8 (Fe) mientras la población mundial lo hizo por un factor de 2 (195%). En cuanto a los metales asociados a las nuevas tecnologías, las cifras son todavía más impresionantes y, por ejemplo, se esperan incrementos del consumo de Li y de Co para baterías por factores de 180 y 24 respectivamente (Jébrak y Christmann, 2017).

Sin embargo, al mismo tiempo, la minería enfrenta crecientes tensiones en materias como uso de energía, terrenos para desarrollo de nuevos proyectos, y uso del agua, aparte de los relativos a contaminación, conflictos interculturales con pueblos originarios y la oposición ideológica al concepto mismo de minería (Richards, 2002, 2009). En el último aspecto influye probablemente el hecho de que la minería se asocia en algunos países a los conquistadores o colonizadores y por lo tanto carga con un peso adicional. Esto ocurre en dos niveles, nacional y local. Así, la minería ha sido casi erradicada de algunos países de Europa y de algunos estados de EE.UU. A nivel local y en los países de mayor tradición minera se observan mayores exigencias a las empresas para compartir las ganancias con la comunidad cercana, así como demandas legales de los terratenientes locales para obligarlas a pagar indemnizaciones cuantiosas, basadas en argumentos ambientales. En consecuencia, junto con procurar el mejor entendimiento posible con los gobiernos nacionales y locales y observar el mayor respeto por los compromisos ambientales contraídos, es necesario evaluar los riesgos objetivos de conflictos desde una etapa temprana de los proyectos de prospección, cuando la empresa no está aun muy comprometida por las inversiones realizadas.

Puesto que el geólogo es el primer ejecutivo de la empresa en tomar contacto con el terreno y con su población, le cabe una doble responsabilidad. Por una parte, la de evaluar y advertir a su empresa sobre los factores de riesgo a considerar. Por otra, la de actuar con el debido respeto y diplomacia necesaria para conseguir las mejores relaciones posibles con la comunidad y las autoridades locales. Respecto a estas materias necesita comprender la rápida evolución de las creencias y las relaciones humanas transmitidas por las redes de comunicación masiva. Por ejemplo, hace poco más de dos décadas atrás la noticia de que la empresa Codelco-Andina estaba removiendo parte de un glaciar para explotar un nuevo sector de su yacimiento fue recibida positivamente como un logro de la minería chilena. En cambio, poco tiempo después los glaciares del área de Pascua-Lama constituyeron un tema mayor de conflicto. En el fondo, no es distinto del cambio de actitud de la opinión pública respecto a la generación hidroeléctrica, antes un orgullo nacional, ahora un tema conflictivo.

Entre los principales temas a considerar por el geólogo de exploraciones está la presencia de riesgos naturales, como los de carácter volcánico y los de remoción en masa de rocas, sedimentos y suelos, ligados a la geología, la geomorfología y la topografía. También los de generación y dispersión de drenaje ácido, en particular ligados a la presencia de abundante pirita, a la de rocas con alteración argílica avanzada, y a la de gradientes hidráulicos favorables a la dispersión de la contaminación por el drenaje superficial y el subterráneo. Otro factor natural importante es el relativo a la disponibilidad de agua, así como los riesgos que implica su explotación. Igualmente es importante lo relativo a la disponibilidad de terrenos seguros para la construcción de instalaciones y el depósito de desmontes, relaves y desechos sólidos. Puesto que actualmente se exige que el cierre de las operaciones mineras sea seguido por una restauración ambiental que permita evitar futuros daños y en lo posible destinar los terrenos a nuevos usos, es necesario evaluar los factores que puedan dificultar o encarecer en exceso esa tarea. También es necesario compenetrarse de las relaciones sociales y económicas en el área del proyecto y de la reacción de los grupos de poder frente a la iniciativa (por ejemplo, de los preocupados por las nuevas condiciones sociales y de poder que puede involucrar un proyecto minero).

Si se comparan dos proyectos auríferos de las últimas décadas: Pascua-Lama (Cordillera de los Andes en Atacama), y El Hueso, Desierto de Atacama, en Antofagasta, la información geológico económica en materia de reservas es muy superior en el primer caso, respecto al cual el segundo es sólo un proyecto menor. Sin embargo, El Hueso, ubicado en un sector despoblado, en el cual prácticamente no pueden generarse impactos ambientales significativos, se convirtió en una operación minera exitosa. En cambio, Pascua-Lama, cuyas operaciones mineras en la parte chilena se encuentran en una zona de topografía difícil, en rocas con fuerte alteración argílica avanzada y fracturamiento, con presencia de pequeños glaciares y claro riesgo de drenaje ácido, no ha logrado su aprobación ambiental después de importantes inversiones y años de arduo trabajo.

El artículo citado de Jébrak y Christmann propone que la formación de los geólogos de exploraciones incluya algunos cursos que los preparen para enfrentar las nuevas situaciones en materias como relaciones con la comunidad y negociaciones interculturales, así como en aplicaciones geológicas y geoquímicas a la evaluación de impactos ambientales. Al respecto, es también aconsejable tratar de comprender que la simple exposición de los hechos científicos tiene poca eficacia en los tiempos actuales, donde cada sector siente su derecho a sostener su propia verdad, cualquiera sea la calidad y cantidad de las pruebas presentadas (Harari, 2018).

Bibliografía principal citada y/o consultada

Beus, A. A. y Grigorian, S. V. (1967). *Geochemical exploration methods for mineral deposits*. Applied Publishers Co. Illinois.

Blanchard, R. (1968). *Interpretation of leached outcrops*. Nevada Bureau of Mines and University of Nevada. Bull. 66. Nevada.

Chávez, W.X. (2000). *Supergene oxidation of copper deposits: Zoning and distribution of copper oxide minerals*. SEG Newsletter 41, p1 y 10-21.

Cox, D. P. y Singer, D.A. (1986). *Mineral deposit models*. USGS Bull. 1693, Denver, CO.

Dhana Raju, R. (2009). *Handbook of geochemistry*. Geol. Society of India, Bangalore.

Diamond, J. (2005). *Collapse*. Viking Penguin Group, New York.

Dobrin, M. B. (1961). *Introducción a la prospección geofísica*. Ed. Omega, Barcelona.

Enders, M. S. y Saunders, C. (2011). *Discovery, innovation, and learning in the mining business- New ways forward for an old industry*. SEG Newsletter, 86, p 1 y 16-22.

Fersman, A. E. (1966). *Geoquímica recreativa*. Ed. Mir Moscú.

Friedrich, G. H., Genkin, A. D., Naldrett, A. J., Ridge, J. D., Sillitoe, R. H., y Vokes, F. M. (1986). *Eds*. Geology and metallogeny of copper deposits.

Ed. Springer, Heidelberg.

Giles, D., Hillis, R., y Cleverley, J. (2014). *Deep exploration technologies provide the pathway to deep discovery.* SEG Newsletter 97, p1 y 23-27.

Gill, R. (1996). *Chemical fundamentals of geology.* Ed. Chapman and Hall, London.

Govett, G. J. S. (1981-1994). *Handbook of exploration geochemistry, V1 y V2.* Ed. Elsevier, Amstrdam.

Halley, S., Dilles, J. H.,y Tosdal, R. M. (2015). *Footprints: Hydrothermal alteration and geochemical dispersion around porphyry copper deposits.* SEG Newsletter 100, p 1 y 12-17.

Halley, S., Wood, D., Stoltze, A., Godfroid, J., Goswell H., y Jack, D. (2016). *Using multielement geochemistry to map multiple components of a mineral system: Case study from a sediment-hosted Cu-Ni camp, NW Province, Zambia.* DRG Newsletter 104, p 1 y 15-21.

Jébrak, M., y Christmann, P. (2017). *From economic to social geology.* SEG Newsletter 111, p1 y 10-14.

Jennings, K., y Schodde, R. (2016). *From mineral discovery to project delivery.* SEG Newsletter 105, p1 y 20-24.

Krauskopf, K. B. *Introduction to geochemistry.* Ed. McGraw Hill, New York.

Levinson, A. A. (1974). *Introduction to exploration geochemistry.* Ed. Applied Publishing Co. Illinois.

Lillo, J., y Oyarzun, R. (2013). *Geología estructural aplicada a la exploración minera.* Principios básicos. Ediciones GEMM. http://aulados.net 205p.

Losert, J. (1973). Genesis of copper mineralizations and associated alterations in the Jurassic volcanic rocks of the Buena Esperanza mining area (Antofagasta province, Nothern Chile). *Publicación 40, Depto. Geología* Universidad de Chile, Santiago.

Lowell, J. D. (1987). *Exploración geológico-minera: Aspectos prácticos. Apuntes del Curso.* Depto. Geología y Geofísica Universidad de Chile, Santiago. 23 p y anexos.

Lowell J. y Guilbert, J. (1970). Lateral and vertical alteration-mineralization zoning in porphyry ore deposits. *Economic Geology,* 65, pp 373-408.

Lunar, R., y Oyarzun, R. Eds. (1990). *Yacimientos minerales.* Ed R.Areces, Madrid.

Maksaev, V. (2001). Exploración de Cu-Ag en Chile. Presentación en power point disponible en: www.congresocolombianodemineria.com/ Memorias-Metalogenesis.

Marjoribanks, R. (2010). *Geological methods in mineral exploration and mining.* Ed. Springer, Heidelberg.

McKinstry, H.E. (1961). *Geología de Minas.* Ed. Omega, Barcelona.

Orberger, B., Eijkelkamp, H., Nolte, H., Buckland, M.y Le Guen, M. (2018). *Increasig resource efficiency through sonic drilling.* SEG Newsletter 114, p1 y 10-12.

Oyarzún. J. (2012). *Curso de exploración geoquímica.* Progr. Magíster en Geol. Econ. Depto. Geociencias. Univ. Católica del Norte, Antofagasta. Disponible en la web.

Oyarzún, J. y Oyarzun, R. (2011). Minería sostenible: *Principios y prácticas.* Ed. GEMM. http://aulados.net

Oyarzún, J. y Oyarzun, R.(2014). *Léxico de geología económica.* Ed. GEMM. http://aulados.net 213p.

Pohl, W. L. (2005). *Economic Geology. Principles and practice.* Ed. Wiley-Blackwell, Oxford, U.K.

Price, J. G. (2004). *I never met a rhyolite I didn't like-Some of the geology in economic geology.* SEG Newsletter 57, p 1 y 9-13.

Rankama, K., y Sahama, Th. G. (1954). Geoquímica. Ed. Aguilar, Madrid.

Richards, J. P. (2002). *Sustainable development and the minerals industry.* SEG Newsletter 48, p1 y 8-12.

Richards, J. P. Ed. (2009). *Mining, society and a sustainable world.* Ed. Springer, Heidelberg.

Rosler, H. J., y Lange, H. (1972). *Geochemical tables.* Ed. Elsevier, Amsterdam.

Tarbuck, E.J., y Lutgens, F.K. (2000). *Ciencias de la Tierra.* Ed. Prentice Hall, Madrid.

Thompson, A. N., Hauff, P. L., y Robitaille, A. J. (1999). *Alteration mapping in exploration: Application of short-wave infrared (SWIR) spectroscopy.* SEG Newsletter 39, p 1 y 16-25.

Wood, D. (2010). *Mineral resource discovery –science, art and business.* SEG Newsletter 80, p1 y 12-17.

Wood, D.(2014). *Creating wealth and avoiding gambler's ruin* – Newcrest mining exploration, 1991-2006. SEG Newsletter 96, p 1 y 12-17.

Wood, D. (2018). *Transforming the business of gold exploration: Adapting to deeper exploration.* SEG Newsletter 112, p 1 y 10-14.

Wood, D. (2018). *Geology and mining: An introduction and overview.* SEG Newsletter 115, p 1 y 9-21.

Wood, D., y Hedenquist, J. (2019). *Mineral exploration: Discovering and defining ore deposits.* SEG Newsletter 116, p1 y 11-22.

ANEXO 1

El descubrimiento del pórfido cuprífero
La Escondida (Chile) y la exploración minera regional[1]

Introducción

La conferencia aquí comentada fue realizada gracias a una excelente iniciativa corporativa de Teck-Carmen de Andacollo, y revistió un interés singular por la trascendencia del descubrimiento de La Escondida (Fig. 1), seguramente el más importante realizado en la Cadena Andina durante el siglo 20, y dejó importantes lecciones para los geólogos de exploración y otros responsables de esta actividad minera básica. Igualmente importante fue el profundo, sistemático y ameno análisis realizado por el conferencista (F. Ortiz), protagonista junto a David Lowell del descubrimiento realizado. La exposición trascendió los aspectos científicos y técnicos, a través de su relato del contexto en que se logró el descubrimiento, de la filosofía básica de su enfoque y de los ricos aspectos humanos involucrados. Más allá de todo lo señalado, la historia relatada tiene todos los ingredientes de una novela de aventuras, incluido el suspenso y el final feliz.

1.Comentarios relativos a una conferencia ofrecida por Francisco Ortiz en La Serena, el 21 de diciembre de 2012.

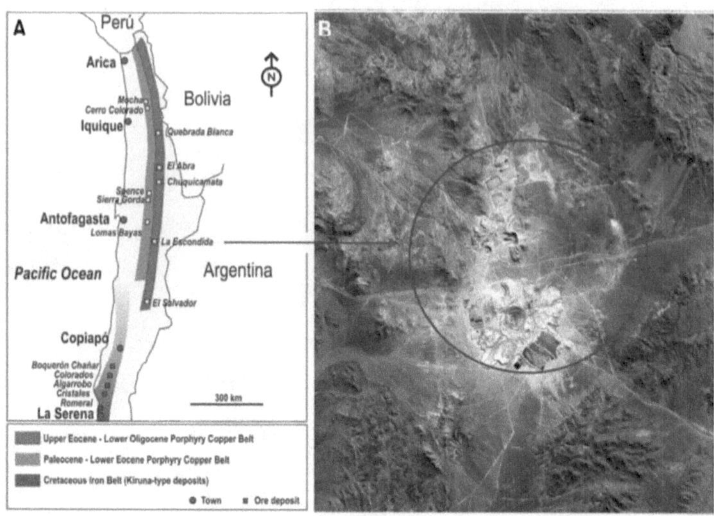

Fig. 1. La Escondida. A) Fajas metalogénicas en el norte de Chile (Oyarzun & Li-llo, 2012). B) Mina La Escondida (II Región - Chile), imagen Aster en el espectro visible e infrarrojo cercano. (NASA, 2000).

El contexto

A fines de los años 70 existía una escasa actividad exploratoria de cobre en Sudamérica, situación que se prolongaba desde hacía varias décadas y que obedecía a distintas razones. Entre ellas estaba un cierto pesimismo relativo al crecimiento de la demanda de cobre, así como el interés despertado por los grandes y ricos yacimientos porfíricos de cobre con oro de los arcos de islas del Pacífico occidental. Por otra parte, el ambiente político favorable a las nacionalizaciones contribuía a alejar el interés privado. Pese a todo, se realizaba una cierta actividad de exploración y se habían detectado varias áreas de interés, incluida aquella donde se realizó el descubrimiento. Sin embargo, la prospección rara vez llegaba hasta la fase de realización de campañas de sondajes para su comprobación. En ese contexto, y pese a las incertidumbres que aún mantenían alejadas a las empresas mineras internacionales de Chile, Lowell estimó que se daban las condiciones adecuadas para asumir el riesgo de un programa de exploraciones económico y de corta duración, pero con fuerte énfasis en sondajes.

Los protagonistas

David Lowell, geólogo e ingeniero, había alcanzado ya fama por sus contribuciones científicas y sus logros efectivos en el diseño y ejecución de campañas de exploración de depósitos porfíricos de cobre. Junto al profesor John Guilbert de la Universidad de Arizona, había elaborado el célebre modelo sobre la distribución de la zonación metálica e hidrotermal en pórfidos cupríferos (Lowell y Guilbert, 1970), aplicado por el propio Lowell en el descubrimiento de la mitad oculta del yacimiento de San Manuel (Arizona) (Fig. 2).

Economic Geology
Vol. 63, 1968, pp. 645–654

Geology of the Kalamazoo Orebody, San Manuel District, Arizona

J. DAVID LOWELL

Abstract

An exploration project initiated by Quintana Minerals Corporation in 1965 has resulted in the discovery of the faulted segment of the San Manuel orebody. The project was based on a new interpretation of the geology of the San Manuel orebody which assumed that an original cylindrical orebody with concentric alteration zoning had been first tilted approximately 70°, then bisected by the flat San Manuel normal fault into the lower plate San Manuel orebody and an upper plate Kalamazoo orebody.

The deep drill holes of the Kalamazoo project provide an unusually good cross section of porphyry copper wall rock alteration. Vertical mineral and alteration zoning effects down the original vertical axis of the deposit are also exposed because the vertical axis is now nearly horizontal and within drilling depth of the ground surface.

Fig. 2. Fragmento del clásico y brillante trabajo de Lowell sobre el descubrimiento de la "otra mitad" del pórfido San Manuel: Kalamazoo.

También Lowell había obtenido logros importantes en campañas de exploración en el SW de los EE.UU. y en los yacimientos porfíricos del Pacífico occidental. Lo señalado avalaba largamente la propuesta relativamente modesta que permitió la realización del Proyecto Atacama y que condujo al descubrimiento de Escondida.

Francisco Ortiz, el responsable de la ejecución en terreno del proyecto, es un ingeniero de minas con estudios de postgrado en geología en la Escuela de Minas de Colorado. Contaba con una excelente reputación como geólogo de minas y había desempeñado la jefatura de la División Pequeña y Mediana Minería del Instituto de Investigaciones Geológicas, actual SERNAGEOMIN.

Junto a ambos protagonistas, colaboró un esforzado grupo de geólogos e ingenieros, entre los cuales el conferencista destacó a Donaldo Rojas, ingeniero que abogó por el interés prospectivo del área donde finalmente se realizó el descubrimiento.

El proyecto

El proyecto que Lowell presentó para financiamiento a las empresas Utah Mining y Getty Oil consistía en la exploración de una faja N-S de unos 20-30 km de ancho por 350 km de largo, comprendida entre Calama (Chuquicamata) y El Salvador (Fig. 1). Su costo, 4.5 millones de dólares era relativamente modesto y su duración acotada a unos tres años. La idea geológica era sencilla: explorar áreas cubiertas por depósitos poco profundos de gravas, esperando que fuera posible detectar anomalías geoquímicas o patrones laterales de alteración hidrotermal. El objetivo seleccionado eran los cuerpos de calcosina producto del enriquecimiento secundario de yacimientos porfíricos, de manera que la presencia de mineralización exótica (oxidada) debía constituir un rasgo diagnóstico favorable. El uso de geofísica no estaba considerado (excepto para medir espesores de gravas), pero en cambio los sondajes tenían un papel esencial, e idealmente la máquina alquilada debía estar en actividad permanente. La austeridad marcó al programa, tanto en la decisión de situar las oficinas en un barrio modesto de Antofagasta, como en la instalación semi-artesanal de su laboratorio geoquímico por colorimetría (cuando ya existían técnicas más sofisticadas, pero de mayor costo). El proyecto fue propuesto por Lowell en 1978 y el 14 de marzo de 1981 el sondaje 6 cortó 52 m con 1.51% de Cu de ley media, lo que constituyó el descubrimiento del yacimiento de La Escondida, ubicado cerca de la Estación Zaldívar del antiguo ferrocarril Antofagasta –Salta. Al respecto, un adagio de Francisco Ortiz es que "los grandes yacimientos deben buscarse junto a los caminos o a las líneas férreas". Su confirmación posterior en el caso de Spence (Fig. 1), obligó a desviar el curso local del camino Antofagasta-Calama. El proyecto fue dirigido desde el extranjero por David Lowell, correspondiendo a Francisco Ortiz la dirección de las labores en Chile.

Resultados del Proyecto

El modelo de mineralización definido, sumado a la evidencia geoquímica y de alteración esperada, dio lugar a la definición de varias zonas de interés, entre ellas las de Tesoro y Sagasca (mineralización exótica), la de Guanaco, y la que contenía el yacimiento de Escondida.

Sin embargo, el proyecto implicaba dos condiciones que dificultaban su éxito. La primera era la ley (sobre 1%) y la magnitud mínima (cientos de Mt), definidas para el depósito objeto de la búsqueda. La segunda, el escaso tiempo disponible para tal logro. Así, en la zona de Tesoro, de la cual el proyecto se retiró sin resultados positivos, la empresa Antofagasta Minerals logró posteriormente el descubrimiento de una serie de yacimientos, que suman cuantiosos recursos. Sin embargo, ello requirió años de paciente búsqueda y la aceptación de leyes que están por debajo del yacimiento buscado por Lowell. Tampoco los resultados iniciales en la zona de Zaldívar fueron prometedores y como señaló posteriormente Richard Sillitoe, el yacimiento descubierto no correspondió exactamente al tipo de blanco definido. Sin embargo, tanto la dedicación del equipo de exploración como el buen instinto y sentido geológico de Lowell y de Ortiz, contribuyeron a un éxito que terminó sobrepasando las esperanzas más optimistas que hubieran podido plantearse. Como es normal en estos casos, la riqueza del distrito se fue manifestando paulatinamente en los años siguientes, y continúa creciendo, si bien ya a mediados de los años 80 se habían comprobado reservas por 1800 Mt, con ley media de 1.6% y ley de corte 0.7% Cu.

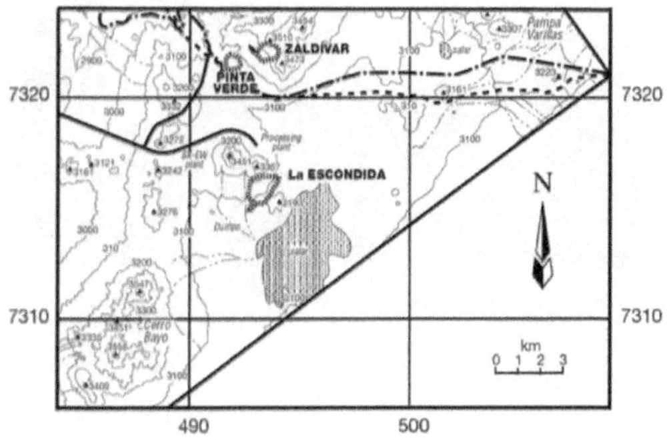

Fig. 3. Localización de La Escondida y Zaldívar (Richards et al., 2001).

El prospecto desarrollado difería del modelo planteado en cuanto una parte importante de él correspondía a un área rocosa aflorante, el cerro Colorado Grande. En cuanto a los contenidos de cobre determinados en esa área, ellos eran relativamente bajos, predominando aquellos situados entre 100 y 200 ppm (unas 2 a 4 veces el valor de fondo), no así los de molibdeno, entre los que predominaban contenidos de 10 a 50 ppm, vale decir 5 a 25 veces el respectivo valor de fondo. Ello se entiende por la alta movilidad del Cu en ambiente ácido, la que contrasta con la tendencia del Mo a ser fijado por la limonita, por lo que tiende a permanecer *in situ*. Aunque la opinión del experto en cubiertas lixiviadas que examinó las muestras de roca no fue muy favorable, su recomendación respecto a la situación de los posibles sondajes a realizar fue la acertada, e incluyó la del sondaje "descubridor".

Como señaló Francisco Ortiz en su conferencia, el tema del aseguramiento de la propiedad minera fue una materia esencial para su éxito, porque existían muchos interesados en aprovechar cualquier resultado favorable de la competencia. Es otro mérito que también corresponde a la labor cumplida en el proyecto por Francisco Ortiz.

Fig. 4. La Escondida (*The Australian*, 2012).

¿Por qué el proyecto fue un éxito?

Las exploraciones mineras tienen mucho en común con las de la búsqueda de un supuesto tesoro, partiendo por el hecho de que ese tesoro puede o no existir. En el caso considerado, las condiciones mínimas impuestas al posible yacimiento, así como el limitado tiempo disponible implicaban una arriesgada apuesta, como lo demuestra el hecho de que ningún yacimiento que cumpla esas exigentes condiciones ha sido encontrado posteriormente en la faja explorada. A favor de la apuesta contaba el hecho de la falta de sondajes realizados en la misma faja, producto del ambiente desfavorable a la exploración que había predominado. En ello se manifestó tanto la visión como el sentido de la oportunidad de Lowell, así como su capacidad para convencer a otros de sus ideas, respaldado por su notable record profesional. A lo anterior, se agrega el diseño del proyecto, una notable síntesis de aplicaciones teóricas y pragmatismo, junto con la decisión de dar más importancia a los sondajes que las divagaciones geológicas.

En síntesis: si había un yacimiento como el imaginado, el momento y el modo elegido para buscarlo fueron los correctos, aunque se estuvo cerca de no lograrlo. Otro factor destacable fue el buen criterio de Lowell en cuanto a confiar la dirección del proyecto en Chile a Francisco Ortiz, una persona conocedora del medio nacional, que unió a su competencia profesional una capacidad de liderazgo y buen criterio para aprovechar las aptitudes individuales, sin descuidar el resultado de la búsqueda, que podía fácilmente perderse por factores legales. Así, todo colaboró para que la búsqueda culminara con el descubrimiento del tesoro, y los 4.5 millones de dólares invertidos se convirtieron en 50 millones cuando la sociedad vendió sus derechos. Desde luego, Escondida ha seguido creciendo en magnitud y valor, de una manera que sus propios descubridores difícilmente podrían haber llegado a imaginar.

Otros contextos

El descubrimiento de La Escondida, junto con el de El Indio a principios de los 70, relanzaron a Chile como terreno privilegiado para exploraciones mineras. Ambos, por otra parte, resultaron ser depósitos excepcionales (en el caso de El Indio por su elevada ley de oro), que exploraciones posteriores no lograron igualar. Otro éxito que generó naturales expectativas fue el descubrimiento de Candelaria, a fines de los 80, realizado por la empresa Phelps Dodge en el antiguo distrito de Punta del Cobre, Copiapó. Aparte de la favorable magnitud y ley del yacimiento (470 Mt, con ley media 0.95% de Cu), Candelaria encendió en Chile el interés por los yacimientos tipo IOCG, motivado a su vez por el descubrimiento en Australia del gigantesco yacimiento de Olympic Dam en 1975. El descubrimiento de Candelaria se produjo de una manera muy diferente al de Escondida: una conocida empresa minera internacional alquiló una mina en un antiguo distrito y lanzó un sondaje, el que después de atravesar varias decenas de metros en estéril, logró el descubrimiento.

En Chile existe un importante potencial para la exploración de yacimientos emplazados en las secuencias de rocas volcánicas y sedimentarias mesozoicas, ligados a rocas que presentan notable metasomatismo sódico-potásico, como las de Punta del Cobre y de El Soldado. No obstante, en este caso la exploración yacimientos no aflorantes requiere de una aproximación distinta de la que permitió el descubrimiento de Escondida.

Algunas lavas andesítico-basálticas de estas secuencias se encuentran enriquecidas en materia orgánica asfáltica, lo que indica que se comportaron a la manera de niveles permeables respecto a los fluidos que participaron en su alteración y mineralización. Desde luego, la exploración de estas secuencias, que presentan un desarrollo muy favorable entre las latitudes 26° y 34°S, necesita conjugar criterios estratigráficos y estructurales con la alteración hidrotermal y la geoquímica de los estratos. Igualmente puede ser realizada con ventaja desde minas subterráneas. Al respecto, Francisco Ortiz destacó también la importancia que puede tener ese tipo de exploración, citando el caso de un importante pero profundo yacimiento, detectado en los EE.UU. mediante los sondajes realizados desde las labores de una mina subterránea.

Referencias

NASA (2000). Escondida Mine, Chile. NASA Earth Observatory, http://earth-observatory.nasa.gov/IOTD/view.php?id=1000

Oyarzún, R. & Lillo, J., (2012). Size matters: Understanding why some Andean ore deposits are so huge. *Geotemas*, 13, 2012. ISSN:1576-5172-VIII Congreso Geológico de España (Oviedo 2012) - Resumen Expandido.

Richards, J. P., Boyce, J. & Pringle, M. S. (2001). Geologic evolution of the Escondida area, northern Chile: A model for spatial and temporal localization of porphyry Cu mineralization. *Economic Geology,* 96: 271305.

ANEXO 2

Léxico sobre procesos y estructuras geológicas[1]

Jorge Oyarzún M., Geol. Dr. Sc.
Universidad de La Serena (Chile)

---

1. **Nota del autor:** En este documento se presenta un léxico de términos básicos elaborado como material docente auxiliar para asignaturas de geología e ingeniería. Su redacción pretende ir más allá de las simples definiciones, incluyendo explicaciones básicas de cada término y su importancia y aplicaciones. *(Edición para Aula 2 puntonet: R. Oyarzun & P. Cubas).*

A

ABRASIÓN: Efecto de erosión y pulido de una superficie rocosa debido al impacto y fricción de partículas o clastos transportados por el viento, el agua líquida o el hielo.

ACUICLUDO: Roca impermeable que no permite el paso ni el almacenamiento de agua subterránea. Un acuicludo típico es una roca ígnea masiva, como un cuerpo granítico (sin embargo, si está muy fracturada, puede conducir el agua subterránea).

ACUÍFERO: Roca o sedimento que tiene buena capacidad para conducir y almacenar agua subterránea. Si la capacidad de almacenar agua es buena pero no la de conducirla, se usa el término acuitardo y si la capa es impermeable, acuicludo. La permeabilidad de las rocas o sedimentos depende de los espacios interconectados que posea. Estos pueden ser primarios, como los poros de una arena o arenisca, o secundarios, como las fracturas presentes en una roca granítica.

ACUITARDO: Es una roca o sedimento que puede almacenar agua subterránea, pero la transmite con mucha dificultad. Es el caso de rocas detríticas de grano fino, como las lutitas.

AFANÍTICA: Textura muy fina de una roca ígnea que no permite distinguir los cristales a simple vista. Es el resultado de un enfriamiento rápido del magma.

AFLORAMIENTO: Es la intersección de un cuerpo (por ejemplo, un estrato, un batolito, etc) o un plano geológico (por ejemplo, un plano de falla, un plano de contacto, etc.) con la superficie de la Tierra.

AGUA SUBTERRÁNEA: Agua que llena todos los espacios interconectados de una roca o sedimento. Su límite superior se denomina nivel freático. Sobre ese nivel se encuentra la zona vadosa, en la cual el agua está presente en su descenso hacia el nivel freático, pero sin llenar todos los espacios interconectados.

AMBIENTES DE SEDIMENTACIÓN: Se denominan así las condiciones geográficas, físicas, químicas y biológicas bajo las cuales se produce el depósito de los sedimentos y que se expresan en las características de estos. Ver fósil guía.

ANASTOMOSADO: Se dice de trayectorias subparalelas que se cruzan a lo largo de su curso o extensión. Por ejemplo, cursos fluviales anastomosados o fallas anastomosadas.

ANTEPAÍS: Se denomina así al bloque continental tectónicamente estable respecto a una faja orogénica plegada.

ANTICLINAL: Pliegue de rocas estratificadas en forma de arco. Se considera una forma estructural positiva (en oposición al sinclinal).

ARCO DE ISLAS: Cadena de islas formadas por volcanes, producto del proceso de subducción de una placa oceánica bajo otra placa tectónica, también de carácter oceánico. Su forma de arco es consecuencia tanto de la superficie esférica de la Tierra como del ángulo de la zona de subducción.

ARCO VOLCÁNICO: Término usado, por analogía con los arcos de islas, para cadenas magmáticas situadas sobre el borde continental (= margen activo), como producto de la subducción de una placa oceánica. Sin embargo, a diferencia de los arcos de islas, no presenta forma arqueada. El término se usa por ejemplo para la Cadena Andina.

ARTESIANO: Acuífero situado entre rocas impermeables que, por efecto del nivel relativo de alimentación, elevado respecto a un nivel explotado topográficamente más bajo, permite que el agua de los pozos fluya hacia la superficie sin necesidad de bombearla (efecto "vasos comunicantes").

ASIMILACIÓN: Proceso a través del cual una masa magmática en ascenso fractura, funde e incorpora materiales del encajante (= rocas de caja).

ASTENOSFERA: En el manto superior de la Tierra se distinguen dos zonas. La superior se denomina litosfera, y junto con la corteza oceánica o continental, integra las placas tectónicas litosféricas. Las placas litosféricas se desplazan sobre la astenosfera, caracterizada por una menor rigidez que la litosfera, aunque su composición química es similar. La diferencia de rigidez se debe a la mayor temperatura de la astenosfera.

ASTEROIDE: Cuerpo planetario cuyo diámetro oscila entre cientos de m y cientos de km. La mayoría de los asteroides tienen sus órbitas entre las de Marte y Júpiter.

ATMÓSFERA: Es la envoltura gaseosa de un planeta.

ATOLÓN: Anillo de arrecifes coralinos construido sobre el cráter erosionado de un volcán que ha quedado bajo el nivel del mar.

AUREOLA METAMÓRFICA: Zona de las rocas encajantes afectada por la temperatura y los fluidos procedentes de una intrusión ígnea en contacto con ellas. También se denomina zona de contacto. Entre los minerales que se forman por este fenómeno están los granates y piroxenos. Los yacimientos metalíferos tipo skarn se encuentran en esta aureola. Ver además metamorfismo.

AVALANCHA: Fenómeno de remoción en masa muy rápido (puede sobrepasar los 200 km/h) de rocas, detritos o nieve. Se produce por efecto de la gravedad sobre materiales situados en pendientes. Puede ser facilitado por el agua, así como por una capa de aire situada bajo el material que se desliza.

B

BARJAN: Duna en forma de luna creciente. La parte externa de su arco enfrenta al viento.

BASALTO: Roca ígnea volcánica (lava) o sub-volcánica, de carácter máfico y textura fina (microcristalina o afanítica) o porfírica. Su equivalente fanerítico es el gabro. Minerales principales son plagioclasa cálcica, olivino y piroxeno.

BASCULAMIENTO (en inglés: tilting): Inclinación de un bloque geológico, a la manera del movimiento de una báscula o balanza. Junto con el plegamiento, es responsable de la inclinación de los estratos.

BATOLITO: Cuerpo intrusivo ígneo, generalmente elongado y de composición granítica intermedia (p.ej., granodiorítica). Puede alcanzar cientos o miles de kilómetros de largo, decenas o cientos de km de ancho y unos 20 km de alto. Su nivel superior se sitúa a unos 5 km bajo la superficie de la tierra, pero generalmente está conectado con cuerpos menores (macizos o stocks) que alcanzan unos 2 o 3 km bajo la superficie. También el mismo magma puede alimentar campos volcánicos en la superficie de la Tierra. El emplazamiento de un batolito se desarrolla a lo largo de varios millones de años.

BIOSFERA: Término que incluye todas las formas de vida de la Tierra, en sus interacciones físicas y químicas con los materiales y los procesos geológicos, por ejemplo, la formación de los combustibles fósiles, como el carbón y el petróleo, es un producto de la biosfera.

BLOQUE GEOLÓGICO: Bloque cortical de dimensiones kilométricas o mayores, que se comporta como una unidad frente a los esfuerzos tectónicos mayores.

BOMBA DE SUCCIÓN: Mecanismo estructural generado por el cambio de dirección (= rumbo) y buzamiento (= manteo) de un plano de falla. Si el movimiento relativo de los bloquescrea un espacio debido a ese cambio, el espacio generado actúa como una bomba de vacío, succionando el agua presente en el plano de falla.

BOMBA VOLCÁNICA: Fragmento piroclástico arrojado por un volcán en estado semifundido.

BORDE DE PLACAS TECTÓNICAS: Zona de contacto entre dos placas tectónicas litosféricas.Puede ser de tres tipos:

- Borde convergente: en este caso pueden ocurrir dos situaciones: 1) Una placa se subducta (hunde) bajo la otra. Esto ocurre si se trata de dos placas oceánicas o de una placa oceánica bajo una continental. 2)Las dos placas colisionan, pero no hay subducción, como ocurre cuando ambas son continentales (caso de los Himalayas).

• Borde divergente: en este caso se forma primero un valle tectónico alargado o rift y luego una dorsal oceánica.

• Borde transformante: las dos placas se deslizan en direcciones paralelas opuestas, sin que se forme ni se destruya litosfera.

BRECHA: Roca sedimentaria clástica compuesta por fragmentos (centimétricos o decimétricos) angulosos. Si los fragmentos son de carácter volcánico, se denomina brecha volcánica.

BRECHA DE FALLA: Brecha cuyos clastos y matriz son producto de la interacción mecánica entre dos bloques, lo que induce la fragmentación de la roca a lo largo de la zona de falla.

BRECHA HIDRÁULICA: Brecha de implosión que se forma dentro de una cavidad en una falla (ver bomba de succión). Cuando se produce la inyección de fluido dentro de la cavidad, la presión hidráulica no puede contrarrestar la presión litostática, lo que induce una explosión de roca hacia el interior de dicha cavidad (implosión). Estas brechas presentan una morfología típica con clastos angulosos "en puzle" (rompecabezas) soportados (incluidos) en una matriz de origen hidrotermal (ganga ± mena).

BUZAMIENTO (término usado en España; ver también manteo: Chile): Parámetro expresado en grados, normalmente sexagesimales, que define, junto con la dirección (= rumbo, en Chile), la disposición de un plano geológico.El buzamiento indica el ángulo formado por el plano geológico respecto a un plano horizontal. Ese ángulo debe ser medido perpendicularmente a la dirección (= rumbo) y es necesario indicar su sentido. Por ejemplo, si la dirección es N-S, el buzamiento debe ser hacia el E o hacia el W. El buzamiento se indica a continuación de la dirección, por ejemplo: N30°W / 60°SW;N5°E/ 40° W; etc.

C

CABECERA: Se denomina cabecera de un valle a la zona de su nacimiento en la montaña.

CALDERA: Es una gran depresión de origen volcánico, de forma elíptica o circular, que puede alcanzar decenas de km de diámetro. Se forma cuando el magma sale bruscamente, dejando un espacio bajo la estructura volcánica, la cual colapsa formando la caldera. Estructuras de este tipo se encuentran (por ejemplo) en Condoriaco, al NE de La Serena (Chile) o en Rodalquilar (España).

CALICHE: Capa dura, rica en carbonato de calcio, que se forma en los suelos de las regiones áridas. Los llamados caliches salitreros de Tarapacá y Antofagasta (Chile) son ricos en sulfatos, cloruros, nitratos y yodatos.

CALOTA: También denominada casquete. Extensa masa de hielo que cubre parte de un continente, como la Antártida o Groenlandia o un área menor, como la de los hielos continentales de la parte austral de Sudamérica (Chile y Argentina). Cuando una calota retrocede o desaparece, deja una superficie irregular pero aplanada, con rocas profundamente erosionadas o cubiertas de till. Las depresiones así formadas pueden ser ocupadas por múltiples lagos. La otra forma de glaciación, más restringida, da lugar a los glaciares de valle, que también se pueden encontrar en la periferia de las calotas de hielo. Ver, además: till.

CAPILARIDAD: Fenómeno físico que consiste en la atracción de las moléculas de un líquido por las paredes internas de un tubo muy fino. De similar modo se comportan las partículas finas de sedimentos o suelos, favoreciendo así el ascenso del agua hacia la superficie.

CAPTURA: Si dos ríos discurren en similar dirección y sentido, pero uno de ellos lo hace a menor altura, y se produce una conexión entre sus cuencas, el río que discurre a menor altura tiende a "capturar" el caudal de agua del que está más arriba. Ello se denomina "captura fluvial".

CARBÓN MINERAL: Carbón formado por evolución geoquímica debida al enterramiento profundo de estratos ricos en restos vegetales depositados en ambientes pantanosos. Durante su evolución esos restos se empobrecen en hidrógeno y oxígeno, incrementando la concentración de carbono. Los carbones más puros y de mejor calidad son los de tipo hulla o antracita. Los de tipo lignito o bituminosos son más blandos y su poder calorífico es menor.

CARBONO 14 (14C): Isótopo radioactivo del carbono, formado por efecto de la radiación cósmica (neutrones: n) sobre átomos de nitrógeno atmosférico (1n + 14N → 14C + 1H). Las plantas asimilan de igual manera el carbono "normal" (12C) y 14C, y a través de ellas, los animales. Cuando la planta o el animal mueren no sigue incorporando 14C, y como el que ya tiene es radioactivo, lo va perdiendo paulatinamente. Puesto que la vida media del 14C es de 5.730 años (vale decir, que después de ese tiempo se ha desintegrado la mitad de esos átomos y en 5.730 años más sólo quedará la cuarta parte), esta metodología permite solamente datar restos orgánicos de hasta unos 75.000 años de antigüedad. Este hecho limita mucho su uso en dataciones geológicas.

CARGA (de un río): Se refiere a la cantidad de material que lleva un río, ya sea disuelta (carga disuelta), en suspensión o arrastrada en el fondo (carga de fondo).

CARTOGRAFÍA GEOLÓGICA: Conjunto de métodos de representación geológica. Incluye los mapas geológicos y las secciones o perfiles geológicos. Los mapas representan la geología (unidades litoestratigráficas, con su edad y estructuras) en una proyección en planta. Las secciones o perfiles representan cortes o secciones verticales de la geología. También se utilizan columnas estratigráficas, que representan una visión lineal vertical de la sucesión de unidades geológicas, con sus litologías. Ver además: formación geológica y mapa geológico.

CATACLASITA: Roca de falla constituida en más de 50% por una matriz muy fina. Si se encuentra foliada, recibe el nombre de milonita.

CATARATA: Una catarata o salto de agua se forma en un río por efecto de una falla geológica que hace que el bloque situado aguas abajo descienda (si ocurriera lo contrario se formaría un lago). Normalmente, el efecto de la falla se borrará paulatinamente, dando lugar a una zona de rápidos, en la cual el río discurre torrentosamente debido a la fuerte pendiente. Sin embargo, si la geología del lugar está constituida por estratos horizontales de rocas resistentes situados sobre estratos de rocas fácilmente erosionables, el salto de agua persistirá, aunque su ubicación se irá desplazando en dirección aguas arriba del río.

CATASTROFISMO: Escuela de pensamiento geológico que concede especial importancia a fenómenos de gran magnitud y corta duración, en términos de su impacto sobre la evolución geológica de la Tierra. Se opone al actualismo, que favorece la importancia acumulativa de fenómenos de magnitud ordinaria, pero que actúan a lo largo de muchos millones de años.

CAVERNA: Cámara subterránea. Las cavernas de origen geológico se forman por efecto de procesos kársticos (ver karst), vale decir, por disolución de rocas carbonatadas (calizas) en un medio acuoso ligeramente ácido ($CaCO_3 + H+ \rightarrow Ca2+ + HCO_3-$ (ver también estalactitas). Algunas cavernas están secas, mientras que por otras pasan ríos subterráneos o están completamente llenas de agua. Las cavernas de origen kárstico están interconectadas entre sí a lo largo de kilómetros o decenas de kilómetros. Su exploración y estudio se denomina espeleología.

CEMENTO: Material ligante que entrega cohesión y solidez a una roca sedimentaria clástica En estas rocas se distingue entre clastos (fragmentos mayores), matriz (material fino, situado entre los clastos mayores) y cemento. Entre los principales materiales cementantes están el carbonato de calcio ($Ca CO_3$) y la sílice (SiO_2).

CHIMENEA VOLCÁNICA: Conducto vertical de un volcán a través del cual pasa el magma o el material piroclástico. Un término relacionado se usa también para fenómenos explosivo-hidrotermales sin presencia de magma (diatrema, chimenea de brecha o breccia pipe).

CICLO: Se entiende por ciclo un proceso que una vez completado se repite indefinidamente como, por ejemplo, el ciclo de las estaciones del año. En geología se habla del ciclo de las rocas o ciclo geológico (magmas → rocas ígneas →sedimentos → rocas sedimentarias → rocas metamórficas → anatexia → magmas), del ciclo hidrológico (evaporación del agua de los océanos → precipitaciones → escurrimiento superficial y subterráneo del agua → descarga del agua de los ríos al océano → evaporación), etc.

CIENCIAS NATURALES: Su objetivo es describir, explicar y predecir el comportamiento del mundo físico y biológico. En general, las ciencias naturales comparten principios y métodos comunes. Entre sus métodos están la observación, la medición cuidadosa, la experimentación, el uso del razonamiento matemático y el empleo de hipótesis alternativas o múltiples para explicar causalmente el resultado de sus observaciones y experimentos. La geología es una ciencia natural compleja e histórica. Lo primero implica la necesidad de utilizar un conjunto de otras ciencias(-física, química, bioquímica, biología) para interpretar sus resultados. Lo segundo significa que necesita entender lo acontecido desde la formación de la Tierra para explicar el estado actual de su evolución.

CIRCO GLACIAR: Depresión en forma de anfiteatro producto de la erosión generada en la zona montañosa donde nace un glaciar.

CIZALLA: Es el efecto de corte (a la manera del exhibido por las hojas de una tijera) que hace que las dos partes separadas por el esfuerzo se deslicen una respecto a la otra, en dirección paralela al plano que las separa. En geología, su efecto es la generación de fallas.

CIZALLAS DE RIEDEL: Corresponden a planos de corte (R1 y R2) que se generan por cizalla simple. Dichos planos forman respectivamente ángulos aproximados de 80° y 15° respecto a los planos que definen una zona de falla. Las cizallas de Riedel pueden ser interpretadas como planos de cizalla simple generados subsecuentemente por $\sigma 1$ (sigma 1) en la zona de falla. Ver además: esfuerzo.

CIZALLA PURA: La que que es producto de esfuerzos coaxiales opuestos.

CIZALLA SIMPLE: Cizalla producida por un par de fuerzas que actúa presionando oblicuamente en un bloque geológico limitado por dos fallas paralelas o subparalelas de movimiento opuesto (zona de falla). Ver además: cizallas de Riedel y estructuras S-C.

CLASTO: Fragmento que integra un sedimento o una roca sedimentaria. Si el clasto se origina de una erupción volcánica, se denomina piroclasto.

CLIMA: Es el conjunto de las condiciones atmosféricas características de una zona geográfica, como la temperatura, presión atmosférica, humedad del aire, vientos y precipitaciones. No debe confundirse con el "estado del tiempo". Por ejemplo: el clima de Valdivia (en el sur de Chile) es templado - lluvioso; el estado del tiempo previsto para mañana: nublado sin lluvia.

CLIVAJE: (= exfoliación, foliación): Rasgo de un mineral o de una roca consistente en la presencia de planos paralelos, a lo largo de los cuales se abre o desliza con mayor facilidad. Un tipo de clivaje (foliación) es el de la pizarra, roca metamórfica de grano fino, fácil de separar en láminas delgadas, por lo cual se puede usar para techar (elaboración de tejas).

COLADA DE BARRO: Formadas por torrentes de agua cargadas de material detrítico fino y más grueso. Se forman después de intensas lluvias. Normalmente afectan a quebradas o valles estrechos (como Quebrada Marquesa, en el norte de Chile) e implican serios riesgos debido a lo súbito del fenómeno. El barro facilita el transporte de grandes bloques (debido a su mayor densidad comparado con el agua). Si el fenómeno se relaciona con la actividad volcánica se denomina lahar. Un lahar se origina por el derretimiento de la nieve al entrar en contacto con ceniza volcánica caliente. El resultado es una corriente densa que puede ser muy peligrosa durante su descenso.

COLADA VOLCÁNICA: Masa densa de magma que fluye en la superficie bajo el efecto de la gravedad. Existen dos tipos principales: la Pahohoe (o lava cordada) que se forma por lava muy fluida y la Aa de carácter más escoriáceo.

COLA DE CABALLO: Estructura en la cual una falla principal termina en una serie de ramificaciones curvas (abiertas en forma de un abanico asimétrico). Se presenta en fallas transcurentes.

COLUMNA ESTRATIGRÁFICA: Representación en forma de una columna vertical de las unidades litoestratigráficas presentes en un determinado lugar o región. También existe una columna paleontológica-estratigráfica general que describe, con mayor o menor detalle, todas las unidades de roca que se han sucedido a lo largo de la historia geológica de la Tierra. Esta columna se elabora considerando el contenido fosilífero de las distintas unidades presentes en diferentes regiones y continentes, utilizando correlaciones entre el registro estratigráfico y su contenido paleontológico. También existe una columna estratigráfica de inversiones del campo magnético, que registra la totalidad de los cambios de polaridad magnética terrestre a lo largo de la historia geológica. Esta última fue esencial para interpretar las bandas de inversiones del campo magnético del fondo oceánico en términos del crecimiento de corteza oceánica en las dorsales.

COMBUSTIBLE FÓSIL: Material sólido, líquido o gaseoso formado por la evolución geológico-geoquímica de la materia orgánica contenida en sedimentos y rocas sedimentarias. Los combustibles fósiles están constituidos por carbono (carbón) o hidrocarburos (carbono e hidrógeno, como en el petróleo y el gas natural).

COMPACTACIÓN: Los sedimentos se compactan bajo el peso de la sobrecarga (material depositado sobre ellos). La capacidad de compactación es máxima en los sedimentos finos y mínima en los más gruesos.

COMPETENCIA: Se habla de rocas competentes cuando son resistentes a los esfuerzos geológicos y tienden a fallarse (romperse) en lugar de plegarse cuando su resistencia es sobrepasada. En esta categoría entran por ejemplo las rocas volcánicas. En cambio, las rocas sedimentarias de grano fino y las calizas tienden a ser incompetentes. Sometidas a un esfuerzo, las rocas competentes se comportan de acuerdo a la Ley de Hooke.

CONCORDANTES (ESTRATOS CONCORDANTES): Se dice que dos estratos son concordantes cuando se ha depositado sin interrupción ni perturbación tectónica. En tal caso, su dirección (= rumbo) y buzamiento (= manteo) coinciden. El concepto también puede aplicarse a un cuerpo ígneo tabular (filón manto = sill), dispuesto entre dos estratos sedimentarios.

CONGLOMERADO: Roca sedimentaria cuyos clastos son de tamaño centimétrico a decimétrico y presentan buen grado de redondeamiento.

CONO DE DEPRESIÓN: Depresión del nivel freático en una captación de agua debida al efecto del bombeo. Su radio es de unos metros a decenas de metros. No es conveniente que los conos de depresión de dos pozos de agua se superpongan.

CONO DE ESCORIAS: También llamado volcán tipo hornito, designa a un pequeño volcán constituido por piroclastos expulsados de una única chimenea.

CONVECCIÓN: El calor puede ser transmitido mediante tres mecanismos: conducción, radiación y convección. El primero implica que la energía cinética de las moléculas se transmite por simple contacto. En el segundo caso, se realiza mediante la emisión de ondas electromagnéticas de baja frecuencia ("cuerpo negro"). En el caso de la convección, el calor se transmite junto con el movimiento de materia, generalmente por efecto de la menor densidad del fluido más caliente. Este mecanismo tiene gran importancia en la homogenización de temperaturas en la atmósfera, en los océanos y en el interior de la Tierra (ascenso de magmas, corrientes de convección en el manto). También desempeña un papel importante en el movimiento de los fluidos hidrotermales y, por lo tanto, en los procesos de mineralización.

CORRELACIÓN: Se dice que dos secuencias estratificadas se correlacionan cuando se depositaron durante el mismo período de tiempo y bajo condiciones similares, pero en áreas diferentes. Normalmente, las correlaciones se realizan considerando evidencias litológicas, paleontológicas o dataciones isotópicas.

CORTEZA (terrestre): Es la cubierta, relativamente delgada, de la Tierra. En las regiones oceánicas está constituida por 3 a15 km de espesor de rocas basálticas, cuya densidad aproximada es 3.0 g/cm3. En las regiones continentales está compuesta por rocas ígneas (diorítico-granodiorítico), sedimentarias y metamórficas de tipo intermedio, de unos 30 a70 km de espesor, cuya densidad media es de 2.7 g/cm3.

COSTA DE EMERSIÓN: Costa recientemente emergida respecto al nivel del mar, ya sea debido a un ascenso tectónico o a un descenso de dicho nivel debido a una glaciación de escala mundial. El derretimiento de los hielos sobre una masa continental también puede inducir una emersión, en este caso por isostasia.

COSTA DE INMERSIÓN: Costa en proceso de hundimiento por efecto tectónico, sobrecarga glaciar o un ascenso del nivel del mar. Un proceso de calentamiento global puede dar lugar a que la fusión de los hielos continentales sumerja extensos sectores de costas bajas en varios continentes y en islas oceánicas, aunque en otros lugares puede originar fenómenos de emersión.

CRISTAL: Sólido que posee una estructura atómica ordenada, que puede manifestarse exteriormente en la existencia de caras planas que presentan entre sí relaciones de simetría. En ciencia de los materiales se habla de estado cristalino y el término puede extenderse al de los cristales líquidos, cuyo ordenamiento responde a impulsos eléctricos (como los utilizados en relojes digitales). Por otra parte, no todos los sólidos presentan estructura cristalina. Los vidrios, por ejemplo, son internamente amorfos.

CRISTALIZACIÓN: Proceso de formación y crecimiento de cristales a partir de un sólido amorfo, un líquido o un gas.

CRISTALIZACIÓN FRACCIONADA: Cristalización de un cuerpo magmático (o de una solución salina), que implica una cristalización secuenciada de distintas fases minerales. En el caso de un magma, el orden de cristalización está descrito por la Serie de Bowen. Puesto que los primeros cristales formados son ricos en Mg, Ca y Fe, el magma residual se empobrece en esos elementos y se enriquece relativamente en Si, Na y K.

CRÁTER: Depresión que se encuentra en la cima de un volcán. Si el volcán es activo, el cráter está conectado con su chimenea. Si no lo está, puede ser ocupado por un pequeño lago. Un cráter puede también originarse por el impacto de un meteorito. En este último caso hablaremos de cráter de impacto.

CUENCA DE DRENAJE: Superficie que recibe las precipitaciones atmosféricas (lluvia o nieve) y las encauza por efecto de su pendiente a un determinado río principal. Por ejemplo: la cuenca del río Elqui en Chile o la del Tajo en España.

CUENCA ESTRUCTURAL: Es una gran cuenca cuyo hundimiento está controlado estructuralmente. Las principales están definidas por grandes fallas normales. En una cuenca estructural podemos encontrar rocas sedimentarias y/o volcánicas.

D

DATACIÓN ABSOLUTA: Determinación de la edad de una roca, normalmente realizada mediante isotopos radioactivos (p.ej. métodos Rb/Sr, K/Ar, Ar-Ar), utilizando el concepto de vida media: tiempo que demora una cantidad dada de un isótopo radioactivo en ser reducida a la mitad por efecto de su conversión en otro elemento, debida a la emisión de partículas alfa o beta.

DATACIÓN RELATIVA: Consiste en establecer la secuencia de emplazamiento de las rocas o del desarrollo de sus estructuras (fallas, pliegues, etc.). Se puede realizar mediante el uso de fósiles guía o de criterios estructurales. Por ejemplo: si un sedimento se depositó sobre otro, debe ser más joven. También es más joven una roca ígnea intrusiva si corta o instruye a otra, y una falla que corta a otra falla.

DEFLACIÓN: Erosión de las rocas por efecto de las partículas que arrastra el viento, mediante abrasión (erosión eólica). Su efecto es el desarrollo de una superficie en la que predominan clastos gruesos.

DEFORMACIÓN: Es un término amplio que engloba procesos estructurales como plegamiento y fallamiento, debido a esfuerzos tectónicos y al propio peso de las rocas. Si los esfuerzos tectónicos son isótropos, sólo se producirá una reducción de volumen. En cambio, si son anisótropos, ocurrirá plegamiento y fracturación, con disminución de volumen en una dirección y aumento relativo en otra.

DEFORMACIÓN ELÁSTICA: Es aquella que responde a la Ley de Hooke y que se recupera (aunque no totalmente) al cesar el esfuerzo que la produjo. Las rocas cuyo comportamiento se ajusta en mayor grado a esta definición se denominan rocas competentes.

DEFORMACIÓN PLÁSTICA: No responde a la Ley de Hooke y tiende a ser permanente. En las rocas produce efectos de plegamiento y de fluencia. Es típica de rocas detríticas de grano fino como arcillolitas o lutitas sometidas a esfuerzos, así como de rocas competentes si los esfuerzos ocurren en condiciones de elevada temperatura, que debilitan la cohesión de las rocas y sus minerales. Rocas típicas de la deformación plástica son las milonitas.

DELTA: El delta de un rio corresponde a la ramificación final de este en numerosos brazos que forman un triángulo (forma de la letra griega delta: Δ), donde se depositan los sedimentos fluviales avanzando hacia el mar. Son famosos los deltas del río Nilo, del Mississippi y del Ganges (sobre el cual se sitúa gran parte del territorio de Bangladesh). No todos los ríos forman un delta. Según la configuración de la costa y el volumen de sedimentos transportados por un río, este puede desembocar al mar formando un delta o un estuario (mero ensanchamiento final). El delta se forma en el caso de costas bajas y tranquilas cuando los ríos acarrean gran cantidad de sedimentos finos.

DERIVA CONTINENTAL: Hipótesis planteada por Alfred Wegener según la cual los continentes formaban una sola gran masa que se fragmentó y experimentó la separación de sus fragmentos en distintas direcciones sobre un fondo oceánico basáltico. La hipótesis, planteada en los años 1920's, recibió objeciones en cuanto a la física del proceso (que estaba equivocada). En la década de 1960 la idea retornó como parte de la tectónica de placas, apoyada por la evidencia directa de las inversiones paleomagnéticas del fondo oceánico. Sin embargo, en su nueva forma, la deriva continental se atribuye al desplazamiento de placas litosféricas rígidas sobre el manto astenosférico (y no sobre el fondo oceánico como planteaba la hipótesis original).

DESLIZAMIENTO: Proceso de remoción en masa en el cual una masa de roca sólida, de fragmentos rocosos o de suelos, se mueve pendiente abajo por efecto de la gravedad. Este movimiento ocurre siguiendo un plano definido y aproximadamente recto o cóncavo.

DESPRENDIMIENTO (de rocas): Caída libre de fragmentos rocosos de cualquier tamaño.

DEXTRAL: Ver falla dextral.

DIACLASA: Plano de ruptura de un bloque geológico que no implica movimiento relativo respecto al plano. Hay dos tipos dediaclasas, las formadas por contracción del material, como las diaclasas verticales poligonales de los basaltos (disyunción columnar), y las diaclasas de origen tectónico. En estas últimas, que pueden estar asociadas a fallamiento, el plano de la diaclasa es paralelo a sigma 1 (σ1) y perpendicular a sigma 3 (σ3). Ver además: esfuerzo.

DIAGÉNESIS: Cambios mineralógicos, químicos y físicos que sufre un sedimento inmediatamente después de su deposición en un ambiente marino o terrestre. Ver además: litificación.

DIFERENCIACIÓN MAGMÁTICA: Proceso por el cual un magma da lugar a distintos tipos de rocas, cuya composición difiere entre sí y respecto al magma original. Los principales mecanismos de diferenciación magmática son la fusión parcial y la cristalización fraccionada.

DIQUE: Cuerpo ígneo intrusivo tabular que corta una roca masiva o una secuencia estratificada de manera discordante, esto es, de manera no paralela a la estratificación (si fuera paralelo a ella se denominaría sill o filón manto).

DIRECCIÓN (= rumbo): Parámetro expresado en grados, normalmente sexagesimales, que define, junto con el buzamiento (= manteo), la orientación de un plano geológico. La dirección indica el ángulo formado por la línea de intersección entre un plano geológico y el plano horizontal y la línea N-S. Se puede medir de diferentes maneras, pero siempre con respecto al norte. Por ejemplo, dirección N30°W, o expresada de otra manera, N150°.

DISCONTINUIDAD: Cambio brusco de las propiedades físicas de las rocas a determinada profundidad. Por ejemplo, la que separa la corteza del manto de la Tierra, o el manto inferior del núcleo externo. Una discontinuidad se manifiesta en la variación de la velocidad de las ondas sísmicas. Por ejemplo, las ondas S son particularmente sensibles a los cambios reológicos (conjunto de propiedades físicas de un macizo de rocas). Así, su paso de la litosfera a la astenosfera se ve marcado por una fuerte atenuación en su velocidad (las ondas S no se transmiten en medios líquidos).

DISCONTINUIDAD DE MOHOROVIC: Discontinuidad que separa la corteza del manto.

DISCORDANCIA ANGULAR: Es la discordancia por diferencia en inclinación de los estratos. Estas discordancia se forman cuando los estratos son plegados o basculados, erosionados, y sobre ellos se depositan nuevos estratos horizontales. El proceso puede repetirse varias veces a lo largo de la evolución geológica de una región.

DISCORDANCIA DE EROSIÓN: Superficie irregular que resulta del ascenso (sin plegamiento) y posterior descenso tectónico de un bloque que estaba recibiendo sedimentos. Al ascender, se detiene la sedimentación y el bloque es afectado por la erosión, generándose la superficie irregular. Posteriormente, su descenso lleva a que se reanude el depósito de sedimentos. En consecuencia, esta discordancia se reconoce por la presencia de una superficie irregular, que separa dos secuencias que presentan igual inclinación.

DIVISORIA DE AGUAS: Línea que separa dos cuencas hidrográficas.

Coincide con la "línea de cumbres" que las divide. En Derecho Internacional es conocida como (del latín) divortium aquarum.

DOLINA: Es una forma de origen kárstico, constituida por una depresión del terreno, producto de la disolución de rocas carbonatadas subyacentes por las aguas meteóricas ligeramente ácidas. Ver además: karst.

DOMO ESTRUCTURAL: Concepto opuesto o simétrico respecto al de Cuenca Estructural, vale decir, está formado por rocas estratificadas que forman un gran pliegue anticlinal de forma aproximada circular.

DOMO VOLCÁNICO: Masa de roca volcánica en forma de cúpula o domo, formada por extrusión de lavas silíceas viscosas. Si el domo obstruye la chimenea de un volcán puede dar lugar a explosiones catastróficas.

DORSAL MESO OCEÁNICA: Cadena montañosa volcánica alargada sobre el fondo de las principales cuencas oceánicas, y en posición aproximadamente central. Su eje puede presentar una estructura tipo valle rift, correspondiente al borde de las dos placas divergentes. Bajo esa estructura hundida ocurre el emplazamiento de magma basáltico diferenciado del manto superior, el que es responsable del crecimiento y desplazamiento horizontal de la corteza oceánica.

DÚCTIL: Se denomina así a una roca que se deforma con facilidad, comportándose plásticamente. Es el comportamiento opuesto al de tipo frágil.

DUNA: Depósito de arena, normalmente en movimiento por efecto del viento. Cuando presenta forma de media luna (con el lado externo menos inclinado del lado del viento), se denomina barján.

DUPLEX: Se denomina así al efecto de bifurcación de una falla transcurrente (o falla de desgarre, o rumbo) en dos fallas paralelas, que más adelante se vuelven a unir. Según la naturaleza del movimiento relativo y la geometría del sistema, el dúplex puede ser extensional o compresional, y originar estructuras internas llamadas flor negativa (hundimiento en zonas de extensión) y flor positiva (alzamiento en zonas de compresión).

E

EFECTO O FACTOR ESCALAR: Es el efecto que implica la dimensión de los cuerpos en su comportamiento físico. Se debe al hecho de que la superficie de los cuerpos tiene especial relevancia respecto a su resistencia. A medida que un cuerpo aumenta su magnitud, su superficie y su volumen lo hacen en distinta proporción. Por ejemplo, la superficie de una esfera es proporcional al cuadrado de su radio mientras su volumen lo es al cubo del mismo. En consecuencia, la razón volumen/superficie aumenta al crecer el radio. Puesto que la masa (y por lo tanto el peso) de un cuerpo depende de su volumen, y su rigidez de la superficie, mientras mayor sea el cuerpo menos rígido será su comportamiento. Así, una esfera de roca granítica de 1 m de radio tiene un comportamiento mecánico cercano al del acero. En cambio, si el radio de esa esfera fuera el de la Tierra, se comportaría igual que una esfera de barro de 1 m de radio. El efecto escalar permite entender mejor el comportamiento de grandes bloques geológicos frente a los procesos de deformación.

EFECTO INVERNADERO: Varios gases como el anhídrido carbónico (CO_2), el metano (CH_4) y el vapor de agua (H_2Ogas) son "transparentes" a la radiación electromagnética de media o alta frecuencia, incluida la luz visible, pero interceptan y se "calientan" (incrementan la energía cinética de sus moléculas) cuando reciben radiación de baja frecuencia como las ondas infrarrojas. Por lo tanto, al formar parte de la atmósfera, dejan pasar la radiación solar, pero almacenan parte de la radiación térmica que emite la Tierra. En consecuencia, al crecer la concentración de estos gases el aire se calienta, lo que afecta la temperatura de las aguas oceánicas, la estabilidad de las masas de hielo polares, la frecuencia y energía de los huracanes, el nivel de las aguas oceánicas, etc. Se trata de un tema complejo y controvertido en cuanto a su mayor o menor gravedad, pero respecto al cual existe creciente preocupación mundial.

ENERGÍA GEOTÉRMICA: Energía térmica (entalpía) contenida en magmas, rocas y aguas subterráneas calientes de los niveles corticales superiores. Su efecto en la conversión de agua líquida en vapor se utiliza en la producción de electricidad (energía geotérmica de alta entalpía). También puede utilizarse agua caliente líquida (energía geotérmica de baja entalpía) para otros usos como la calefacción de hogares.

EN ESCALONES (en echelon): Del francés: en échelon. Estructura de fallas, vetas, diques, etc., caracterizada por su repetición y saltos "en escalón".

ENLACES: Las uniones interatómicas pueden ser de tres tipos extremos, aunque normalmente corresponden situaciones intermedias, expresables en porcentajes de dichos tipos. Ellos son:

- Enlace iónico, donde un átomo cede electrones a otro, quedando con un exceso de carga positiva y el que los recibe, con carga negativa. En consecuencia, se genera una fuerza de unión electrostática (de Coulomb). Ejemplo: NaCl.
- Enlace covalente, donde dos átomos comparten electrones. Ejemplo O_2.
- Enlace metálico, donde los electrones se mueven libremente entre átomos metálicos (lo que explica la conductividad eléctrica). Ejemplo: Cu, Ag, Au, aleaciones tipo AuCu, etc.

Además, existe un cuarto tipo de enlace asociado a polaridad molecular, denominado de van der Waals. Estos enlaces están presentes en minerales como las arcillas y explican el efecto "adhesivo" del agua en capas muy delgadas.

ENVOLVENTE DE MOHR-COULOMB: Es la línea tangente respecto a varios círculos de Mohr, obtenidos sometiendo muestras de la misma roca a ensayos triaxiales, en los cuales se va incrementando el valor de la presión confinante sigma 3 ($\sigma3$). Esta envolvente permite caracterizar las propiedades geomecánicas de la roca. Su pendiente es directamente proporcional a la competencia de la roca. El valor al cual la envolvente corta el eje vertical indica la cohesión interna de la misma roca. Por otra parte, la zona comprendida entre el eje horizontal y la envolvente representa una "zona segura" respecto a la generación de nuevos planos de rotura.

EÓN: División geológico-histórica principal. Se distinguen cuatro Eones: Hádico (desde la formación de la Tierra, unos 4500 Ma atrás, hasta 3800 Ma), Arcaico o Arqueozoico (de 3800 hasta 2500 Ma atrás), Proterozoico (de 2500 a 570 Ma) y Fanerozoico (de 570 Ma hasta el presente). Nota: Ma indica millones de años.

EPICENTRO: Lugar de la superficie terrestre que se encuentra en la línea vertical que pasa por el foco (hipocentro) de un sismo.

ÉPOCA: Es la unidad de tiempo geológico correspondiente a la subdivisión de un Período. De mayor a menor, tenemos: Eon (p.ej. Fanerozoico); Era (p.ej. Mesozoico), Período (p.ej. Jurásico), Época (p.ej. Lias), Edad (Hetangiano o Hetangiense).

ERA: Segundo nivel de división geológica-histórica. Por ejemplo, el Eón Fanerozoico comprende las Eras Paleozoica (de 570 a 245 Ma), Mesozoica (de 245 a 65 Ma) y Cenozoica (de 65 Ma hasta el presente).

EROSIÓN: Proceso de transporte de materiales por un agente geológico como el agua (sólida o líquida), o el viento.

EROSIÓN RETRÓGRADA: Es la que se produce en la cabecera (parte superior) de un río. Esta erosión se ve favorecida por el mayor talud que existe en el nacimiento del río, lo que hace inestable su superficie y favorece el desarrollo de procesos de remoción en masa y erosión, los que generan el avance retrógrado (hacia "aguas arriba") del cauce fluvial.

ERUPCIÓN: Eyección de magma, en forma de lavas, materiales piroclásticos y gases de un volcán. Puede ser central, vale decir por una chimenea volcánica o bien fisural, es decir, a lo largo de una fractura.

ESCALA DE LOS MAPAS GEOLÓGICOS: La escala es la razón entre la distancia en el mapa y la distancia en el campo (= terreno), y por lo tanto una fracción, mientras mayor sea el denominador, más pequeña es la escala; ej. 1:1.000 > 1: 10.000. Los mapas geológicos se elaboran a distintas escalas con fines diferentes. Por ejemplo, se puede elaborar un mapa detallado de un yacimiento metalífero (o del futuro sitio de una obra de ingeniería) a escala 1:500 o 1:1000, así como un mapa geológico del mundo a escala 1:20.000.000. En geología regional se utilizan escalas intermedias, típicamente del orden de 1:50.000 a 1:100.000. Naturalmente, las unidades geológicas a cartografiar (= mapear) deben definirse conforme a la escala del mapa.

ESCALA DE MERCALLI: Es una escala utilizada para medir la intensidad de un movimiento sísmico en un punto dado, basada en la cuantía de los daños causados, tomando en cuenta la resistencia relativa de las estructuras afectadas. En consecuencia, un sismo puede presentar distintas intensidades Mercalli en diversos sitios afectados. Esta escala va de 1 (mínima) a 12 (máxima intensidad).

ESCALA DE RICHTER: A diferencia de la escala de Mercalli, la de Richter es una escala absoluta, basada en la liberación de energía producida. Por lo tanto, está abierta, si bien no se han registrado sismos de magnitud superior a 9. Por otra parte, cada aumento de una unidad de la escala corresponde a un aumento de la amplitud de la onda sísmica de 10 veces, y a un incremento de energía liberada de 32 veces. A cada sismo corresponde un solo valor en la escala Richter.

ESCARPE DE FALLA: Las fallas con desplazamiento vertical generan escarpes (desniveles topográficos) cuya posición original corresponde al plano de falla.Un sismo importante puede generar escarpes correspondientes a unos pocos metros de desnivel. Los escarpes de decenas a cientos de metros corresponden a sucesivos movimientos, producidos a lo largo de una falla durante millones de años.

ESCUDO: Bloque continental que no ha experimentado efectos tectónicos horizontales que hayan plegado sus secuencias estratificadas durante los últimos 570 Ma. En cambio, incluyen secuencias plegadas y fuertemente metamorfizadas más antiguas. Ello implica que durante el tiempo indicado, el escudo se ha comportado como un bloque rígido, aunque fallado y sometido a periódicos movimientos de ascenso y descenso. Ejemplo de escudos en Sudamérica son el de Brasil y el de las Guayanas.

ESFUERZO: También denominado estrés (en inglés: stress). Es la fuerza por unidad de área(presión) que actúa sobre una roca o un bloque geológico. El esfuerzo se puede calcular para cualquier sección del bloque considerado y ser expresado según las tres componentes de los ejes coordenados (del mismo modo que se descompone cualquier vector). La componente mayor se denomina sigma 1 ($\sigma1$), la intermedia sigma 2 ($\sigma2$) y la menor sigma 3 ($\sigma3$). En Geomecánica se expresa generalmente en megapascales (MPa). Un Pascal corresponde a la presión que ejerce un peso de 100 g sobre un m2. Un MPaes un millón de Pa. Un plano en el interior del bloque geológico puede estar afectado por esfuerzos compresivos (si es perpendicular a $\sigma1$), extensionales (si es paralelo a $\sigma1$) o de cizalla (si es oblicuo respecto a ese eje de esfuerzo).

ESPEJOS DE FRICCIÓN: Cuando se produce el desplazamiento de los bloques en contacto a lo largo de un plano de falla, su interacción física produce efectos en ambas superficies. Dichos efectos pueden llegar a causar desprendimiento de fragmentos y producción de roca molida (ver brecha de falla y cataclasita). También pueden desarrollar (según el tipo de material y las condiciones de la falla), superficies muy pulidas, denominadas espejos de fricción o espejos de falla. Las marcas que quedan en esas superficies son utilizadas para determinar la dirección y sentido del movimiento relativo de ambos bloques.

ESQUISTOSIDAD: Estructura foliada (vale decir hojosa), resultante de la disposición paralela de minerales planares como las micas. Sometida a esfuerzos, esta roca presenta su mayor resistencia si el esfuerzo es perpendicular a la esquistosidad, y la menor si el esfuerzo es paralelo a ella.

ESTADOS DE LA MATERIA: Ellos son: sólido cristalino, sólido vítreo (vale decir, desprovisto de orden en su estructura interna), líquido, gaseoso y de plasma (un gas ionizado). Hay que ser cuidadosos al describir el estado de la materia en el interior de la Tierra. Por ejemplo, el manto astenosférico tiene suficiente rigidez para transmitir ondas sísmicas transversales (aunque atenúa su velocidad), pero sin embargo, puede fluir (corrientes de convección). Por otra parte, el núcleo externo carece de la rigidez necesaria para transmitir ondas transversales, pero ello no implica que sea "líquido" (al menos, no lo que entendemos por líquido en la superficie de la Tierra).

ESTALACTITA: Columna de carbonato de calcio (Ca CO3) que cuelga del techo de una caverna. Se forma a partir de la transformación de bicarbonato (en solución) en carbonato de calcio (precipitado). La precipitación de carbonato de calcio sucede de la siguiente manera: cuando la solución deja la fractura por la que se mueve de manera descendente y pasa al espacio abierto de la caverna se produce una desestabilización del bicarbonato que puede ser expresado por la siguiente reacción: Ca(HCO3)2 → CaCO3 + H2O + CO2. Esto es, se evapora H2O y CO2 y precipita carbonato de calcio. Parte del carbonato que no alcanza a precipitar en la estalactita lo hace al caer las gotas al suelo, desde el cual se forma otra columna, denominada estalagmita. Con el tiempo, ambas pueden unirse formando una columna entre el techo y el suelo. La formación de estas estructuras se sitúa en el contexto del fenómeno kárstico. También hay estalactitas de otras composiciones (p.ej. hidróxido de hierro), pero son menos comunes.

ESTALLIDOS (EXPLOSIONES) DE ROCA: Fenómeno súbito que libera gran cantidad de energía al abrirse una labor en rocas que almacenan elevada energía deformativa. El estallido es equivalente a la formación de una fractura tipo diaclasa, pero la cara libre que presenta la roca (producto de la labor minera)hace que esa energía se libere en forma cinética. En Chile afecta principalmente a la mina de El Teniente.

ESTILOLITOS: Son marcas en las calizas que tienen forma de líneas irregulares (planos irregulares). Se forman cuando la roca ha sido sometida a fuerte compresión y debido a ello se ha disuelto en parte, tendiendo a ocupar menos volumen en la dirección paralela al esfuerzo principal. Las líneas del estilolito corresponden a restos carbonosos no disueltos (residuos del proceso descrito) y se disponen perpendicularmente a ese esfuerzo principal.

ESTRATIFICACIÓN CRUZADA: Estructura caracterizada por la superposición de capas relativamente delgadas que presentan diferente inclinación. Se forma por efecto de corrientes de dirección variable (viento o agua) y afecta principalmente a sedimentos arenosos. Es típica (y fácil de observar) en las dunas, así como del efecto de la marejada en playas arenosas.

ESTRATO: Capa de roca o sedimento. Originalmente, los estratos se depositan horizontal o sub-horizontalmente, aunque pueden presentar mayor inclinación cuando lo hacen sobre superficies inclinadas. Los estratos pueden ser plegados, basculados o fallados por efecto de fuerzas tectónicas. Si una secuencia de estratos no ha sido invertida, el estrato inferior es el más antiguo y el superior el más joven.

ESTRATO VOLCÁN: Volcán cuyo cono está formado por estratos alternados de coladas volcánicas y de piroclastos. Son volcanes cuya composición magmática oscila entre contenidos menores de SiO_2, que dan lugar a la formación de coladas por su mayor fluidez, y contenidos mayores de SiO_2, favorables a la eyección de piroclastos, debido a la viscosidad y explosividad del magma.

ESTRÉS: Ver esfuerzo.

ESTRUCTURAS: Rasgos o elementos físico-geométricos mayores que presentan las rocas, sedimentos y suelos. Incluye deformaciones como los pliegues, así como planos de estratificación, discordancias, diaclasas, fallas, etc. Las estructuras indican las condiciones de formación de las rocas, sedimentos o suelos, así como los cambios físicos posteriores que los han afectado.

ESTRUCTURAS S-C: Estructuras de esquistosidad y cizalla que se forman por los esfuerzos generados sobre macizos de roca afectados por zonas de falla. Los planos C (del francés: cisaillement) son oblicuos al vector de esfuerzo principal y corresponden por tanto a planos de cizalla simple. Los planos S (del francés: schistosité) son perpendiculares al vector de esfuerzo principal y corresponden por tanto a planos de cizalla pura. Los planos S y C se forman al mismo tiempo y son oblicuos entre sí.

ESTUARIO: Desembocadura de un río de gran anchura y profundidad.

A diferencia del delta, en el estuario los sedimentos del río no perturban su desembocadura.

EUTÉCTICO: Es una mezcla de dos o más componentes sólidos (p.ej., minerales) cuyo punto de fusión es inferior al de cualquiera de ellos considerados separadamente. Un eutéctico de especial importancia es el denominado "eutéctico ternario", constituido por feldespato de K, feldespato de Na y cuarzo, aproximadamente la composición de los granitos en sentido estricto y de las pegmatitas (correspondiente al último material en cristalizar de un magma).

EVAPORITA: Roca sedimentaria formada por la precipitación de soluciones salinas concentradas debido a la evaporación del agua. Las evaporitas incluyen sales solubles como cloruros de Na, K o Mg y sulfatos de Na, Ca o Mg. La formación de evaporitas está representada en Chile por los salares y los caliches salitreros. La presencia de litio en los salares andinos reviste notable importancia (encierran la mitad de las reservas mundiales de un metal de uso principal en acumuladores eléctricos de alto rendimiento). Otro ejemplo lo constituye los yesos del Messiniense en cuencas del SE de España como la de Sorbas.

EXFOLIACIÓN: Tendencia de un mineral a romperse a lo largo de planos paralelos, debido a la presencia de uniones débiles entre ellos. Se presenta en minerales como las micas, la molibdenita, el hierro "oligisto" (hematita especular), etc.

EXTRUSIVO: Magma expulsado por un volcán (central o fisural).

F

FACIES: Parte de una unidad litológica caracterizada por rasgos propios de sus condiciones de formación y que por tanto permiten distinguirla del resto de la unidad. Se distinguen facies en las rocas sedimentarias, por ejemplo, calizas arenosas fosilíferas; en rocas volcánicas (p.ej., lavas en almohadillas – "pillow lavas") y metamórficas (facies de "esquistos verdes").

Las facies son útiles para distinguir ambientes de depósito en las rocas sedimentarias (p.ej., lagunar, marino profundo, etc.) así como condiciones de presión-temperatura en el caso de las rocas metamórficas.

FALLA DE DESGARRE (O DE RUMBO): Falla geológica caracterizada porque su plano es vertical y el movimiento relativo de los bloques es horizontal. Tanto sigma 1 (σ1) como sigma 3 (σ3) son horizontales. Pueden ser sinestrales o dextrales. También se denomina Falla transcurrente (en inglés: strike-slip fault).

FALLA DEXTRAL: Falla de desgarre caracterizada porque, observada a lo largo de su traza, el bloque derecho aparece desplazado hacia el observador respecto al bloque izquierdo. Mirada en un mapa, la flecha situada sobre la falla indica hacia la derecha.

FALLA GEOLÓGICA: Ruptura de un bloque geológico a través de un plano, denominado plano de falla, que implica desplazamiento relativo de los bloques de manera paralela a dicho plano. Las fallas son producidas por cizalla pura o simple sobre un bloque geológico.

FALLA INVERSA: Falla geológica caracterizada porque el bloque situado sobre el plano de falla asciende respecto al otro. Las fallas inversas implican acortamiento horizontal en la dirección de sigma 1 (σ1) y crecimiento según sigma 3 (σ3), que es vertical. Su plano de falla buza $\leq$ 45°, aunque también se reconocen fallas inversas de gran ángulo (por reactivación de fallas normales). Se generan en condiciones de compresión horizontal.

FALLA NORMAL: Falla geológica caracterizada porque el bloque situado sobre el plano de falla, desciende respecto al otro. Las fallas normales implican alargamiento horizontal en la dirección de sigma 3 (sigma 1 es vertical). Su plano de falla buza $\geq$ 45°, aunque también se reconocen fallas normales de bajo ángulo. Estas fallas se producen en condiciones de descompresión horizontal.

FALLA SINESTRAL: Falla de desgarre caracterizada porque, observada a lo largo de su rumbo, el bloque izquierdo aparece desplazado hacia el observador respecto al bloque derecho. Mirada en un mapa, la flecha situada sobre la falla indica hacia la izquierda.

FANERÍTICA: Textura de las rocas ígneas caracterizada porque todos los cristales presentan buen desarrollo (en general del orden de unos 3 a10 mm).Se desarrolla en condiciones de cristalización lenta, como las que caracterizan a grandes masas de magmas intrusivos como los batolitos.

FENOCRISTAL: Se denomina así a un cristal de buen tamaño (unos 0.5 a20 mm) que se encuentra en una masa de cristales pequeños. Es típico de la textura porfírica.

FENÓMENO: Se entiende por fenómeno la forma bajo la cual percibimos lo que existe u ocurre en el mundo. Por ejemplo, una erupción volcánica se manifiesta en la salida de ceniza o material fundido a alta temperatura, en la emisión de ruidos, de ondas sísmicas, etc. Nuestros conceptos físicos, químicos y biológicos, así como la noción de causalidad, nos permiten comprender los fenómenos y los procesos geológicos y expresarlos a través de conceptos específicos, como los de ciclo geológico, metamorfismo, placas tectónicas, etc. Ver además: proceso.

FILÓN MANTO: En inglés: sill.Es un cuerpo magmático intrusivo, de forma tabular, emplazado de manera concordante respecto a la estratificación. Puesto que los filones manto se emplazan en niveles tectónicos sub-volcánicos y su textura es afanítica, microcristalina o porfírica, pueden ser confundidos con coladas volcánicas.

FIORDO: Forma geográfica que resulta de la invasión por el mar de un valle formado por la erosión de un glaciar. Puesto que esos valles tienen sección transversal en forma de U, las paredes de un fiordo son muy escarpadas. Los fiordos son comunes en las costas de Chiloé Continental, Aysén y Magallanes en Chile y son muy comunes además en la costa atlántica de Noruega. La palabra fiordo deriva del noruego fjord.

FISIBILIDAD: Propiedad de algunas rocas, como las pizarras y lutitas, que facilita su separación en láminas finas paralelas. Se asocia al concepto de foliación.

FLUIDO NEUMATOLÍTICO: Fluido de origen magmático muy rico en componentes gaseosos.

FLUJO LAMINAR: Es el movimiento ordenado, "tranquilo" de un fluido, donde idealmente sus moléculas describen trayectorias paralelas. El caso opuesto es el del flujo turbulento o desordenado, típico de un río torrentoso. En un río, el flujo turbulento favorece el transporte de partículas en suspensión o por "saltación". En la atmósfera, el flujo turbulento es propio de condiciones extremas, sin embargo, es favorable para la dispersión de sus contaminantes.

FLUJO PIROCLÁSTICO (COLADA PIROCLÁSTICA): Masa fluida de alta temperatura, constituida por cenizas ardientes y gases a elevada presión, extruida violentamente de un volcán. Su producto final es una ignimbrita. Puesto que alcanza velocidades de cientos de km/h, constituye el producto más peligroso de la actividad volcánica e intervino en casos clásicos, como la destrucción de Pompeya por el volcán Vesubio el año 79 D.C. Las erupciones de ignimbritas fueron comunes durante el Mioceno-Plioceno en los Andes Centrales (norte de Chile, Sur del Perú y Bolivia), y alcanzaron hasta cientos de km de distancia de las calderas que las emitieron. En España se encuentran depósitos de este tipo en la costa de Almería, entre el Cabo de Gata y Rodalquilar. Se trata de rocas del Mioceno. Cuando la proporción de gases a ceniza es muy elevada, estos materiales pasan a denominarse base surge.

FOCO SÍSMICO: Lugar del interior de la Tierra desde el que se originan las ondas sísmicas debido a una ruptura y liberación violenta de energía (presente como energía de deformación, a la manera de un resorte que la libera súbitamente).

FOLIACIÓN: Estructura metamórfica que da a la roca un aspecto similar al que presenta un apilamiento de hojas. La foliación se desarrolla por efecto de la presión sobre los minerales planares (micas, arcillas), de manera que éstos se disponen perpendicularmente a sigma 1 (σ1). Si la roca metamórfica presenta minerales de grano grueso, el aspecto foliado es menor.

FORMACIÓN GEOLÓGICA: Se denomina formación geológica a un agrupamiento de estratos, que se considera como unidad para los efectos de la cartografía geológica (= mapeo). Las formaciones geológicas se describen en el lugar tipo en el cual fueron definidas y llevan el nombre de ese lugar, p.ej. Formación Quebrada Marquesa, Formación Arqueros. Las formaciones situadas en distintos lugares geográficos pueden correlacionarse entre sí, considerando su edad relativa y litología. Una Formación se puede dividir internamente en Miembros. A su vez un conjunto de Formaciones puede constituir un Grupo si estas representan una etapa geológica bien definida. Ejemplo deesta última categoría es el Grupo Chañarcillo en la Región de Atacama (Chile).

FOSA OCEÁNICA: Depresión submarina alargada, producida por el efecto deformante de la subducción de una placa oceánica. Las fosas oceánicas se presentan delante de los arcos de islas y de las cadenas de tipo Andino. En Chile, la fosa es más profunda en el norte que al sur del país, seguramente debido al menor depósito de sedimentos que implica el clima árido del norte. A la altura de La Serena (Chile), el eje de la fosa se sitúa a unos 150 km al W de la costa.

FÓSIL: Restos transformados de organismos que vivieron en el pasado geológico. Los restos pueden presentar partes blandas bien conservadas (por ejemplo, un mosquito atrapado en una resina tipo ámbar). Sin embargo, lo normal es que si persisten estructuras correspondientes a partes blandas, ello sea por efecto de su reemplazo por minerales como sílice o pirita. También se consideran como fósiles las huellas, por ejemplo, de la pisada de un dinosaurio o de un ave (icnitas). Los fósiles son estudiados por los paleontólogos. Los geólogos los utilizan para determinar la edad relativa de las rocas ("fósil guía"), así como su ambiente original. Esta información permite elaborar mapas paleogeográficos.

FÓSIL GUÍA: Fósil útil para determinar edades relativas. Su valor es mayor mientras más corto haya sido el lapso de su existencia como especie biológica, y mientras más amplia haya sido su distribución geográfica. La situación es inversa para los fósiles indicadores de ambiente, ya que es mejor que sean propios de un ambiente muy específico, por ejemplo, la zona intermareal de mares fríos. En este caso es mejor mientras más tiempo haya existido como especie.

FRACTURAS: Término general que incluye fallas y diaclasas. Las fracturas son consecuencia del comportamiento frágil de las rocas respecto a los esfuerzos deformativos anisótropos.

FUMAROLA: Abertura asociada a una estructura volcánica de la que salen gases o vapores, pero no magma. Son comunes las fumarolas sulfurosas de las que sale anhídrido sulfuroso (SO_2) o ácido sulfhídrico (H_2S). La reacción de $SO_2 + 2H_2S \rightarrow 2H_2O + 3S$ es responsable del depósito de S nativo por actividad fumarólica.

FUNDENTE: Substancia que disminuye el punto de fusión de otras. Por ejemplo, el agua actúa como un fundente respecto a los silicatos, facilitando su fusión o retardando su cristalización a través de su efecto despolimerizante.

FUSIÓN PARCIAL: Cuando una zona profunda de la corteza o del manto experimenta un aumento de temperatura, una disminución de presión o el efecto de una substancia fundente (vale decir, que disminuye su punto de fusión), esta puede pasar del estado sólido cristalino a uno fundido o semifundido. Sin embargo, sólo un cierto porcentaje de la roca (correspondiente a sus minerales de menor punto de fusión) se funde, p.ej., un 5% o 20%. Por lo tanto, la composición del líquido será distinta de la de la roca original, y estará enriquecida en aquellos elementos que integran los minerales que primero se funden. Ver además: diferenciación magmática

G

GÉISER: Fuente de agua caliente que periódicamente entra en ebullición en su base, expulsando una columna de vapor y agua pulverizada (en finas gotas). Los campos de géiser pueden ser utilizados para producir energía geotérmica. En el área geotérmica de El Tatio (Antofagasta; Chile) no hay propiamente géisers sino manantiales de agua caliente cuya evaporación y condensación (en horas tempranas del día) producen un efecto parecido. La palabra géiser viene del islandés geysir.

GEOLOGÍA: La Geología es la ciencia del planeta Tierra. En particular se ocupa de los materiales que lo integran (rocas, sedimentos, etc.), de su estructura (estratos, pliegues, fallas, etc.), de los procesos que los forman y modifican (magmatismo, litificación, metamorfismo) y de su historia (geología histórica). En este último aspecto, la geología reconstruye la sucesión de paisajes que han existido (Paleogeografía) y de su relación con la evolución biológica (Paleontología). Varias ciencias tienen una relación estrecha con la geología, como la Mineralogía, la Geofísica, la Geoquímica y la ya citada Paleontología. La Geología se constituyó como ciencia moderna durante la primera mitad del Siglo XIX. La Geología tiene numerosas e importantes aplicaciones prácticas, entre ellas la exploración y explotación de yacimientos de combustibles fósiles, minerales metálicos e industriales, la investigación de sitios para la construcción de grandes obras de ingeniería, la exploración de aguas subterráneas y campos geotérmicos, la prevención de riesgos naturales (volcánicos, sísmicos, etc.) y los estudios geoambientales. Disciplinas integradas en las Ciencias Geológicas son: Petrología (ígnea, metamórfica y sedimentaria), Geoquímica, Cristalografía y Mineralogía, Metalogenia (yacimientos minerales), Geología de Minas, Geodinámica (tectónica y geología estructural), Geotecnia, Geofísica, Geomorfología, Geología Marina, Geología Ambiental, Estratigrafía, Sedimentología, y Paleontología.

GLACIAR: Gran masa de hielo que nace de un campo de nieve y se desplaza bajo la influencia de la gravedad. El glaciar está constituido por hielo que se forma por compactación y recristalización de la nieve. Existe un equilibrio dinámico entre la alimentación de nieve del glaciar y la velocidad con la que se funde en su extremo inferior (la cual depende de la temperatura media de esa zona). Si la alimentación predomina el glaciar avanza, si lo hace el efecto de fusión, retrocede. Ver además: circo glaciar.

GLACIAR DE CASQUETE: Ver calota.

GLACIAR DE VALLE O ALPINO: Glaciar que ocupa y modifica un valle fluvial preexistente, cuya forma de V es modificada a una forma de U.

GONDWANA: El continente "único" Pangea se separó en dos Super continentes: Laurasia en el norte y Gondwana en el sur. Esto ocurrió durante el Triásico tardío, hace unos 220 Ma. Gondwana incluyó los actuales continentes de Sudamérica, África, Antártida, India y Australia, los que a su vez se fueron separando entre sí. Sudamérica inició su separación de África hace unos 150 Ma, cerca del límite Jurásico-Cretácico, cuando comenzó la formación del Océano Atlántico.

GRABEN: Es un valle (o fosa) generado por efecto tectónico, en condiciones extensionales. Está limitado por grandes fallas normales. El valle longitudinal de Chile (de Rancagua al sur) es un ejemplo de graben. En castellano se traduce por cuenca, aunque ello puede confundir respecto a su forma.

GRADIENTE: Pendiente del cambio de una variable en función de otra. Por ejemplo: gradiente geotérmico es el aumento de temperatura de las rocas con la profundidad (en promedio, 30°/km, pero bastante más en zonas volcánicas); gradiente hidráulico es la pendiente (grado de inclinación) del nivel freático de un cuerpo de agua subterránea, etc.

H

HIDRÓLISIS: La hidrólisis es el producto de una reacción química que altera la relación entre iones H+ y OH- del agua ($[H+] = [OH-] = 10-7$ moles/litro; $[H+] \times [OH-] = 10-14$ moles/litro: Kw). Se produce por la formación de un hidróxido o un ácido débil (es decir, no disociado en sus iones). En geología es muy importante la hidrólisis que acompaña la meteorización química de los silicatos, la cual tiende a subir el pH del agua (es decir, a hacerlo más alcalino). Por ejemplo: $3KAlSi_3O_8 + 2H^+ \rightarrow KAl_3Si_3O_{10}(OH)_2 + 6SiO_2 + 2K^+$ (hidrólisis del feldespato potásico a sericita). También juega un papel importante en la disolución de los carbonatos: $CaCO_3 + H^+ \rightarrow Ca^{2+} + HCO_3^-$. En cambio, la hidrólisis de las sales férricas (Fe3+) implica una disminución del pH del agua. Ver además: pH.

HIDROSTÁTICA: Presión ejercida por el peso de una columna de agua. En geología, ello implica que no hay interferencia del peso o del efecto confinante de las rocas. Ver además: suprahidrostática y piezométrica.

HIDROTERMAL: Se denomina solución hidrotermal a aquella constituida por agua caliente de cualquier origen (hipógeno o supergénico) que se mueve a través de los poros interconectados o de las fracturas de las rocas. Las soluciones hidrotermales desempeñan un papel principal en la formación de la mayoría de los yacimientos minerales metálicos.

HIPÓGENO: Proveniente de la profundidad. Por ejemplo, una solución hidrotermal producto de la cristalización de un magma emplazado a algunos kilómetros bajo la superficie. Ver además: supergénico.

HIPÓTESIS: Es una explicación provisional para dar cuenta de un efecto observado, de una regularidad o de una desviación de ella. En las ciencias naturales se acostumbra a formular más de una hipótesis y luego a deducir las consecuencias adicionales que se derivarían de cada una de ellas, de manera de seleccionar la que mejor se adecúa a las observaciones y a los resultados experimentales obtenidos.

HORIZONTES (de un suelo): La observación de la sección vertical de un suelo muestra una serie de horizontes o niveles formados en el curso de su desarrollo y cuyas características dependen de las condiciones climáticas, la topografía, el material parental y la edad del mismo. Estos horizontes son el producto de reacciones químicas (lixiviación, precipitación) y de procesos biológicos y bioquímicos. En su formación, la cuantía de las precipitaciones (lluvia) juega un papel principal. Por eso, los perfiles de suelos fósiles (paleosuelos) se utilizan para estudios paleoclimáticos. Un suelo típico formado en condiciones de clima templado lluvioso incluye un horizonte superior de lixiviación química y acumulación de materia orgánica (A), uno intermedio de acumulación de arcillas y óxidos de Fe y Al (B) y uno inferior (C) constituido por roca meteorizada.

HORST: Término alemán de amplio uso. En castellano corresponde a pilar. Es un bloque tectónico elevado con respecto a otros hundidos por efecto de la acción de grandes fallas normales. Ejemplo de horst son las Cordilleras de la Costa y de Domeyko. También lo es la de los Andes, aunque normalmente el término se usa para estructuras menores. Ver además: graben.

HUNDIMIENTO (DESLIZAMIENTO) ROTACIONAL: Es un movimiento de remoción en masa desarrollado a lo largo de un plano curvo (en forma de cuchara) que genera un efecto de rotación en su extremo inferior. Normalmente incluye varios planos de deslizamiento sub-paralelos. Es característico de materiales sedimentarios poco cohesionados, de suelos profundos o de rocas muy meteorizadas o fracturadas, donde no hay planos definidos (p. ej., fallas o planos de estratificación) que controlen el deslizamiento.

I

IGNIMBRITA: Roca volcánica piroclástica producto de una nube ardiente. Es notable la presencia de fenocristales perfectamente formados (euhedrales) de biotita y cuarzo, cuya orientación indica la dirección de flujo. La formación de ignimbritas se asocia a la formación de grandes calderas volcánicas (de decenas de kilómetros de diámetro). El volcanismo del Terciario superior del norte de Chile, oeste de Bolivia y sur de Perú generó importantes acumulaciones de ignimbritas. En España se pueden observar magníficos ejemplos en Rodalquilar (Almería).

INCOMPETENTE: Se califica así al comportamiento dúctil de una roca, vale decir, a su tendencia a deformarse plásticamente debido a los esfuerzos aplicados. Una roca incompetente tiene un intervalo amplio de deformación no elástica (es decir, no recuperativa ni conforme a la Ley de Hooke) antes de llegar a la ruptura. El comportamiento (competente o incompetente) de las rocas depende tanto de su naturaleza litológica original como de su posterior alteración, así como de las condiciones de presión confinante y temperatura durante el proceso de deformación. También es muy importante la gradualidad con la que es aplicado el esfuerzo deformativo (una presión aplicada violentamente tiende a producir mayor fracturación). En general, las rocas sedimentarias de grano fino y las calizas tienden a presentar comportamiento incompetente.

INFILTRACIÓN: Paso del agua desde la superficie, o desde un cuerpo de agua natural o artificial, hacia el interior de suelos, sedimentos o cuerpos de roca, a través de poros, vesículas o fracturas interconectadas.

INTRUSIVO: El término se usa normalmente para cuerpos ígneos emplazados en cualquier tipo de roca. Dicho emplazamiento puede ocurrir por relleno de fracturas (diques), intrusión forzada (tipo "diapírica", algunos macizos), levantando estratos superiores (lacolitos), o por hundimiento y asimilación de las rocas preexistentes (batolitos andinos).

ION: Átomo o molécula que posee carga eléctrica. La forma iónica es una de las tres bajo las cuales se encuentra materia disuelta en el agua: iónica, molecular y coloidal. Los iones pueden ser simples (p.ej: Na+) o complejos (SO42-).

ISOCLINAL: Pliegue cuyos flancos presentan igual inclinación.

ISOSTASIA: Las cadenas de montañas deben su altura a dos factores principales. Uno es la compresión lateral ejercida por la convergencia de placas tectónicas, vale decir, un factor dinámico. El otro está dado por diferencias de densidad entre el orógeno (cadena montañosa) y el material litosférico sobre el que se emplaza. Así el orógeno en cierto modo "flota", al igual que lo hace un cubo de hielo, que sobresale sobre la superficie del agua. Este segundo factor es el isostático.

ISÓTOPOS: Cuando átomos del mismo elemento químico presentan diferente masa, se les denomina isótopos. Por ejemplo, el oxígeno presenta dos isótopos de masa 16 y 18 respectivamente (16O y 18O). Puesto que la naturaleza de un átomo está definida por el número de protones (partículas de masa = 1, la diferencia entre dos isótopos de un elemento se debe a su distinto número de neutrones (partículas de masa = 1). Así, el oxígeno 16 tiene 8 protones y 8 neutrones, mientras el oxígeno 18 cuenta con 8 protones, pero con 10 neutrones. Los isótopos pueden ser estables o radioactivos.

ISÓTOPOS ESTABLES: Como su nombre lo indica, sus núcleos son estables y no sufren efectos de desintegración radioactiva.Dos isótopos estables del mismo elemento poseen propiedades químicas idénticas, pero ligeras diferencias físico-químicas y respecto a procesos bioquímicos debido a su distinta masa. Dichas diferencias tienen importantes aplicaciones científicas y técnicas (por ejemplo, en la determinación de paleo-temperaturas, en la del origen inorgánico o bioquímico de sulfuros, etc.).

ISÓTOPOS RADIOACTIVOS: En este caso el núcleo del isótopo es inestable y se desintegra a una velocidad constante, conforme a la ecuación $dA/dt = -kA$, siendo A la cantidad del isótopo presente. Si se integra la ecuación entre A y A/2 el tiempo el Δt resultante se denomina vida media del isótopo. Mientras más corta sea ella, mayor su actividad y peligrosidad. La desintegración ocurre a través de la emisión por el núcleo de partículas alfa (constituidas por 2 protones y 2 neutrones), partículas beta (electrones derivados de la conversión de un neutrón del núcleo en un protón + un electrón) y radiación gamma (de carácter electromagnético, con elevada frecuencia y energía y por lo tanto, muy penetrante y letal).

K

KARST: Formas topográficas constituidas por depresiones originadas durante la disolución de rocas carbonatadas por las aguas meteóricas. La disolución subterránea hace que se produzcan hundimientos superficiales. Las depresiones, denominadas dolinas, pueden actuar como sumideros para las aguas superficiales, así como formar pequeños lagos. En zonas de karst, el drenaje superficial es progresivamente suplantado por verdaderos ríos subterráneos,

L

LACOLITO: Cuerpo de roca ígnea intrusiva, subvolcánico y concordante, cuyo emplazamiento implica una presión que pliega en forma anticlinallos estratos superiores. Esto da al lacolito la forma de una "seta".

LAHAR: Flujo de barro caliente, producto de la caída de ceniza volcánica sobre la nieve del volcán. Ver además: colada.

LAURASIA: Supercontinente derivado de la parte norte de Pangea y constituido por Norte América y Eurasia. Ver además: Gondwana

LEY: Una ley natural describe una regularidad, vale decir, la manera constante en que se produce un fenómeno bajo condiciones determinadas. Las leyes describen, no explican. Generalmente están asociadas a expresiones matemáticas (p. ej., Ley de Hooke, Ley de los Gases, etc.).

LICUEFACCIÓN: Proceso brusco de transformación de un sedimento, suelo o desecho sólido estable en un fluido. Puede ser causado por una vibración violenta, como un sismo. En tal caso está asociado al fenómeno de la tixotropía, que implica que el agua que desempeña funciones aglomerantes en las partículas de arcilla (fuerzas de van der Waals) se desprenda y actúe como una fase licuante. El material afectado pierde la capacidad de sustentar estructuras (casas, edificios, etc.) y puede comportarse como una corriente de barro. En el sismo de Chile central de 1965, la licuefacción de los depósitos de relaves (= balsas) del yacimiento de El Soldado causó la muerte de más de 400 personas en el cercano pueblo de El Cobre.

LÍSTRICAS: Se denomina así a fallas normales que se curvan, y cuya inclinación disminuye progresivamente en profundidad, hasta que su plano llega a ser casi horizontal. Se forman en condiciones fuertemente extensionales, como las de la región Basin and Range del Oeste de Norte América. Su forma tiene cierta similitud con el plano de deslizamiento de los hundimientos rotacionales. Las fallas lístricas alcanzan gran magnitud.

LITIFICACIÓN: Proceso de conversión de un sedimento en una roca. En la litificación actúan procesos como la compactación gravitacional y la cementación química por materiales como CaCO3, SiO2, etc. La litificación ocurre durante la diagénesis de los sedimentos, vale decir, en el curso de su evolución físico-química post-depositacional.

LITOSFERA: Capas externas de la Tierra, constituidas por manto litosférico y corteza. Si se trata de corteza continental, se denomina litosfera continental. Si se trata de corteza oceánica, litosfera oceánica. El conjunto de corteza y manto litosférico que constituye las placas tectónicas se caracteriza por su mayor rigidez respecto al manto astenosférico situado bajo ellas.

LITOSTÁTICA: Presión ejercida por la columna de rocas a una determinada profundidad bajo la superficie terrestre. Generalmente se expresa en megapascales (MPa), vale decir, en millones de Pascales (1 Pa = 1 Newton/m2).

LIXIVIACIÓN: "Lavado" de los componentes más solubles de una roca, sedimento o suelo, producida por el efecto de soluciones de origen supergénico o hipógeno.

LOESS: Sedimento de origen eólico constituido por limo que presenta muy buena consistencia (su erosión da lugar a taludes subverticales).

M

MACIZO ROCOSO: Se trata de un concepto instrumental, de mucha importancia en geomecánica y geotecnia. Conforme a este enfoque, el cuerpo de roca es analizado en términos de su comportamiento físico y de su reacción respecto a las intervenciones de la ingeniería. Naturalmente, ello es función de su litología y sus rasgos estructurales, así como de la presencia de fluidos en su interior. Es importante completar su estudio con determinaciones geomecánicas in situ y en laboratorio, así como con métodos geofísicos e hidrogeológicos.

MAGMA: Cuerpo de roca fundida en el interior de la Tierra, constituido por silicatos en distinto grado de fluidez (entre líquido y semisólido), cristales y gases disueltos. Cuando un magma sale a la superficie de la Tierra pierde sus constituyentes gaseosos. Por eso deja de ser denominado como tal.

MANANTIAL: Fuente de agua, que aflora cuando el nivel freático intersecta la superficie de la Tierra. También se lo denomina fuente (en inglés: spring). Los manantiales pueden tener mucha importancia como fuentes de aguas minerales.

MANTEO (término usado en Chile; ver también buzamiento: España): Parámetro expresado en grados, normalmente sexagesimales, que define, junto con el rumbo (= dirección, en España), la disposición de un plano geológico. El manteo indica el ángulo formado por el plano geológico respecto a un plano horizontal. Ese ángulo debe ser medido perpendicularmente al rumbo (= dirección) y es necesario indicar su sentido. Por ejemplo, si la dirección es N-S, el manteo debe ser hacia el E o hacia el W. El manteo se indica a continuación del rumbo, por ejemplo: N30°W / 60°SW;N5°E/ 40° W; etc.

MANTO: Capa de la Tierra situada entre el núcleo externo y la corteza. Tiene unos 2.885 km de espesor. Se divide en manto astenosférico y manto litosférico (ver astenosfera y litosfera). El manto, al igual que la corteza, está constituido por silicatos, entre los que predominan olivino, piroxeno y granate.

MAPA GEOLÓGICO: Representación en planta (vale decir, en proyección vertical)de la geología de un área o territorio. Los mapas geológicos entregan información litológica, estratigráfica y estructural. Su escala puede variar de una muy detallada (1:500 o 1:1.000) de parte de un área mineralizada o de la superficie de emplazamiento de una obra de ingeniería, hasta una escala tan pequeña como 1: 20.000.000 (mapa geológico mundial). Los mapas geológicos regionales se elaboran a una escala de 1:50.000 – 1:100.000. Los mapas geológicos de Chile y España están elaborados a la escala 1:1.000.000.En Chile, los mapas geológicos son elaborados por SERNAGEOMIN, (Servicio de Geología y Minería del Estado) y en España por el Instituto Geológico y Minero (IGME). También los Departamentos de Geología de las Universidades elaboran mapas geológicos, en parte como producto de las memorias de título de los geólogos (= tesinas, proyecto de fin de carrera). Los mapas geológicos de escala 1:500.000 o más detallada presentan curvas topográficas de nivel, no así los de escala menor.

MAREMOTO (TSUNAMI): Efecto sobre las costas de continentes e islas producido por olas de gran longitud de onda, generadas por:

- Desplazamientos verticales del fondo oceánico asociados a sismos de magnitud 7 o superior.
- Fenómenos volcánicos violentos en el océano.
- Grandes desprendimientos de sedimentos y rocas que perturban las aguas.

El efecto de los maremotos de origen sísmico es imperceptible en el océano abierto (la altura de la ola es de 1 m o menos). Sin embargo, cuando interactúa con el fondo rocoso costero, su rompiente puede alcanzar 5, 20 o más metros. Un problema adicional es la gran velocidad de la ola (cientos de km/h) lo que hace muy pequeño el tiempo de aviso respecto a maremotos de origen cercano. En japonés se denomina tsunami, término de uso internacional.

MARGEN CONTINENTAL: Es la zona que separa los fondos oceánicos profundos de la prolongación del continente cubierta por las aguas: plataforma continental. Chile posee una plataforma continental estrecha. En cambio, es muy amplia en el caso de Argentina. La plataforma continental es un sitio interesante en la exploración de yacimientos de petróleo.

MÁRGENES DE PLACAS: El término se refiere al límite entre placas tectónicas. Pueden ser de tipo divergente (dorsales oceánicas o rifts), convergentes con subducción (tipo andino o de arcos de islas), convergentes sin subducción (como el que separa las placas continentales de India y Asia) y transformantes (movimientos tangenciales a lo largo de fallas de transformación).

MASH: Procesos en una zona profunda que involucran niveles del manto y la corteza inferior, en los que se produce la fusión, asimilación y homogenización de materiales de ambos niveles, con participación de aportes provenientes de la placa oceánica subductada. Los magmas generados en esta zona ascienden hacia los niveles corticales superiores, experimentando mayor o menor grado de diferenciación y asimilación en su trayecto.

MATRIZ: Es el material de grano fino en una roca sedimentaria que llena los espacios entre los clastos mayores. Desempeña un papel intermediario entre el cemento y los clastos mayores contribuyendo así a la consistencia de la roca. En las rocas ígneas porfíricas o similares, corresponde al material afanítico o microcristalino en el cual se encuentran los cristales mayores.

MEANDRO: Curva en forma de arco o lazo descrita por un cauce fluvial. El meandro se origina en una pequeña desviación del curso y se va haciendo progresivamente más pronunciado por efecto de la fuerza centrífuga, que genera mayor erosión en la rivera externa de la corriente. La forma de los meandros va cambiando continuamente y cuando llega a ser muy pronunciada, el río lo corta y abandona. Sin embargo, si el bloque tectónico inicia un ascenso, el río puede erosionar verticalmente, manteniendo y "fijando" la forma del meandro, que pasa a quedar "encajado" en la roca (en inglés:entrenched meander).

METAMORFISMO: Modificación profunda de los rasgos mineralógicos y estructurales de una roca debido al efecto de elevadas temperaturas y presiones. Se reconoce un metamorfismo regional prograda, generado por una elevación sistemática de la temperatura y presión, que afecta fuertemente la mineralogía y estructura de las rocas. Este metamorfismo se origina durante los grandes procesos orogénicos. También existe el metamorfismo de contacto, de carácter térmico, generado por contacto con cuerpos magmáticos intrusivos, cuyos efectos son especialmente mineralógicos. Finalmente, hay un metamorfismo de bajo grado, cuyos efectos son similares a los de la alteración hidrotermal propilítica.

METEORITO: Fragmento de origen extraterrestre que alcanza la superficie de la Tierra. Según su composición mineralógica se clasifican en condritos (formados principalmente por silicatos), sideritos (hierro, con algo de níquel y azufre) y litosideritos, de composición intermedia (silicatos y fase de hierro). Aunque su origen en variado, provienen principalmente del llamado "Cinturón de Asteroides", situado entre las órbitas de Marte y Júpiter.

METEORIZACIÓN: Proceso de alteración y destrucción in situ de las rocas, producto de los agentes atmosféricos (agua, aire, cambios de temperatura) y biológicos (efectos físicos, químicos y bioquímicos de vegetales, hongos, microorganismos y animales). La meteorización produce la fragmentación de la roca, así como cambios químicos y mineralógicos. En términos termodinámicos, constituye una aproximación a un estado de equilibrio respecto a las condiciones de presión, temperatura y composición química en que se encuentra la roca en la superficie de la Tierra. El producto "final" de la meteorización es el desarrollo de un suelo. En general, se distingue entre meteorización química, física y biológica, cuya importancia relativa es función del clima, de la altura y topografía, y de la cubierta vegetal.

MILONITA: Ver cataclasita.

MINERAL: Cuerpo sólido, de origen natural y composición química definida. Posee una estructura cristalina ordenada, que puede expresarse en formas geométricas externas.

MODELO: Es una representación idealizada y simplificada de la realidad que se utiliza para explicar un fenómeno físico o para caracterizar los rasgos comunes de un conjunto de objetos naturales. Por ejemplo, modelo del interior de la Tierra, modelo del ascenso de cuerpos magmáticos en la corteza, modelo de yacimientos cupríferos de tipo porfírico, etc. Los modelos acompañan y completan la elaboración de hipótesis. Pueden ser de carácter conceptual y utilizar ecuaciones (generalmente diferenciales) en la descripción de sus distintos componentes, o bien ser de carácter empírico (descriptivos, más que interpretativos).

MORRENA: Depósito constituido por fragmentos de rocas arrancadas por la erosión glaciar, que puede incluir desde material molido (till) hasta bloques de mediano o gran tamaño. Según su posición respecto al glaciar, se clasifican en morrenas frontales, laterales y centrales.

N

NIVEL FREÁTICO: Es aquel nivel debajo del cual todos los espacios interconectados de una roca o sedimento están saturados de agua. Sobre el nivel freático se encuentra la zona vadosa, donde el agua se encuentra "de paso" en su desplazamiento hacia el nivel freático.

NUBE ARDIENTE: Masa constituida por fragmentos y cristales incandescentes expulsados por una estructura volcánica, en la cual gases a elevada temperatura mantienen dichos fragmentos en suspensión aérea, mientras la masa se desliza a gran velocidad siguiendo la pendiente topográfica. Ver además: ignimbrita.

NÚCLEO: Es la parte central, esférica, de la Tierra. Su comportamiento respecto a la transmisión de las ondas sísmicas longitudinales y transversales permite distinguir un núcleo interno, de unos 1216 km de radio y un núcleo externo, de 2270 km de espesor. El núcleo externo carece de suficiente rigidez para transmitir las ondas sísmicas transversales (S). Se atribuye al núcleo interno una composición similar a la de los sideritos, mientras la del núcleo externo puede ser parecida a la de los litosideritos. Ver además: meteoritos.

O

ONDAS SÍSMICAS: Los fenómenos sísmicos generan dos tipos de ondas mecánicas: de carácter longitudinal (ondas P) y de carácter transversal (ondas S). Las ondas P tienen mayor velocidad que las S y se transmiten en todo tipo de medios. Las ondas S sólo lo hacen en medios rígidos.

ORÓGENO: Se denomina así a una cadena de montañas producto de esfuerzos compresivos en una faja de inestabilidad tectónica (p.ej. Alpes, Andes, Himalayas, Pirineos). El proceso complejo que da lugar a la formación de esa cadena se denomina orogénesis. Actualmente, los procesos orogénicos son interpretados en términos de la teoría de la tectónica de placas. La mayor o menor generación de magmatismo distingue a los orógenos. Por ejemplo, el magmatismo desempeña un papel muy importante en el orógeno andino, pero no en el de los Himalayas. Ver además: isostasia.

OXIDACIÓN: Se entiende por oxidación de un elemento químico la cesión de uno o más electrones a otro elemento (el cual se "reduce"). El oxígeno desempeña un papel principal en los procesos de oxidación en la atmósfera y la hidrósfera, y uno importante (aunque más complejo) en los de diferenciación magmática (p.ej., series "oxidadas" con magnetita y series "reducidas"con ilmenita).

P

PALEOGEOGRAFÍA: Se denomina así a la reconstrucción de antiguas geografías, p.ej., la del actual territorio de Chile hace 110 Ma, basándose en las evidencias geológicas. Así, la presencia de una faja N-S de rocas sedimentarias con fósiles marinos en contacto al oeste con rocas volcánicas, se interpreta como la presencia de un mar interior, que limitaba al oeste con una cadena de islas volcánicas y al este con el cratón continental.

PALEOMAGNETISMO: Cuando un cuerpo de lava cristaliza, los dominios magnéticos de sus minerales ferromagnesianos y en especial los de la magnetita, se estructuran conforme a la dirección (aproximadamente N-S) del campo magnético terrestre. En consecuencia, si se encuentra un bloque geológico cuyas lavas datadas, p.ej., en 40 Ma presentan una alineación magnética N 60° E, podemos deducir que ese bloque rotó unos 60° en el sentido de las agujas del reloj. Por otra parte, el campo magnético terrestre ha experimentado múltiples inversiones de su polaridad (registradas en la respectiva columna estratigráfica) que han sido esenciales para el entendimiento de la expansión de los fondos oceánicos, y por lo tanto en el desarrollo de la teoría de la tectónica de placas.

PALEONTOLOGÍA: Ciencia basada en el estudio e interpretación de los restos fósiles contenidos en la columna estratigráfica. Es una ciencia intermedia entre la Biología y la Geología y tiene su base conceptual en la Teoría de la Evolución. Por otra parte, posee importantes aplicaciones prácticas, en especial conectadas con la exploración de yacimientos de combustibles fósiles, en particular del petróleo.

PANGEA: Ver Gondwana.

PEDIMENTO: Superficie suavemente inclinada de roca erosionada cubierta por una capa delgada de material clástico, que bordea la base de los cerros o montañas en regiones áridas. A medida que progresa el proceso erosivo, el pedimento se extiende en dirección a la montaña, hasta que se completa su erosión.

PEGMATITA: Roca ígnea constituida por grandes cristales de minerales de cristalización tardía (eutéctico ternario): cuarzo, micas, feldespato K y de Na y otros minerales secundarios (turmalina, topacio, etc.). Las pegmatitas se forman a partir de fluidos residuales de la cristalización y se sitúan en una posición intermedia entre los magmas normales, los fluidos neumatolíticos y las soluciones hidrotermales.

PENIPLANICIE (PENILLANURA): Conforme al ciclo geomorfológico idealizado de W.M. Davis, representa el estado final de la erosión de un relieve montañoso, correspondiente a una planicie ondulada, en equilibrio con el nivel de base contemporáneo.

PERFIL DE SUELOS: Ver Horizontes (de un Suelo).

PERFIL LONGIDUTINAL (de un río): Es la sección representativa de un cauce fluvial, desde la cabecera a la desembocadura de un río. Se dice que está en equilibrio (corriente gradada) cuando tiene la pendiente adecuada para que en cada tramo el río transporte su carga (sin erosionar ni depositar significativamente). Ese perfil implica una mayor inclinación en su primer tramo, la que disminuye en su parte media y se hace suave cerca de la desembocadura. Ríos como el Elqui (Chile) tienen un perfil longitudinal notablemente inclinado.

PERIDOTITAS: Rocas ígneas ultramáficas compuestas por olivino y piroxenos. Se infiere que el manto superior tiene composición peridotítica (además de contener granate).

PERÍODO: Es el tercer nivel de división geológico-histórica. Por ejemplo, la Era Mesozoica comprende los Períodos Triásico, Jurásico y Cretácico.

PERMAFROST: Suelo permanentemente congelado. Su presencia es importante en regiones circumpolares de Norte América, Europa y Asia. Su progresiva fusión, debida al calentamiento global, implicaría serios problemas geotécnicos respecto a la estabilidad de las obras de ingeniería (caminos, vías férreas, edificaciones) fundadas sobre ellos.

PERMEABILIDAD: Es la medida de la capacidad de un material para permitir el paso de un fluido (p.ej., agua a través de rocas, sedimentos o suelos). La permeabilidad puede ser primaria (p.ej., poros interconectados en una roca clástica) o secundaria (producto de la fracturación o de procesos de disolución de una roca).

PETRÓLEO: Mezcla líquida de hidrocarburos con gases disueltos, producto de la evolución de la materia orgánica contenida en rocas sedimentarias de grano fino, generalmente marinas, durante la diagénesis de éstas. Ver además: roca almacenadora y roca madre.

PIEZOMÉTRICO: Se denomina nivel piezométrico al nivel que debería alcanzar un acuífero confinado entre estratos impermeables, considerando la presión a la que se encuentra el agua subterránea. En el caso de un acuífero libre (vale decir, no confinado) corresponde al nivel freático efectivo que presenta el acuífero. Ver además: acuífero.

PILAR: Ver horst.

PIROCLÁSTICA: Roca cuyos clastos corresponden a material expulsado en forma de fragmentos por un volcán (cenizas, lapilli, bombas volcánicas). El nombre deriva de piro: fuego y de clasto: fragmento de roca.

PLACA LITOSFÉRICA: Unidad rígida de la litosfera, constituida por manto litosférico (vale decir, más rígido) y por corteza oceánica o continental. Hay placas oceánicas puras (como la Placa de Nazca que subducta bajo los Andes centrales). En cambio, todas las actuales placas continentales incluyen también una importante componente oceánica. Las placas litosféricas se mueven individualmente conforme a la disposición de las corrientes de convección que actúan en el manto astenosférico. Las placas oceánicas se forman en las dorsales oceánicas y se destruyen en las zonas de subducción. Las placas continentales son más estables, aunque están sujetas a fragmentación por el efecto de las corrientes de convección o grandes plumas mantélicas, así como a permanentes reestructuraciones.

PLANETA: Cuerpo astronómico que posee una dimensión importante (unos 1000 o más kilómetros de radio), así como forma esférica, y que orbita en torno a una estrella. Por su fuerza gravitacional, el planeta "limpia" de asteroides los alrededores de su órbita. Se distingue entre planetas terrestres, como la Tierra, Mercurio, Venus y Marte, cuya densidad es mayor de 3.0 y planetas jovianos, como Júpiter, Saturno, Urano y Neptuno, que tienen densidades menores de 2.0. Recientemente (2008) se logró obtener imágenes de planetas situados en otro sistema solar.

PLANO DE CONTACTO: Superficie que separa dos unidades geológicas. Los contactos pueden ser de tipo deposicional (concordantes o discordantes), intrusivos, por falla, etc. Ver además: plano geológico.

PLANO DE FALLA: Ver falla geológica.

PLANO DE INUNDACION: Aquel plano sobre el cual discurre un río y que puede ser inundado periódicamente por su corriente. Las terrazas fluviales corresponden a antiguos planos de inundación, parcialmente erosionados por el río al producirse un cambio en el nivel de base de erosión (un ascenso de bloques o un descenso del nivel del mar).

PLANO GEOLÓGICO: Este término tiene dos acepciones. Una es la de sinónimo de mapa geológico. La otra es la de un plano que separa dos unidades geológicas. En el segundo caso, dicho plano puede implicar una separación física de dichas unidades, como en el caso de un plano de falla o de estratificación. Los planos geológicos pueden ser rectos o curvos. Su orientación se define por su dirección (= rumbo) y buzamiento (= manteo), que permanecen aproximadamente constantes si el plano es recto y continuo.

PLATAFORMA DE ABRASIÓN: Plataforma que se desarrolla donde la fuerza erosiva del mar ataca el acantilado de la costa. A medida que la erosión avanza, va quedando una plataforma rocosa horizontal que a su vez recibe sedimentos provenientes del mismo proceso erosivo. Si se produce un ascenso del bloque continental o un descenso del nivel del mar (por efecto de una glaciación global), la plataforma se convierte en una terraza marina (como aquellas sobre las cuales se levanta la ciudad de La Serena; Chile).

PLIEGUE: Estructura formada por capas geológicas deformadas en forma de arco, siguiendo la forma que representa una onda mecánica. Se producen por el efecto de presiones laterales sobre capas geológicas que se comportan de manera plástica. La parte estructuralmente positiva del pliegue (en arco) se denomina anticlinal y la negativa sinclinal.

PLUTÓN: Cuerpo ígneo formado en profundidad (a varios kilómetros bajo la superficie terrestre). Los plutones afloran por efecto del ascenso y erosión de los bloques tectónicos en los que están emplazados.

POLARIDAD MAGNÉTICA: Ver paleomagnetismo.

PORFÍRICA: Textura de las rocas ígneas caracterizada por la presencia de cristales bien desarrollados (varios mm a varios cm) en una masa afanítica o microcristalina. Se produce cuando el magma que ha iniciado su proceso de cristalización (cristales mayores) comienza un enfriamiento más o menos brusco. Es típica de rocas volcánicas o sub-volcánicas. Es muy frecuente en las rocas andesítico-basálticas de edad cretácica de Chile (ocoítas).

POROSIDAD: Relación entre el volumen de poros y el volumen total de una roca, sedimento o suelo. Si los poros están interconectados, la mayor porosidad implica también mayor permeabilidad del material. Ver además: permeabilidad.

PRISMA DE ACRECIÓN: Se forman cuando la placa oceánica presenta una cubierta importante de sedimentos y subducta bajo un continente en condiciones compresivas que impiden que esos sedimentos desciendan en conjunto con la placa. Se forma así una masa de sedimentos en forma de cuña, que se acreciona a la masa continental. Los prismas de acreción pueden originar las grandes estructuras positivas denominadas "antearco" (en inglés: forearc).

PROCESO: El concepto de proceso involucra la consideración de las distintas fases sucesivas de un fenómeno natural o de una operación artificial. En el caso de los procesos geológicos, esto implica la consideración de las causas y contextos físicos, químicos y biológicos que intervienen en cada una de esas fases y en la evolución y resultado de los fenómenos geológicos. Ejemplos de procesos geológicos son la formación de una cadena de montañas, el desarrollo de una caldera volcánica, la meteorización de un macizo rocoso, etc.

PULL-APART: Cuencas estructurales "descomprimidas" por efecto de la intersección y desplazamiento de fallas de desgarre (= rumbo), cuya geometría da lugar a condiciones locales extensionales y por lo tanto, subsidencia. La presencia de estas condiciones estructurales facilita también el emplazamiento de cuerpos ígneos intrusivos.

PUNTO CALIENTE (hot spot): Es el producto de una columna térmica ascendente originada en el manto astenosférico inferior, que determina la generación de volcanismo en un punto fijo de una placa oceánica o continental. Al desplazarse la placa oceánica, los hot spots dan lugar a la formación de alineamientos de islas volcánicas, como los de Tahiti y Hawaii (Océano Pacífico). Importantes hot spots continentales son los del Macizo Central de Francia y de Yellowstone, en Norte América.

R

RECICLAJE: EL término alude al hecho de que determinado elemento químico no alcanza a completar un ciclo geológico, sino que reingresa en él después de haber completado sólo una o dos etapas del mismo. Por ejemplo, la mayor parte del Na+ y el Cl- de las aguas de los ríos no proviene de la meteorización de las rocas,sino que es transportada por los vientos desde los océanos hacia el interior de los continentes, retornando a los océanos en el agua de ríos. Ver además: ciclo.

RECURSO MINERAL: Todo depósito natural de origen geológico susceptible de ser explotado con provecho si se dan condiciones favorables para ello. En general, no se renuevan a una "escala humana", aunque hay excepciones, como los depósitos aluviales de oro. Sin embargo, la exploración minera permite renovar los stocks de reservas minerales a medida que su explotación los agota.

RED DE DRENAJE: Aquella red de ríos y sus afluentes que conducen las aguas de una cuenca hidrográfica.

RED DE SCHMIDT: Sistema gráficoque permite representar planos y ejes geológicos en una proyección ecuatorial equiareal, así como calcular la dirección e inclinación de sus intersecciones. Tiene importantes usos en geología estructural en conjunto con otros sistemas de proyección como la red de Wulf.

REFRACCIÓN: Cambio en la dirección de una onda cuando pasa de un medio a otro, en el cual se propaga a diferente velocidad. Este fenómeno se verifica tanto en ondas mecánicas (ondas sísmicas) como en ondas electromagnéticas (caso de la luz).

REGOLITO: Cubierta de fragmentos líticos de distinto tamaño que cubre una superficie rocosa. El regolito se desarrolla en las colinas y montañas de las zonas desérticas donde hay escaso o nulo desarrollo de suelos. También existe regolito sobre la superficie lunar y en la del planeta Marte.

REJUVENECIMIENTO: Reactivación de los procesos de erosión debida al alzamiento de bloques tectónicos o al descenso del nivel de base de erosión. Este fenómeno puede producirse por cambios eustáticos del nivel del mar debidos a glaciaciones de alcance mundial.

REMOCIÓN EN MASA: Fenómenos de desplazamiento de bloques de roca, masas de sedimento, suelos, etc. debidos al efecto gravitacional. Aunque el agua puede colaborar al proceso (aumentando el peso del mineral o alterando sus propiedades reológicas), no interviene en calidad de agente erosivo. Los fenómenos de remoción en masa se clasifican según ocurran a lo largo de planos rectos, planos curvos o en ausencia de planos (p. ej., desprendimiento de rocas). Su velocidad incluye un amplio rango de valores (desde milímetros a metros por segundo).

REOLOGÍA: Estudio físico del comportamiento de materiales que son capaces de fluir en relación a los esfuerzos a que están sometidos y su deformación subsecuente.

REPTACIÓN: Movimiento extremadamente lento, ladera abajo, de suelos o regolito. No se detecta a simple vista, excepto por la inclinación que presentan los árboles o los postes hincados en la ladera.

RESERVAS MINERALES: Cuerpos mineralizados susceptibles de ser explotados con provecho, cuya magnitud y leyes (o calidad) han sido medidas en detalle mediante una importante red de sondeos (= sondajes), galerías, etc.

RIFT: Valle o fosa alargada de origen tectónico, producto de una abertura de la corteza terrestre, causada a su vez por la instalación de una celda convectiva divergente a nivel astenosférico. Puede representar la primera etapa en el desarrollo de una nueva dorsal oceánica. Por ejemplo: el Rift Africano, situado en el NE de ese continente.

ROCA: Es un agregado consistente, endurecido, de minerales y/o fragmentos de otras rocas y/o restos de fósiles. Pueden tener su origen en la cristalización de un magma o de una colada volcánica, en la consolidación de piroclastos o en la litificación de sedimentos clásticos, biológicos o químicos. Las rocas pueden ser posteriormente modificadas por procesos metamórficos, de alteración hidrotermal o de meteorización.

ROCA ALMACENADORA (ALMACÉN): Se refiere a aquellas rocas que contienen acumulaciones de hidrocarburos, ya sea en sus poros o vesículas o en estructuras de permeabilidad secundaria como fracturas. Entre las rocas almacenadoras de petróleo destacan las areniscas de grano grueso pobres en material fino intersticial, como la Arenisca Springhill, que albergó parte principal del petróleo de Magallanes (Chile).

ROCA MADRE: El término se refiere a aquellas rocas que en su etapa de diagénesis dieron origen a fases fluidas ricas en hidrocarburos, cuya migración posterior produjo la acumulación de depósitos de petróleo y gas en las rocas almacenadoras. Rocas madres de especial interés son las lutitas negras, integradas por arcillas y limo ricos en materia orgánica, depositadas en ambientes marinos reductores de la plataforma continental. Ver además: margen continental.

ROOF PENDANT: Cuerpo de rocas estratificadas en parte metamorfizadas que se encuentra en una posición aislada, "colgante" sobre un cuerpo intrusivo mayor. El roof pendant corresponde a remanentes de las rocas del techo de la intrusión, que no alcanzaron a ser hundidas y asimiladas por ésta, y que quedaron como islas al producirse la erosión del bloque.

RUMBO: (= dirección): Parámetro expresado en grados, normalmente sexagesimales, que define, junto con el manteo (=buzamiento), la orientación de un plano geológico. El rumbo indica el ángulo formado por la línea de intersección entre un plano geológico y el plano horizontal y la línea N-S. Se puede medir de diferentes maneras, pero siempre con respecto al norte. Porejemplo, dirección N30°W, o expresada de otra manera, N150°.

S

SALINIDAD: Contenido de sales de un líquido (generalmente agua). La capacidad lixiviante del agua se incrementa con su mayor salinidad. Normalmente la salinidad del agua está constituida en su mayor parte por los cationes Na+, Mg2+, K+ y Ca2+ y los aniones Cl-, HCO3- y SO42-.

SALTACIÓN: Avance de clastos en una corriente fluvial que se produce mediante saltos de estos en el lecho del río. Corresponde a partículas cuyo peso no les permite ser transportadas en suspensión.

SEDIMENTO: Material no consolidado constituido por clastos (partículas), restos biológicos(p.ej., conchas) o precipitados químicos. Los sedimentos son producto de la erosión de las rocas. Cuando se depositan y consolidan, dan lugar a la formación de rocas sedimentarias, que pueden ser clásticas, químicas o biológicas.

SELECCIÓN: Un sedimento clástico cuyos fragmentos presentan un rango estrecho de tamaño se considera "bien seleccionado".

SERIE DE BOWEN: Serie que describe el orden en que cristalizan los minerales en un cuerpo de magma (suponiendo que su composición es la adecuada para formar todos los minerales que incluye la serie). El fundamento físico de la serie radica en que los diferentes minerales silicatados poseen distinta resistencia a la temperatura (producto de la diferente fuerza de sus uniones interatómicas). En consecuencia, cristalizan primero los más resistentes. A la inversa, si una roca es sometida a elevada temperatura, se funden primero los minerales menos resistentes, vale decir, los últimos de la serie. Eso sí, es necesario considerar, además, la influencia de la presencia de substancias fundentes (como el agua) que disminuyen el punto de fusión de los minerales, así como el efecto de las interacciones entre los distintos minerales. Se reconocen dos series, una continua formada por las plagioclasas (anortita → albita) y otra discontinua formada por ferromagnesianos (olivino → piroxeno → anfíbol → biotita). Los últimos minerales en cristalizar son el feldespato potásico (ortosa) y el cuarzo. Ver además: eutéctico.

SIDERITOS: Ver meteoritos.

SIGMOIDE: Plano de falla o veta en forma similar a una letra S alargada. Cuando la estructura se cierra, se habla de lazo sigmoide, con forma de sigma minúscula (σ). También se suele escribir cimoide, aunque no es la forma correcta.

SILL: Ver filón manto.

SINCLINAL: Ver pliegue.

SINESTRAL: Ver falla sinestral.

STOCK: Cuerpo intrusivo de magnitud y nivel de emplazamiento intermedio. Se emplazan a unos 2 a3 km bajo la superficie y generalmente se conectan en profundidad con cuerpos batolíticos (ver batolito). Su afloramiento puede alcanzar un radio del orden de unos 10 km (dependiendo del nivel de erosión).

SUBDUCCIÓN: Proceso de introducción de una placa litosférica oceánica bajo el manto litosférico continental (p.ej., Cadena Andina) o en el manto litosférico oceánico (arcos de islas). El ángulo del plano de subducción se asimila al de la zona sísmica (ver zona de Wadati – Benioff). Su inclinación es inversamente proporcional a la velocidad de convergencia de las placas. Sin embargo, influyen también en ella otros factores, como perturbaciones debidas a la topografía de la placa subductada, producto por ejemplo de la presencia de una cordillera volcánica submarina (p.ej., Dorsal de Juan Fernández; Chile).

SUBSIDENCIA: Proceso de hundimiento superficial o de un bloque geológico. En el primer caso, tiene su origen en la pérdida de apoyo vertical, ya sea por efecto de un proceso kárstico, de la depresión del nivel freático o de la presencia de excavaciones subterráneas. En el segundo caso se debe generalmente a la pérdida de compresión lateral, lo que afecta el comportamiento de las fallas presentes, favoreciendo desplazamientos de tipo extensional.

SUELO: Es el producto avanzado de la meteorización. Sus horizontes se estructuran verticalmente (de arriba hacia abajo). Cuando la erosión supera mucho en velocidad a la meteorización (p. ej., en cumbres montañosas, desiertos) el suelo puede ser casi inexistente. En cambio, alcanza espesores de decenas de metros y avanzado estado de lixiviación en las selvas tropicales (suelos lateríticos). Ver además: horizontes de un suelo.

SUPERGÉNICO (SUPÉRGENO): Proveniente de la superficie. Por ejemplo, cuando la meteorización causa la lixiviación del cobre de un yacimiento y forma un horizonte profundo en el que está más concentrado, se califica como un enriquecimiento supergénico. El término se contrapone a hipógeno (ver hipógeno).

SUPRAHIDROSTÁTICA: Presión a la que se encuentra sometida el agua subterránea a una determinada profundidad, cuando no hay una conexión libre con la superficie. Esa presión tiene un valor intermedio entre la presión hidrostática (dada por la columna de agua) y la litostática (dada por la columna de roca). Ver además: válvula activada.

T

TAQUILITA: Vidrio volcánico (ver vidrio). Se denomina seudotaquilita al material vítreo que se puede formar en una zona de falla debido al efecto de fricción violenta producida por el movimiento de bloques que puede llegar a fundir el material fino.

TECTÓNICA: Es el estudio de los procesos de deformación de la corteza terrestre que actúan a gran escala, como el desarrollo de cinturones orogénicos, fallas mayores, movimientos de placas litosféricas y sus consecuencias como el emplazamiento de cuerpos batolíticos.

TECTÓNICA DE PLACAS: Teoría geológica que explica el "funcionamiento" tectónico global de la Tierra, así como su historia geológica, sobre la base de la formación, desplazamiento y destrucción de placas rígidas. Estas placas, constituidas por litosfera (manto rígido) y corteza continental (placas continentales) u oceánica (placas oceánicas), se desplazan sobre un manto de menor rigidez (manto astenosférico).El movimiento de las placas se atribuye a las corrientes de convección que operan en el manto astenosférico, que movilizan materia y energía térmica entre el núcleo externo y el manto litosférico. Las placas oceánicas nacen en las dorsales oceánicas y se destruyen en las zonas de subducción. Esta teoría permite explicar la deriva continental y está sustentada en evidencias físicas, como las bandas de inversiones paleomagnéticas del fondo oceánico y la actividad sísmica en los bordes de placa. También se ha comprobado experimentalmente el desplazamiento de islas oceánicas y continentes mediante geodesia satelital (GPS). Por otra parte, la misma teoría permite explicar la generación de magmatismo en diversos ambientes tectónicos, así como la distribución mundial de los yacimientos minerales, y entrega una explicación consistente de la historia geológica de la Tierra. La tectónica de placas surgió en la década de los años 1960's y en su desarrollo fue esencial el estudio geofísico de los fondos oceánicos y su interpretación sobre la base del registro estratigráfico de las inversiones de polaridad del campo magnético terrestre, elaborado en años anteriores (el que permitió traducir la información paleomagnética binaria en términos de tiempo transcurrido).

TEORÍA: Es una explicación científica de rango mayor al de la hipótesis, aplicada a una parteimportante del campo de una ciencia. Puede incluir una serie de leyes (que son explicadas por la teoría) así como varias hipótesis sobre las que se apoya. Ejemplos: teoría de la evolución biológica; teoría de la tectónica de placas.

TEORÍA DE LA EVOLUCIÓN BIOLÓGICA: A fines del Siglo 18, los inicios del desarrollo de la geología, por una parte y la exposición de estratos fosilíferos debida a la construcción de caminos y posteriormente de vías de ferrocarril, dio lugar a la fundación de la paleontología como nueva ciencia. Puesto que los restos fósiles incluían muchas especies por completo diferentes a las actuales, y la explicación sobre la base de un diluvio universal se mostró insuficiente, surgió la idea de la evolución biológica. Esta idea plantea en principio que formas de vida muy simples fueron dando lugar a lo largo del tiempo a otras más complejas, y que muchas de ellas fueron desapareciendo a lo largo de la historia geológica. Inicialmente (E. Darwin, 1794; P. Lamarck, 1800) se propuso que dicha evolución era el producto de cambios experimentados por los individuos en su vida, que implicaban ventajas competitivas que luego transmitían a sus descendientes. Posteriormente. C. Darwin y R. Wallace plantearon (1858) que la evolución biológica está ligada a cambios aleatorios producidos en la gestación de nuevos individuos, los cuales son "retenidos" si implican ventajas respecto a las condiciones ambientales y de competencia o eliminados si implican desventajas. Esta es la forma actual de la teoría de la evolución, la cual recibió posteriormente un apoyo importante de parte de la ciencia de la genética, que estableció progresivamente los mecanismos que permiten las mutaciones y su retención (cromosomas, ADN, etc.).

TERRAZA: Es el remanente de un plano de erosión y depósito (p.ej., el plano de inundación de un río, una plataforma de abrasión marina, etc.), una vez que se ha producido un ascenso del bloque respectivo y su parcial erosión. Ver además: perfil longitudinal de un río.

TERRENO: Del inglés: terrane. En términos tectónicos, se llama así a un bloque de corteza, acrecionado y limitado por fallas, cuya historia geológica es distinta de la de otros bloques adyacentes. Un uso coloquial del término terreno (en Chile) es el de campo. Por ejemplo, una "salida al terreno", es una excursión geológica.

TEXTURA: Rasgos estructurales finos (a pequeña escala) de las rocas. Por ejemplo, el tamaño y relaciones geométricas de sus cristales.

TILL: Material de variada granulometría, producto de la erosión y molienda de rocas por efecto del desplazamiento de masas de hielo.

TOBA SOLDADA: Ver ignimbrita.

TRANCURRENTE: Ver falla transcurrente (desgarre).

TRANSPRESIÓN Y TRANSTENSIÓN: Ambos términos se refieren a situaciones generadas a lo largo de grandes fallas donde su curvatura induce condiciones locales de presión o tensión.

TSUNAMI: Ver maremoto.

U

UNIFORMITARISMO: Concepto formulado por J. Hutton y aceptado ampliamente gracias a su difusión por Charles Lyell, a principios del siglo XIX como base de la interpretación de la historia geológica. Según este principio los procesos que han actuado y conformado la Tierra a lo largo de su historia son esencialmente los mismos que lo hacen en la actualidad. Ello no implica, sin embargo, que su cuantía o intensidad haya sido siempre la misma. Equivale al término actualismo.

V

VÁLVULA ACTIVADA: Cuando hay cuerpos de agua subterránea separados por niveles impermeables, el cuerpo inferior puede estar sometido a una presión suprahidrostática, muy superior a la presión hidrostática existente en el cuerpo superior libre. Si el nivel impermeable se rompe (por efecto de la reactivación de una falla: sismo), el agua asciende violentamente debido a la diferencia de presiones existente.

VALLE COLGADO: Cuando glaciares menores alimentan un glaciar mayor el fondo de sus valles en forma de U está situado a una altura muy superior respecto al del valle principal. Si los hielos retroceden y esos valles quedan desprovistos de la masa de hielo, los valles menores quedan "colgados" (a un nivel más alto) respecto al valle mayor.

VESÍCULA: Espacio de forma esférica o elipsoidal en una roca. Puede formarse por restos de gases que quedan atapados al solidificarse una colada de lava o por efecto de procesos de disolución que afectan a una roca. Las vesículas pueden permanecer vacías o ser rellenadas por minerales precipitados desde soluciones (generalmente hidrotermales).

VIDRIO VOLCÁNICO: Material amorfo de origen volcánico en el que el enfriamiento fue tan brusco que los minerales no tuvieron tiempo para cristalizar. Por ejemplo: obsidiana.

VOLCÁN: Estructura en forma de cono o domo, producto de la extrusión de lava o de material piroclástico. Se clasifican en volcanes escudo (de gran diámetro respecto a su altura, constituidos por lavas fluidas de composición basáltica), estratovolcanes (integrados por estratos de lava y estratos piroclásticos alternados), hornitos (formados sólo por piroclastos), y domos (formados por lavas viscosas, ricas en sílice).

X

XENOLITO (GABARRO): Fragmento de roca de distinta composición presente en la masa de un cuerpo de roca intrusiva. Corresponden a restos no asimilados de rocas incorporadas durante el ascenso del magma. Si su composición (aunque no necesariamente su textura) es similar a la del intrusivo, se denominan autolitos.

Z

ZONA DE FALLA: Las grandes fallas geológicas no constan de un solo plano de falla bien definido, sino que corresponden a un volumen tabular denominado zona de falla, constituido por rocas muy fracturadas (ver cataclasita) y numerosos planos de fallas a través de los cuales se realizan los desplazamientos. Es común que las rocas de la zona de falla presenten alteración hidrotermal así como metamorfismo dinámico, con formación de cataclasitas en la zona superior y milonitas en la inferior.

ZONA DE SATURACIÓN: Término que en hidrogeología designa a la zona situada bajo el nivel freático del acuífero.

ZONA DE SUBDUCCIÓN: Ver tectónica de placas y zona de Wadati-Benioff.

ZONA DE WADATI–BENIOFF: Zona sísmica integrada por la parte superior de una placa litosférica en proceso de subducción y por la parte inferior del manto litosférico en contacto con ella. Permite inferir la posición e inclinación de la zona de subducción.

ZONA VADOSA: Término hidrogeológico que designa la zona comprendida entre la superficie del terreno y el nivel freático. Es una zona no saturada en agua y que contiene aire en los espacios libres, junto con agua que desciende hacia el nivel freático (o asciende por capilaridad). La zona de oxidación de los yacimientos metalíferos sulfurados se desarrolla en la zona vadosa.

ANEXO 3

Léxico de geología económica[1]

Jorge Oyarzún M., Geol. Dr. Sc.
Universidad de La Serena (Chile)

---

1. **Nota del autor:** La Geología Económica implica una especial complejidad por la amalgama de conceptos científicos, tecnológicos y económicos que ella implica. De ahí los diversos enfoques con que ha sido abordada, que van desde los estrictamente científicos: *ore petrology*o en español: **petrología de menas**, que considera las menas como un caso especial de rocas, hasta los de **geología económica** propiamente tal, pasando por el enfoque intermedio de **depósitos minerales**. Este léxico está orientado hacia el enfoque intermedio, vale decir, el entendimiento de los depósitos minerales como tales. Esto es, en términos de su naturaleza y origen, y de la aplicación de esa comprensión a su explotación, así como a la exploración de nuevas reservas y nuevos yacimientos. Por otra parte, está centrado en los **yacimientos metalíferos**. En este documento se presenta un léxico de términos fundamentales elaborado como material docente auxiliar para asignaturas de geología e ingeniería. Su redacción pretende ir más allá de las simples definiciones, incluyendo explicaciones básicas de cada término y su importancia y aplicaciones. (*Edición para Aula 2 puntonet: R. Oyarzun & P. Cubas*).

A

ACTINOLITA: Mineral del grupo de los anfíboles (= anfíbolas). Se forma en torno a los 450°C y es característico de algunos yacimientos hidrotermales, como los de Fe y de Fe-Cu-(Au) de la Cordillera de la Costa del norte de Chile y del sur del Perú. La actinolita puede dar lugar a fases asbestiformes que revisten especial peligrosidad para la salud humana.

ACTIVIDAD: Parámetro termodinámico que corresponde a la concentración "corregida" de una substancia. Se utiliza para incluir en los cálculos el efecto de otras substancias presentes en la solución, que pueden afectar las relaciones de equilibrio químico. La actividad (a) se expresa en términos de la concentración (c) multiplicada por el respectivo coeficiente.

ACUÍFERO: Cuerpo de aguas subterráneas, presentes en estructuras primarias (poros interconectados), secundarias (fracturas) o cavidades (karst) de las rocas o sedimentos. En el caso de acuíferos "libres", el acuífero está comprendido entre el nivel freático y una zona impermeable en profundidad. Las explotaciones mineras a cielo abierto y subterráneas interactúan con los acuíferos, lo cual implica problemas que deben resolverse durante su operación y que pueden complicar gravemente su futuro cierre (generación y transporte de drenaje ácido, etc.). Ver además nivel freático.

ADULARIA: Es un feldespato potásico ($KAlSi_3O_8$) de igual composición que la ortoclasa (= ortosa). Sin embargo, la adularia se forma por efecto de soluciones hidrotermales y es común en las asociaciones mineralógicas del ambiente epitermal (yacimientos epitermales del tipo sericita-adularia).

AGREGACIÓN DE VALOR: Toda actividad económica (fabril, comercial, extractiva, etc.) tiene por objeto la creación de valor, vale decir, el producto de la actividad debe tener un mayor valor que lo existente inicialmente más los costos que la actividad implica. En minería moderna, este concepto se ha extendido a todas las fases de la operación, siendo tarea de los geólogos e ingenieros maximizar la agregación de valor que implica su actividad específica. La más obvia y directa es el descubrimiento de nuevos depósitos económicos, donde las empresas obtienen las más altas rentabilidades. Al descubrimiento de un cuerpo mineralizado explotable le siguen actividades como la expansión de reservas y recursos, la información litológica y estructural que permite optimizar las labores mineras, el apoyo a las operaciones de beneficio metalúrgico a través de información geometalúrgica (mineralógica, litológica y estructural), la evaluación hidrogeológica del distrito, en términos de nuevas fuentes de agua, de riesgos geotécnicos asociados a cambios del nivel freático y de la posible dispersión de drenaje ácido por las aguas subterráneas. Igualmente, los geólogos pueden suministrar valiosa información para la preparación del futuro plan de cierre de las faenas mineras (= labores mineras), tarea que hoy se inicia desde la etapa de diseño de las operaciones.

ALCALINOS: Elementos químicos del Grupo 1A: Li, Na, K, Rb, Cs y Fr. Son elementos fuertemente reactivos, tanto con el oxígeno del aire como con el agua. Sus hidróxidos presentan una elevada disociación en agua y por lo tanto fuerte reacción básica o "alcalina". Na y K, y en menor concentración Rb, desempeñan un papel principal en los procesos de alteración hidrotermal.

ALBITIZACIÓN: Proceso de alteración hidrotermal que implica un reemplazo del contenido de calcio de la plagioclasa por sodio. Si ese reemplazo ocurre en presencia de Fe, la albita formada puede presentar un color rosado (que puede llevar a confundirla con ortoclasa = ortosa). También se ha encontrado (Distrito Punitaqui) una "albita negra", resultado de microinclusiones de magnetita. La albitización es un proceso importante de la alteración propilítica.

ALBITÓFIRO: Roca volcánica o subvolcánica que presenta un fuerte metasomatismo alcalino, que implica reemplazo del Ca original de la plagioclasa por Na y K (albitización). En Chile, existen cuerpos de este tipo en varios distritos cupríferos, como el de Punta del Cobre, al sur de Copiapó.

ALCALINO TÉRREOS: Elementos químicos del Grupo 2A, al que pertenecen Be, Mg, Ca, Sr, Ba y Ra.Su reactividad es menor que la de los elementos del Grupo 1A, pero de todas maneras considerable. Al igual que los elementos del Grupo 1, forma cloruros solubles, y las inclusiones fluidas salinas de los minerales (p.ej. cuarzo, calcita, y otros) pueden contener cloruros de Na, Ca y Mg.

ALINEAMIENTO: En inglés: *lineament*. Se denomina así a una faja estrecha y alargada de yacimientos metalíferos. Los alineamientos están controlados por grandes zonas de falla o líneas de contacto geológico. En Chile y en general en la Cadena Andina, los alineamientos facilitan mucho la exploración minera. Así, yacimientos como los pórfidos cupríferos, los depósitos ferríferos cretácicos y los yacimientos epitermales del norte de Chile, presentan notables alineamientos controlados por megazonas de falla como las de Atacama (Fe) y Domeyko (Cu-Mo).

ALTERACIÓN ARGÍLICA (en inglés: *argillic alteration*): Alteración hidrotermal, que destruye los feldespatos, dando lugar a la formación de caolinita y/o montmorillonita (según la mayor o menor intensidad del metasomatismo de H^+). En los pórfidos cupríferos se desarrolla en una etapa hidrotermal tardía y de menor temperatura, junto con el depósito de pirita. También se la denomina alteración argílica intermedia. Los minerales de arcilla se forman también por efecto de la acidez que genera la oxidación de los minerales sulfurados, en especial de la pirita.

ALTERACIÓN ARGÍLICA AVANZADA (en inglés: *advanced argillic alteration*): Es un tipo de alteración hidrotermal propio de niveles cercanos a la superficie o muy tardíos en la evolución de un pórfido cuprífero. Es propia de yacimientos epitermales de alta fugacidad de azufre y de oxígeno. Implica un elevado metasomatismo de H^+, que destruye completamente los feldespatos y la sericita, dando lugar a la formación de alunita (sulfato de Al y K), acompañada por caolinita y sílice. En Chile está presente en yacimientos epitermales cordilleranos, como Tambo, La Coipa y Pascua (Proyecto Pascua-Lama). En España aparece asociada a yacimientos epitermales como los de El Cinto (Rodalquilar). Esta alteración implica especiales riesgos de generación de drenaje ácido, dado que la roca pierde toda posibilidad de neutralizar la acidez (H^+) a través de la hidrólisis de sus silicatos. Genera un importante blanqueo (*bleaching*) de las rocas, lo que facilita la exploración de los depósitos en los que está presente. La alteración argílica avanzada debilita mucho los macizos rocosos, lo cual puede dificultar su explotación, y en algunos casos dificulta las labores de sondeo (= sondajes).

ALTERACIÓN CALCO-SÓDICA: Es la alteración hidrotermal característica de los yacimientos ferríferos del tipo Kiruna o *Volcanic Hosted Magnetite*. Incluye una fuerte albitización de las rocas presentes en los niveles basales del sistema (muy bien expuesta en el distrito de Great Bear Lake, Canadá), así como clinopiroxeno alterado a actinolita, clorita, escapolita y epidota. En los yacimientos del norte de Chile, el depósito de la magnetita fue acompañado por el de actinolita y apatito (= apatita), a unos 500º-450ºC de temperatura.

ALTERACIÓN FÍLICA (en inglés: *phyllic alteration*): También se denomina alteración cuarzo-sericítica. Es un tipo de alteración hidrotermal moderada, caracterizada por razones Metal/H^+ intermedias. En ella los feldespatos se convierten en una variedad fina de muscovita (= moscovita), mientras se libera SiO_2 que cristaliza como cuarzo. En los pórfidos cupríferos se desarrolla en una etapa intermedia de su evolución, cuando las aguas meteóricas penetran en el sistema hidrotermal y removilizan parte de su mineralización temprana. Es frecuente que sea acompañada por turmalina fina. En Chuquicamata, la zona fílica se sitúa próxima a la Falla Oeste y está acompañada de mineralización de Cu y Mo importante, pero rica en sulfosales de As-Sb. Es una alteración muy común en yacimientos tipo chimenea de brecha. Su temperatura se sitúa en torno a los 500ºC

ALTERACIÓN HIDROTERMAL (en inglés: *hydrothermal alteration*): Las soluciones hidrotermales (vale decir, de aguas calientes) tienen variados orígenes. Junto con su capacidad para transportar metales de interés económico, interactúan con las rocas, alterando su mineralogía y composición química. Su interés en geología económica se deriva de su asociación con determinados tipos de mineralización. Por ejemplo, la alteración potásica se relaciona con la principal mineralización hipógena (=

162

hipogénica) de los pórfidos cupríferos. En general, los tipos de alteración hidrotermal se pueden agrupar en dos principales: 1) Alteraciones por metasomatismo de elementos alcalinos o alcalino-térreos: alteración potásica, alteración calco-sódica y alteración propilítica. 2) Alteraciones por metasomatismo de hidrogeniones (H^+): alteración fílica, alteración argílica y alteración argílica avanzada. El estudio de la alteración hidrotermal desempeña un papel central en la exploración de yacimientos metalíferos.

ALTERACIÓN POTÁSICA (en inglés: *potassic alteration*): Es una alteración de origen hipógeno (= hipogénico) y de alta temperatura (600°-400°C), que da lugar a la formación de minerales propios de las últimas etapas de la cristalización magmática, como feldespato potásico (ortoclasa = ortosa) y biotita, a expensas de plagioclasa y de piroxeno o anfíbol respectivamente. La relación K^+/H^+ es alta. A ella se asocia la principal mineralización hipógena de los pórfidos cupríferos. Normalmente está acompañada por el depósito de anhidrita ($CaSO_4$).

ALTERACIÓN PROPILÍTICA (en inglés: *propylitic alteration*): Se caracteriza por minerales como clorita, epidota, albita, calcita y hematita (= hematites). En los pórfidos cupríferos constituye una alteración contemporánea a la potásica, pero externa al sistema mineralizador, y contiene solamente pirita. En cambio, alberga la mineralización principal en yacimientos cupríferos tipo manto (en especial, en sus facies ricas en clorita-albita, con transición a sericita). A mayor temperatura (450°-500°C) grada a alteración calco-sódica, que acompaña la mineralización principal de los yacimientos ferríferos cretácicos del norte de Chile y sur del Perú.

ALUNITAS: Grupo de minerales característicos de la alteración argílica avanzada, pero que también pueden tener origen supérgeno (= supergénico). La alunita es un sulfato de Al y K ($KAl_3(SO_4)_2(OH)_6$) y el grupo de las alunitas tiene una composición general de $AB_3(SO_4)_2(OH)_6$, donde A puede ser K, Na, Ca, Pb, Ag, o NH_4^+, y B puede ser Al, Cu o Fe. Las alunitas están presentes en la roca ornamental combarbalita (norte de Chile). Son importantes en la exploración de yacimientos epitermales de alta fugacidad de azufre y de oxígeno.

ALUVIAL: Se refiere a los sedimentos clásticos que han sido arrastrados por corrientes de agua. En esos sedimentos se pueden producir concentraciones de minerales con alto peso específico, como casiterita (SnO_2), oro y platino, dando lugar a los yacimientos tipo "placer". Cuando el transporte ha sido limitado (como en el caso de un cono que recibe sedimentos provenientes del regolito del cerro), se utiliza el término coluvial. Debido a su transporte, los sedimentos aluviales presentan mejor selección granulométrica y redondeamiento que aquellos de carácter coluvial.

AMALGAMACIÓN: Amalgama es una solución sólida formada por dos o más metales. Puesto que el mercurio se presenta en estado líquido y tiene la capacidad de amalgamar el oro y otros metales se ha utilizado en la recuperación del oro presente en finas partículas. Así, el oro es amalgamado por el mercurio, del cual se separa posteriormente mediante destilación por calentamiento del Hg. Este método, que implica problemas ambientales debido a la toxicidad del Hg, fue reemplazado en la minería moderna por el de cianuración del oro (algo más segura aunque no exenta de riesgos ambientales). Sin embargo, ha sido y continúa siendo utilizado por la minería artesanal, con los problemas ambientales y de salud que ello implica. Este ha sido el caso, por ejemplo, de Andacollo en la Región de Coquimbo (Chile).

AMBIENTE DE SEDIMENTACIÓN: El término se refiere al conjunto de características físicas (energía cinética, temperatura), químicas (pH, Eh, composición de soluciones) y biológicas, de un sitio en el que se depositan sedimentos. Los ambientes de sedimentación tienen cierta importancia en la exploración de algunos tipos de yacimientos metalíferos (como los de uranio tipo *roll-front*, placeres aluviales, etc.). Sin embargo, su mayor importancia radica en la exploración de depósitos de combustibles fósiles (petróleo, esquistos bituminosos, carbón), genéticamente asociados a sedimentos de grano fino depositados en ambientes reductores.

ANATEXIA: Proceso de formación de magmas de composición granítica-riolítica por fusión parcial de rocas corticales. Los granitos de anatexia se caracterizan por la presencia de muscovita (= moscovita) (granitos de dos micas).

ANDESITA: Roca ígnea de composición intermedia y textura afanítica, microcristalina o porfírica, de emplazamiento extrusivo o intrusivo sub-volcánico. Su mineralogía incluye plagioclasa calco-sódica, piroxeno y anfíbola. Corresponde a la diorita como roca fanerítica. Las andesitas son rocas muy abundantes en los arcos magmáticos de tipo andino así como en los arcos de islas. La asociación andesita-dacita/diorita-granodiorita es muy rica en mineralizaciones de Cu, Mo, Au, Fe y otros metales.

ANFÍBOLAS (ANFÍBOLES): Son inosilicatos de cadena doble. En las rocas ígneas se presentan normalmente como hornblenda. En la alteración hidrotermal están generalmente bajo la forma de actinolita (de aspecto fibroso). Ver además actinolita.

ANOMALÍA: Rasgo o conducta de un sistema que se aparta del comportamiento normal o esperado. En exploración minera las anomalías geoquímicas y las anomalías geofísicas son muy importantes, como indicadoras de la presencia de yacimientos no aflorantes. Ver además geofísica y geoquímica.

ARCILLAS (en inglés: *clay minerals*): Grupo de minerales del grupo composicional de los alumino-silicatos, con estructura de filosilicatos. Generalmente se forman por meteorización o alteración hidrotermal de feldespatos o micas. Las arcillas están constituidas por capas de Si-O con coordinación tetraédrica (T) y capas Al-O con coordinación octaédrica (O). Existen dos tipos principales: el de la caolinita y el de la montmorillonita o esmectita. El primero presenta alternancia de capas T-O, las cuales se atraen fuertemente. En el segundo, se presenta una configuración TOT-TOT, siendo débiles los contactos T-T. Ello conlleva que las esmectitas presenten una gran superficie interna, que les permite intercambiar cationes, así como incorporar moléculas de agua y expandirse. Ambas características pueden tener graves consecuencias, tanto en la lixiviación en pilas de minerales de cobre (que se dificulta mucho por la pérdida de permeabilidad y por la incorporación del cobre a la arcilla), como en la estabilidad de obras de ingeniería (suelos expansivos). Sin embargo, tienen también aplicaciones útiles, como en el caso de los barros (= lodos) utilizados en sondajes (= sondeos).

Las arcillas son importantes minerales industriales y tienen uso diagnóstico en exploración minera. Ver además alteración hidrotermal.

ARCO MAGMÁTICO: Se denomina así a la faja de generación de magma situada sobre una zona de subducción. Ese magma se emplaza a distintos niveles de profundidad: plutónico, hipabisal, subvolcánico y volcánico y está asociado a distintos tipos de yacimientos metalíferos, como pórfidos cupríferos (a nivel hipabisal) y epitermales (a nivel subvolcánico). La Cadena Andina incluye un importante arco magmático, que en Chile migró de W a E entre el Jurásico y el Terciario superior y que hoy coincide aproximadamente con la posición de la Cordillera de los Andes. En el sureste de España se reconoce un arco magmático del Mioceno con similitudes a la Cadena Andina aunque diferente en cuanto origen (ausencia de subducción). Se trata de la Faja Volcánica de Almería-Cartagena (Mioceno Medio-Superior), que se formó durante el colapso gravitacional del orógeno alpino. Tiene escasa longitud y ancho (~ 160 x 20 km), sin embargo es extremadamente rica en variedades petrográficas y series magmáticas (calcoalcalina, calcoalcalina de alto K – shoshonítica, y lamproítica) y alberga interesantes yacimientos epitermales de Au (Rodalquilar), Pb-Zn (Mazarrón, Cabezo Rajao), y Sn (La Crisoleja).

ARENAS ALQUITRANADAS (ARENAS BITUMINOSAS): En inglés: *tar sands*. Cuando los yacimientos de petróleo son despojados por la erosión de su techo impermeable protector, los constituyentes de menor peso molecular, y por lo tanto más volátiles, abandonan las rocas almacenadoras. En consecuencia, estas conservan solamente las fracciones pesadas semi-sólidas tipo alquitrán o asfalto. Estos yacimientos pueden ser explotados por métodos mineros, seguidos de molienda y destilación del material. Posteriormente el destilado es sometido a *cracking* (fraccionamiento molecular), obteniéndose un producto similar al petróleo. En la región de Alberta en Canadá existen enormes yacimientos en explotación de este tipo. Sin embargo, explotarlos plantea serios problemas ambientales, entre ellos la generación de grandes volúmenes de arenas que es necesario disponer y estabilizar.

B

BANDEAMIENTO (BANDEO): Estructura o textura que presentan algunas menas que han sido depositadas en un medio abierto y en un proceso "por etapas", por ejemplo, en un plano de falla que se fue abriendo por pulsos sucesivos, cada uno de los cuales dio origen a una banda de minerales. Los minerales sulfurados de cobre del Distrito Talcuna (Chile: Quebrada Marquesa, Región de Coquimbo) presentan atractivas estructuras bandeadas.

BESSHI: Tipo de yacimiento definido en Japón, constituido por capas finas, con estructura masiva o bien laminada, de pirita, pirrotina (= pirrotita) y calcopirita, con contenidos variables de oro. Se sitúan en rocas sedimentarias clásticas, intercaladas con lavas y rocas piroclásticas andesítico-basálticas. Incluyen óxidos de Fe y jaspe (= chert). Su origen se atribuye a fuentes termales submarinas situadas en medios reductores, en ambientes tectónicos tipo rift, situados en arcos de islas o en cuencas trasarco. Este tipo de yacimiento presenta ciertas analogías con algunos yacimientos tipo manto de edad cretácica en Chile central.

BIF: Del inglés: *banded iron formation* (formación ferrífera bandeada = formación bandeada de hierro). Son depósitos constituidos por bandas intercaladas de sílice y magnetita (Fe_3O_4) que alcanzan gran magnitud (cientos a miles de Mt). Se trata de depósitos antiguos, en general de edad precámbrica, que presentan metamorfismo y se encuentran normalmente en regiones de escudo, como los de Norte América, Australia y Brasil. Las BIFs se clasifican en dos tipos principales según estén o no asociadas a rocas volcánicas. En el primer caso tenemos las BIF del tipo Algoma y en el segundo las BIF del tipo Lago Superior. En Chile existen depósitos pequeños de este tipo (< 100 Mt) en la Cordillera de Nahuelbuta, que fueron acrecionados al continente en un episodio tectónico ocurrido durante el Paleozoico. Los yacimientos tipo BIF aportan la mayor parte del hierro de mina producido en el mundo.

BITUMINOSO: Carbón mineral de calidad intermedia caracterizado por su mayor contenido de hidrocarburos sólidos (bitumen).

BOXWORKS: Ver celdillas residuales.

BONANZA: La parte más ancha y más rica en minerales de valor económico de un filón (= veta). En filones polimetálicos, es también la más enriquecida en plata. Una zona de bonanza puede originarse por la intersección de dos fallas mineralizadas ("clavo de bonanza").

BRECHA: Roca constituida por clastos angulares de tamaño centimétrico, decimétrico o métrico (megabrecha), que contiene un material más fino (matriz) y un cemento que los une. Las brechas tienen distintos orígenes: sedimentarias, piroclásticas, magmáticas, tectónicas (brechas de zona de falla), hidrotermales, etc. En depósitos como los del tipo "chimenea de brecha" pueden contener parte importante de la mineralización del yacimiento.

C

CALCOPIRITA: Es el sulfuro primario de cobre más importante. Su fórmula es $CuFeS_2$ y pertenece al sistema cristalino tetragonal. Su color es amarillo bronceado, con menor brillo que la pirita. A diferencia de ésta, rara vez exhibe su forma cristalina externa.

CALCOSINA: Es el sulfuro más rico de cobre. Su fórmula es Cu_2S y pertenece al sistema cristalino monoclínico o hexagonal dependiendo de la temperatura de formación. Generalmente se forma por enriquecimiento supérgeno (= supergénico) o hipógeno (= hipogénico) de otros sulfuros primarios. Su color es gris y su brillo moderado lo que lo hace poco notable. Cuando se iniciaron las exploraciones de cobre en las secuencias sedimentarias del cinturón cuprífero africano (*Copper Belt* de Zambia-Katanga), la calcosina presente en rocas sedimentarias finas de color gris oscuro pasó inicialmente desapercibida.

CALDERA: Es una gran depresión de origen volcánico, de forma elíptica o circular, que puede alcanzar decenas de km de diámetro. Se forma cuando el magma sale bruscamente, dejando un espacio bajo la estructura volcánica, la cual colapsa formando la caldera. Estructuras de este tipo se encuentran (por ejemplo) en Condoriaco, al NE de La Serena (Chile) o en Rodalquilar (España). La erupción de material por una caldera no genera condiciones favorables para la formación de yacimientos metalíferos (pérdida masiva de volátiles). Sin embargo, si una nueva masa magmática se sitúa bajo ella generando una "caldera resurgente", las fallas normales presentes en su borde así como en el interior de estas (calderas "anidadas") son adecuadas para la localización de depósitos epitermales.

CÁMARAS Y PILARES (en inglés: *room and pillar*): Es un método de explotación especialmente adecuado para yacimientos tabulares horizontales o moderadamente inclinados, como los depósitos cupríferos del tipo manto (estratiformes) encajados en rocas competentes. A medida que el cuerpo mineralizado va siendo extraído, se van dejando pilares entre su base y su techo para asegurar la estabilidad de la explotación. Tanto el diámetro como el espaciamiento de los pilares dependen de las propiedades geomecánicas de las rocas encajantes, así como de la potencia del cuerpo explotado. Los mantos cupríferos en rocas volcánicas, así como los depósitos tipo skarn del centro y norte de Chile, se adaptan muy bien a este método.

CAOLINITA: Mineral del grupo de las arcillas. Su estructura cristalina está configurada por capas tetraédricas Si-O y octaédricas Al-O alternadas, lo que asegura una unión estrecha entre las capas (y dificulta el intercambio de bases y la incorporación de agua). Por lo tanto, no es una arcilla expansiva. Se forma por meteorización química de las rocas en condiciones de clima lluvioso, así como por alteración hidrotermal con fuerte metasomatismo de H^+. Ver además alteración argílica y alteración argílica avanzada.

CARBÓN: Combustible fósil sólido, formado mayoritariamente por carbono. Los yacimientos de carbón se forman principalmente en ambientes transicionales (p.ej. deltas) subsidentes y clima húmedo, donde repetidos episodios de hundimiento cubren de agua y luego de sedimentos clásticos finos una abundante vegetación. Tanto por efectos bioquímicos (bacterias anaeróbicas) como geoquímicos (T° y P), la materia orgánica vegetal pierde su contenido de hidrógeno y oxígeno, enriqueciéndose en carbono. A diferencia del caso del petróleo, la presión o la temperatura alta no dañan sino que mejoran la calidad del carbón, el cual tampoco es afectado por procesos estructurales. En consecuencia, los mejores carbones son los más antiguos (Carbonífero-Pérmico), que se distribuyen principalmente en los continentes del hemisferio norte y que corresponden a los tipos de hulla y antracita (en España: cuencas mineras de Asturias y León). Son aptos para la producción pirolítica de coque, utilizado en la metalurgia del hierro y constituyen una fuente principal para la generación de energía eléctrica en plantas térmicas. Los carbones de menor calidad de tipo lignito (generalmente de edad terciaria, como los de Lota y Magallanes en Chile) se utilizan principalmente en producción de energía eléctrica. En términos ambientales, el carbón presenta dos problemas mayores. Uno es la generación de SO_2 debida a la oxidación de la pirita presente en el carbón, la cual ocurre durante su combustión, y que es causa de la producción de "lluvia ácida". El otro es la emisión de CO_2 (gas de efecto invernadero) por combustión del carbón. Otro problema del carbón radica en los contenidos de elementos metálicos de sus cenizas (importantes en los carbones más jóvenes). Por otra parte, su explotación es peligrosa para los mineros debido a las explosiones de metano (CH_4: gas grisú) que se encuentra adsorbido en el carbón. Un aspecto favorable del carbón radica en la cuantía de sus reservas conocidas, que podrían abastecer las necesidades de varios siglos, aunque el problema del calentamiento global asociado al efecto invernadero plantea serias objeciones en este aspecto.

CARBONATITAS: Rocas alcalinas formadas por magmas constituidas principalmente por carbonatos de Ca, Mg y Fe, con débil participación de silicatos. A las carbonatitas se asocian importantes yacimientos de elementos de las tierras raras, de uranio y otros elementos asociados al magmatismo alcalino, así como de magnetita, apatita (= apatito) y ocasionalmente cobre(p.ej. yacimiento de Palabora en Sudáfrica). Las carbonatitas son características de ambientes tectónicos corticales tipo escudo y aparecen bajo la forma de chimeneas de brecha. También existen ejemplos en el vulcanismo de islas como Canarias y Cabo Verde (Atlántico Central).

CARLIN: Modelo de yacimiento aurífero representado por los depósitos del distrito del mismo nombre en el Estado de Nevada (USA). Los depósitos tipo Carlin son de carácter diseminado y se encuentran emplazados en rocas pelíticas (clásticas de grano fino) ricas en materia orgánica reductora y con presencia de facies carbonatadas. Están asociados a una alteración hidrotermal que silicifica la roca, pero que cambia poco su apariencia externa, lo que dificulta su detección mediante imágenes satelitales. En Chile, se asemejan a esta tipología los yacimientos de El Hueso y Agua de la Falda en Atacama. Un blanco adecuado en Chile para la exploración de este tipo de depósitos puede ser la presencia de afloramientos de rocas pelíticas jurásicas en la faja de alteraciones hidrotermales de El Indio y otros depósitos epitermales terciarios.

CÁTODOS: La producción de cátodos electrolíticos de alta pureza (99.99% Cu) ha correspondido tradicionalmente a la etapa final de la pirometalurgia del cobre. Por otra parte, el tratamiento mediante extracción por solventes (de las soluciones provenientes de la lixiviación en pila de minerales de cobre) y posterior electrorecuperación (*SX-EW*) también produce cátodos de cobre electrolítico de elevada calidad, que pueden ser comercializados en términos ventajosos. Este ha sido el caso en el norte de Chile de Carmen de Andacollo, Radomiro Tomic (RT) y otras explotaciones modernas de lixiviación o biolixiviación en pila. Ver además lixiviación en pila.

CELDAS DE CONVECCIÓN: La convección (transporte de energía térmica con la materia) es una de las tres formas de transmisión de calor (junto con la conducción y la radiación electromagnética de baja frecuencia). La convección juega un rol esencial en el manto terrestre y en la corteza, tanto en la forma de ascenso de magmas como de las celdas de convección de manto astenosférico (que explican el movimiento de las placas tectónicas). La convección también es muy importante en los niveles corticales superiores cuando se emplaza un cuerpo magmático e interactúa con los niveles profundos de aguas subterráneas. Esta juega un papel principal en la génesis de yacimientos hidrotermales, así como en los sistemas geotérmicos (utilizados en la producción de energía eléctrica). El concepto de celdas de convección se refiere a la configuración de patrones de flujo ordenados de fluidos ascendentes de mayor temperatura y fluidos descendentes de temperatura menor (y por lo tanto, de mayor densidad).

CELDILLAS RESIDUALES (FANTASMAS): En inglés: *boxworks*. Estructuras tipo celdillas que quedan en las rocas cuya mineralización sulfurada fue oxidada y lixiviada. A partir de la forma de las celdillas (vacías o rellenas por goethita u otras limonitas) los geólogos expertos en su estudio pueden deducir el contenido mineralógico original (p.ej. pirita, calcopirita, esfalerita, etc), lo que es muy útil en exploración minera. Las celdillas residuales (también llamadas "fantasmas" en España) se encuentran en la zona superficial de los yacimientos sulfurados oxidados y meteorizados, también denominada gossan o "sombrero de hierro". Esta zona destaca por la presencia de sílice y de óxidos de hierro, que le dan colores llamativos como el rojo, amarillo, marrón rojizo y violáceo, según la proporción de jarosita (sulfato de Fe y K), goethita y hematita (= hematites). El color resultante de la proporción de los distintos minerales oxidados de Fe del gossan tiene valor diagnóstico en exploración, en particular de pórfidos cupríferos.

CHERT: (en español: jaspe). Precipitado silíceo de origen sedimentario o hidrotermal. Si es rico en Fe se denomina jaspe ferruginoso. Puede presentar variada coloración, siendo el rojo un color frecuente y es normal que presente bandeo (con bandas de distinto color).

CHIMENEA DE BRECHA: (en inglés: *breccia pipe*): También se denominan diatremas. Se trata de estructuras de origen eruptivo, formadas por fluidos de alta presión que generan estructuras cilíndricas profundas. Las chimeneas de brecha están constituidas por clastos angulares de la roca encajadora, desplazados por la presión de los fluidos y corroídos por la acción de las soluciones hidrotermales. Las chimeneas de brecha presentan frecuentemente turmalina (etapa neumatolítica) y alteración hidrotermal fílica (cuarzo-sericítica) así como mineralización de Cu, Cu-Mo. Au, polimetálica, etc. Esta última se encuentra en forma de matriz en la brecha, así como en fracturas circulares periféricas. La distribución de la mineralización al interior del cuerpo de brecha puede ser muy irregular. Aparte de las chimeneas de brecha menores, que se pueden presentar en enjambres (p.ej., Inca de Oro, Atacama), hay un tipo de depósitos del modelo pórfido cuprífero al cual pertenece el gran distrito Los Bronces-Río Blanco (Chile central). Un fenómeno análogo a las chimeneas de brecha es el de los diques de guijarros (*pebble dikes*), consistentes en cuerpos tabulares verticales compuestos por clastos de la roca encajadora que han ascendido y experimentado redondeamiento por el efecto de fluidos de alta presión. Se encuentran estructuras de este tipo en el pórfido cuprífero de El Salvador (Región de Atacama), así como en la caldera de El Cinto en Rodalquilar (España).

CHIPRE: (yacimientos cupríferos tipo Chipre): Es un tipo de yacimiento definido conforme a sus manifestaciones en la Isla de Chipre (donde se realizaron las primeras explotaciones de cobre del mundo). Estos depósitos, constituidos por mineralizaciones de pirita y calcopirita emplazadas en rocas basálticas ofiolíticas ("rocas verdes") se forman en dorsales oceánicas, e integran el amplio grupo de los yacimientos tipo sulfuros macizos (= sulfuros masivos). Comparten con los depósitos cupríferos tipo manto de Chile el carácter básicamente cuprífero de su mineralización, así como su asociación a rocas volcánicas máficas alteradas.

CIANURACIÓN: Por su carácter de metal noble el oro tiene dificultad para oxidarse y por lo tanto, para disolverse en forma iónica simple, la que sólo es posible en presencia de mezclas ácidas muy oxidantes, como la del agua regia ($HCl + HNO_3$). Sin embargo, el oro puede disolverse en condiciones de oxidación menos enérgicas si lo hace como ión complejo. Este es el caso del ión $Au(CN)_2^-$ que se forma por reacción del oro con cianuro de sodio (NaCN) en medio alcalino: $2Au + 4CN^- + 0_2 + 2 H_2O \rightarrow 2Au[(CN)_2]^- + 2OH^- + H_2O_2$. La cianuración en pila, es un método barato y muy efectivo, a condición de que el oro esté libre (vale decir, no encapsulado en otro mineral) y que no haya otros metales abundantes que compitan con el oro por el cianuro. Por otra parte, evita la amalgamación con mercurio, que ofrece dificultades ambientales por la toxicidad del Hg. Sin embargo, también la cianuración ofrece riesgos que deben ser manejados con prudencia. Desde luego, si baja el pH se forma HCN (el mismo compuesto que se usa para ajusticiar condenados a muerte en la cámara de gases en USA). También el CN^- puede contaminar el agua subterránea (y se trata de un veneno potente). Ello explica que las comunidades vecinas tiendan a resistir este método de beneficio de minerales, a veces enérgicamente (caso del yacimiento de Esquel, Argentina, de la empresa Meridian

Gold). Pero a diferencia del mercurio, el cianuro tiende a descomponerse naturalmente en substancias inofensivas. Por otra parte, tampoco se trata de un tóxico acumulativo (como el Hg o el As). Sin embargo, desastres como el de la mina de oro de Baia Mare (Rumania; febrero de 2000) llevaron al derrame de 100.000 m³ de solución cianurada al río Tisza (un tributario del Danubio,) lo que ocasionó un desastre ecológico de gran magnitud, con la muerte masiva de peces a lo largo del río.

CIELO ABIERTO (CORTA): En inglés: *open pit*, *open-cut mining*. Se denominan así las explotaciones mineras no subterráneas, las cuales corresponden a dos tipos principales: el rajo abierto común (*open pit*: Chuquicamata, El Romeral, etc.) y la explotación en la pared del cerro, al estilo de una cantera (*open-cut*: La Coipa). Estas operaciones se denominan corta en España. Las explotaciones a cielo abierto ofrecen ventajas económicas claras si el cuerpo mineralizado se extiende en tres dimensiones (XYZ) o en la horizontal (XY) y no tiene una gran cubierta de estéril. En condiciones de clima húmedo o semiárido moderado, el rajo (= corta) puede albergar un lago al fin de la explotación, que debe ser monitoreado en términos ambientales, especialmente por el riesgo de contaminación de aguas subterráneas por metales asociados al drenaje ácido. Esta solución final suele ser particularmente atractiva en el caso de explotaciones de carbón o arcillas, donde el riesgo de drenaje ácido es mucho menor (o inexistente en el caso de arcillas) que en los yacimientos metálicos ricos en pirita.

CLORITA: Filosilicato afín con los minerales micáceos, que se forma por alteración hidrotermal de otros minerales ferromagnesianos de mayor temperatura (piroxenos, anfíbol, biotita). Es característico de la alteración propilítica y de la alteración transicional propilítica-fílica. En la mayoría de los yacimientos cupríferos tipo manto, la asociación clorita-sericita, junto con la albita, presentan la relación más directa con la mineralización.

COLOFORME: Textura de depósito de los minerales de una mena cuyo aspecto es similar al que presenta una substancia de origen coloidal. Es propia de condiciones de depósito lentas y de baja temperatura.

COMPETENTE (en inglés: *competent*): Roca cuyo comportamiento es tanto resistente como elástico y frágil. Frente a un esfuerzo, tienden a deformarse conforme a la Ley de Hooke y a recuperarse si no se sobrepasa su resistencia. En cambio, su dominio de comportamiento plástico es reducido, por lo cual la roca tiende a fracturarse rápidamente después de sobrepasada su resistencia elástica. Las rocas ígneas de grano fino, no alteradas ni fracturadas son muy competentes. En cambio, las rocas clásticas pelíticas, ricas en minerales de arcilla, son muy poco competentes (rocas plásticas). Sin embargo, el comportamiento de una roca depende también de la temperatura y presión que la afectan, de su contexto litológico-estructural, así como de la brusquedad o gradualidad con la que se le aplica un esfuerzo.

COMPLEJOS METÁLICOS SOLUBLES: Ver iones metálicos complejos.

CONTACTO: Plano o volumen recto o curvo que separa dos unidades geológicas. Puede corresponder a planos nítidos y objetivos, como las paredes de un dique que corta rocas estratificadas. También puede corresponder a un volumen, en el caso de un contacto transicional, difuso. El término metamorfismo de contacto se refiere a los efectos mineralógicos producidos en rocas estratificadas por una intrusión ígnea que las corta. Estos efectos se localizan en la aureola de contacto que rodea a dicha intrusión.

CONTROL: Se denomina así al efecto regulador de un agente o parámetro sobre la evolución de un sistema o proceso. En el estudio de los yacimientos metalíferos es esencial determinar el control ejercido por la litología (control litológico) y por las estructuras (control estructural) en la distribución de la mineralización económica. De igual manera, ambos controles influyen en la distribución de los cuerpos mineralizados a escala local, distrital, regional y de fajas metalíferas a escala continental. En consecuencia son factores claves en la exploración geológico-minera.

CORRIDA (en Chile): Se denomina así a la extensión del afloramiento de un cuerpo mineralizado a lo largo de su dimensión mayor, por ejemplo, la corrida de una veta.

CRATÓNICO: Ambiente continental cortical. Por ejemplo, un escudo es un cratón de gran dimensión. Los ambientes cratónicos son propicios para determinados tipos de mineralizaciones, como las chimeneas diamantíferas (diatremas kimberlíticas) o las asociadas al magmatismo alcalino, como las carbonatitas con uranio y tierras raras. También se presentan en ambientes cratónicos los yacimientos de cromita y platinoides, relacionados con intrusiones estratificadas lopolíticas máficas-ultramáficas, como el Complejo de Bushveld en Sudáfrica.

CUENCA DE SEDIMENTACIÓN: Dominio geológico deprimido y generalmente subsidente, que recibe sedimentos provenientes de la erosión de otros dominios situados a mayor altura. Las cuencas de sedimentación pueden ser continentales, transicionales, como el ambiente de los deltas o bien marinas. La plataforma marina es un ambiente de sedimentación muy importante para la formación de yacimientos de petróleo, así como lo son los ambientes transicionales subsidentes de zonas húmedas para la formación de depósitos de carbón.

D

DECOLORACIÓN (BLANQUEO): En inglés: *bleaching*. Efecto de blanqueo (en Chile: blanqueamiento) de las rocas debido a la alteración y disolución de sus minerales ferromagnesianos por efecto de soluciones hidrotermales o por la meteorización de rocas ricas en pirita (cuya oxidación genera condiciones ácidas). La decoloración es una guía utilizada en las primeras etapas de la exploración minera, debida a su fácil detección en el terreno o en imágenes aéreas o satelitales.

DEPÓSITO MINERAL: Ver yacimiento mineral

DESARROLLO: Se denomina desarrollo a las labores de preparación de la explotación de un yacimiento, como la construcción de piques (= pozos) y galerías. Generalmente es una etapa que implica más gastos que provecho económico directo. Sin embargo, si la mena extraída en esa etapa es rica, el desarrollo puede ser directamente rentable, como ocurrió en el caso del yacimiento aurífero de El Indio (Región de Coquimbo, Chile).

DESMONTES (ESCOMBRERAS): En inglés: *mineral dumps, mine wastes*. Son acumulaciones de rocas estériles o con concentraciones sub económicas de minerales, que podrían ser susceptibles de tratamiento futuro a través de métodos complementarios. Es muy importante asegurarse de que el sitio de depósito de los desmontes (en España: escombreras) no contenga mineralizaciones que obliguen a su posterior remoción (como en el distrito de Chuquicamata, Chile). También es necesario separar los depósitos de desmontes conforme a su ley y mineralogía. Los desmontes deben ser considerados cuidadosamente con relación al futuro cierre de las explotaciones, puesto que pueden ser focos de generación de drenaje ácido.

DESPOLIMERIZACIÓN: En un magma, los futuros minerales existen bajo la forma de estructuras moleculares polimerizadas, a partir de las cuales se forman los cristales al descender la temperatura. Sin embargo, una substancia como el agua disuelta en el magma produce la rotura de los enlaces polimerizados (efecto despolimerizador), lo cual genera mayor fluidez y retarda su proceso de cristalización, permitiendo su ascenso hasta niveles corticales superiores.

DESPROPORCIÓN: Es un proceso simultáneo de oxidación y reducción que desempeña un rol esencial en el comportamiento del azufre en las etapas neumatolítica e hidrotermal de la cristalización magmática. Su importancia deriva del hecho de que el azufre de los magmas necesita pasar de la forma S^{2-} a la forma S^{4+} (SO_2) para pasar a la fase neumatolítica y participar en los procesos de mineralización (de ahí la importancia de los magmas oxidados, como los de la serie con magnetita de Ishihara). Sin embargo, el depósito de minerales sulfurados requiere la presencia del ión S^{2-}. Ello se logra a través del mecanismo de desproporción, que implica la oxidación y reducción simultánea del S^{4+}, conforme a la ecuación: $4S^{4+} \rightarrow S^{2-} + 3S^{6+}$ lo que da lugar a la formación conjunta de los iones sulfuro y sulfato. En los niveles hipotermales el ion sulfato se presenta como anhidrita (sulfato de calcio), mineral abundante de la zona potásica de los pórfidos cupríferos. Ver además: oxidación.

DIAGENÉTICO: Se dice de un mineral formado o removilizado durante la etapa diagenética de un sedimento (vale decir, aquella durante la cual se produce su compactación y litificación). Durante esa etapa se pueden formar notables estructuras, como las de tipo cebra presentes en algunos yacimientos estratiformes de blenda (= esfalerita): bandas claras y oscuras mineralizadas alternadas. La diagénesis desempeña un papel principal en la formación de yacimientos de Pb-Zn en rocas carbonatadas, como los de tipo Mississippi Valley.

DIAPIRO: Cuerpo intruído de manera forzada, por el efecto de fuerzas que generan un impulso vertical hacia la superficie, de manera que el cuerpo corta las rocas que encuentra en su camino. Un diapiro puede haber intruído en estado fundido o bien en estado sólido-fluido. Este último es el caso de los domos de sal, donde la presión vertical sobre un estrato salino produce su intrusión vertical a través de una zona de debilidad. También se genera un efecto diapírico cuando rocas ultramáficas (peridotitas) son comprimidas entre dos placas tectónicas por efecto de la acreción de un terreno a una placa continental. Este es el caso de los cuerpos ultramáficos con débiles contenidos de cromitas podiformes de la Cordillera de Nahuelbuta (Chile).

DIATREMA: Ver chimenea de brecha.

DIFUSIÓN: Fenómeno físico-químico en el cual la materia migra a través de un sólido, líquido o gas por efecto de un gradiente de concentración, temperatura o presión. La difusión obedece a la tendencia natural de los sistemas a alcanzar su equilibrio termodinámico.

DIGENITA: Forma isométrica (= cúbica) de la calcosina, también llamada calcosina azul. Su presencia en estructuras de desmezcla con covelita (= covellina) (CuS) o calcosina indica que cristalizó a más de 80°Cy, por lo tanto, es de origen primario, endógeno (y no se debe al enriquecimiento secundario de otros sulfuros). Ver además: calcosina.

DIQUE (en inglés: *dike*): Cuerpo intrusivo tabular y discordante, de origen ígneo, emplazado a lo largo de una fractura. Puede ocurrir que el mismo plano de fractura controle primero el emplazamiento de un dique, y posteriormente el de una veta (= filón) adyacente.

DIQUE DE GUIJARROS: Ver chimeneas de brecha.

DIQUE ANULAR: Dique presente en una estructura volcánica circular subsidente. Son especialmente notables en el caso de las grandes calderas volcánicas, donde en la periferia se emplazan diques anulares. La presencia de estos diques puede coincidir con la de los canales de circulación de soluciones hidrotermales posteriores si se mantienen las condiciones extensionales que permitieron su emplazamiento. En Caldera de Condoriaco (Región de Coquimbo, Chile) existen diques anulares fuertemente silicificados.

DISEMINADA: Tipo de textura en la cual la mineralización se presenta bajo la forma de una fina impregnación de la roca mineralizada. Su presencia indica que la roca encajadora permitió el paso de la solución hidrotermal a través de su permeabilidad primaria o de una red muy fina de fracturas.

DISPERSIÓN: Proceso por el cual una substancia concentrada en un volumen limitado pasa a distribuirse en un volumen mayor, disminuyendo proporcionalmente su concentración. El concepto de dispersión secundaria alude a aquella que se produce cuando un yacimiento mineral es afectado por meteorización y erosión, permitiendo la migración de sus constituyentes. Esto genera anomalías geoquímicas y mineralógicas secundarias en torno al área mineralizada, lo cual es utilizado en exploración minera. Especialmente importante es aquella dispersión realizada por el drenaje. La dispersión debe ser considerada también en términos ambientales, puesto que ella implica contaminación. Al respecto, tanto las actividades mineras como las metalúrgicas pueden acelerar los procesos naturales de dispersión, lo cual debe ser considerado durante la explotación y el posterior cierre de las explotaciones mineras.

DISTAL: Posición alejada de un cuerpo mineralizado respecto a la fuente primaria a la que se atribuye la mineralización. Se opone a la de una posición cercana o proximal. Estos conceptos se han utilizado principalmente en el estudio de yacimientos sulfurados del tipo sulfuros macizos

(= masivos) depositados en el fondo marino respecto a las fuentes (p. ej. chimeneas hidrotermales = *black smokers*).

DISTRITO MINERO: Se denomina así a un conjunto de minas presentes en un área geográfica de extensión limitada (algunos km). Ejemplos de distritos de la Región de Coquimbo en Chile son los de Condoriaco (Ag-Au), Talcuna (en Quebrada Marquesa, Cu), El Indio-Tambo (Au-Cu-As) y Andacollo (Au-Cu).En España son famosos los distritos de La Carolina(Pb-Zn-Cu-Ag) o La Unión (Pb-Zn-Ag).

DOMINIOS METALOGÉNICOS: Concepto propuesto por el metalogenetista francés P. Routhier, según el cual existen dominios geográficos en forma de bandas (provincias) en los distintos continentes, definidos por la presencia de determinados metales que aparecen reiteradamente en dichos dominios en yacimientos de distinta edad y tipología. Por otra parte, la presencia de yacimientos se relaciona con la existencia de cuerpos magmáticos, fallas u otros elementos geológicos que intersectan el dominio, los cuales son considerados como reveladores de su potencial metalogénico (atribuido a la concentración anormal de esos metales en los niveles corticales subyacentes).

DOMO: Cuerpo o estructura en forma de champiñón o bombilla (= ampolleta). Existen cuerpos ígneos volcánicos o subvolcánicos, formados por magmas ricos en sílice, que adoptan esta forma. Algunos domos subvolcánicos están asociados a mineralización epitermal en relleno de fracturas que cortan radialmente al domo. En el ambiente volcánico, el colapso de un domo puede acompañar a una erupción catastrófica (riesgo actual, febrero de 2009, en el Volcán Chaitén, Chile). También existen domos estructurales, correspondientes a pliegues tipo anticlinal, que en planta presentan forma circular.

DRENAJE ÁCIDO (en inglés: *acid drainage*): Se denomina así al drenaje superficial o subterráneo procedente de rocas ricas en pirita afectadas por procesos de oxidación. Puesto que la pirita tiene un átomo de azufre "extra" en su composición (FeS_2), al oxidarse en presencia de agua da lugar a la formación de sulfato ferroso y ácido sulfúrico. La posterior oxidación del Fe^{2+} a Fe^{3+} y la correspondiente hidrólisis del sulfato ferroso a férrico, agrega acidez a aquella producida por la ionización del H_2SO_4. Otros sulfuros metálicos pueden contribuir a la generación de acidez, pero solamente como consecuencia de su oxidación a sulfatos y la posterior hidrólisis de estos últimos. El efecto contaminante del drenaje ácido no se debe solamente a su acidez, sino que principalmente a la posibilidad de transporte en solución de metales como Cu, Zn, Cd, etc. La generación de drenaje ácido puede ser mitigada si existen rocas carbonatadas en el área mineralizada (puesto que el carbonato neutraliza los iones H^+). También es mitigada por la presencia de rocas ígneas poco alteradas, que igualmente reaccionan con los hidrogeniones (H^+) a través de la hidrólisis de sus silicatos. En cambio, la alteración argílica o argílica avanzada elimina esta posibilidad. El distrito de El Indio, actualmente cerrado, continúa siendo un centro generador de drenaje ácido y las características del distrito Pascua-Lama (nacientes del Río Huasco, Atacama, Chile), próximo a ser explotado, son igualmente favorables a la producción de acidez. En el Estado de Montana (USA)algunas operaciones de Cu y polimetálicos ya cerradas serán centros de generación indefinida (a la escala humana) de drenaje ácido, lo que obligará a su control permanente. El drenaje ácido, también puede ser generado por yacimientos de carbón, debido a los contenidos de pirita de este combustible fósil (lo cual complica el cierre de sus explotaciones).

E

EBULLICIÓN (en inglés: *boiling*): La ebullición, vale decir, el paso brusco de un componente de una fase líquida a unagaseosa se produce cuando la presión de vapor sobrepasa la presión externa ejercida sobre el líquido. La ebullición tiene mucha importancia en términos metalogénicos. En etapas tempranas, durante el ascenso de un cuerpo magmático, la ebullición del agua contenida en el magma puede determinar su cristalización, puesto que el agua deja de desempeñar su papel despolimerizante (efecto fundente). También la ebullición de substancias volátiles controla el desarrollo de la etapa neumatolítica, que pasa a la etapa hidrotermal al condensarse el agua por la disminución posterior de la temperatura. Durante la etapa hidrotermal también pueden ocurrir etapas de ebullición controladas por cambios de la presión que actúa sobre la solución. Tales fenómenos afectan la estabilidad de los metales disueltos como iones complejos (al modificar el pH y las fases sulfuradas en solución) y tienen como consecuencia la precipitación de minerales económicos y de ganga. Puesto que la presión sobre los sistemas neumatolíticos e hidrotermales está controlada en parte por la permeabilidad y por las estructuras presentes en las rocas, los cambios litológicos y estructurales abruptos favorecen la ebullición y por lo tanto el depósito de masas ricas de mineralización metálica (como las de la zona de bonanza de los filones o vetas).

ECONOMIC GEOLOGY: En castellano: Geología Económica. Es el nombre de la principal publicación científico-profesional periódica internacional sobre yacimientos minerales (en particular de carácter metalífero). Es editada por la sociedad científico- profesional *Society of Economic Geologists* (SEG). Otra revista importante, editada por especialistas europeos, es Mineralium Deposita.

Eh: Es el potencial de reducción-oxidación (potencial redox) de un ambiente (por ejemplo, las aguas superficiales de un lago, un rio, un cuerpo de aguas subterráneas muestreado en un pozo, el agua de una fuente termal, etc.). Es el resultado de la influencia de todas las reacciones de reducción-oxidación en que están implicadas las substancias disueltas. El oxígeno disuelto (O_2) juega un papel determinante en las condiciones de Eh de un medio. Tiene gran importancia en la formación de los yacimientos metalíferos, puesto que controla, por ejemplo, las formas químicas del azufre (S^{2-}, S^{o}, S^{4+}, S^{6+}). En el caso del uranio, interviene en la formación de depósitos tipo *roll front*, donde el uranio precipita al pasar de una zona oxidante, donde migra como U^{6+}, a otra reductora, donde precipita como U^{4+} en forma de UO_2. Este potencial determina igualmente la posibilidad de formación de depósitos de combustibles fósiles (carbón, petróleo, etc.), los que solamente se forman bajo condiciones reductoras. Las bacterias de tipo anaeróbico, cuyo desarrollo se favorece en presencia de grandes concentraciones de materia orgánica poco oxigenada, contribuyen al desarrollo y preservación de ambientes reductores.

ELECTRUM: Amalgama natural, constituida principalmente por oro y plata. Es común en los granos de oro presentes en placeres aluviales.

ELUVIAL: Se denominan así aquellos yacimientos, generalmente detríticos, que deben la concentración de sus minerales económicos a la erosión de constituyentes estériles del depósito original. Por ejemplo, así se forman los yacimientos de cromita (óxido de Fe y Cr), cuando los silicatos de las rocas ultramáficas son meteorizados y erosionados.

EMPÍRICO: En general se denomina así al conocimiento que es principalmente fruto de la experiencia directa. Se denomina modelos metalogénicos empíricos a aquellos de carácter descriptivo, en oposición a los modelos metalogénicos conceptuales. En la formulación de estos últimos tiene un papel importante la proposición de los procesos de formación de los yacimientos, así como la estimación cuantitativa de las principales variables fisicoquímicas. Ver además: modelos metalogénicos.

ENARGITA: Mineral de cobre de fórmula Cu_3AsS_4, de color gris a negro y brillo metálico, perteneciente al sistema ortorrómbico. Es abundante en las etapas tardías o en los niveles superiores de los pórfidos cupríferos, así como en algunos yacimientos epitermales de Au-Cu, como El Indio en Chile o Rodalquilar en España. En Chile es especialmente abundante en los pórfidos cupríferos de Chuquicamata, MM (actual A. Hales) y El Teniente. Por su contenido de As, la enargita implica serios problemas ambientales, especialmente en términos de las emisiones de As_2O_3 por las chimeneas de las fundiciones, así como al posterior almacenamiento del As_2O_3 recuperado. Tampoco se ha encontrado un procedimiento económico de biolixiviación que permita substituir su tratamiento pirometalúrgico. Las emisiones de As_2O_3 revisten gravedad debido a que el As es un tóxico acumulativo y cancerígeno. En el norte de Chile, este problema se une a las concentraciones naturales altas de As que presentan algunos ríos y aguas subterráneas.

ENDÓGENO: El término significa generado internamente. En geología económica se denomina minerales endógenos y yacimientos endógenos a aquellos relacionados directa o indirectamente con procesos ígneos y metamórficos. El término se opone al de exógeno. Ver además: exógeno.

ENDOSKARN: En un yacimiento tipo skarn alude a aquella mineralización presente en el cuerpo intrusivo, en su zona de contacto con la roca encajadora. Ver además: skarn.

ENERGÍA LIBRE: Es un concepto termodinámico que mide la energía efectivamente asociada a una reacción química. Su valor corresponde al del calor generado (reacciones exotérmicas) o absorbido (reacciones endotérmicas), menos la energía perdida por efecto de la entropía: $\Delta F = \Delta H - T\Delta S$). Si ΔF es negativo, la reacción debería ocurrir espontáneamente y generar calor. Si es positivo, no es espontánea y requiere calor para producirse. Sin embargo, hay que tomar en cuenta que la termodinámica nos indica cuales deben ser los estados de equilibrio, pero no la velocidad con la que estos se alcanzan (tema de la cinética química). Por lo tanto, una reacción espontánea de acuerdo a los parámetros termodinámicos puede ocurrir a una velocidad muy lenta y ser prácticamente imperceptible.

ENRIQUECIMIENTO SUPÉRGENO (SUPERGÉNICO): En inglés: *supergene enrichment*).El término alude a todo enriquecimiento de la concentración de minerales económicos (y por lo tanto de la ley) de un yacimiento, debido a los procesos de meteorización y erosión. También se le denomina enriquecimiento secundario. Puede ocurrir por efecto de la remoción de constituyentes estériles, lo cual incrementa la concentración de aquellos económicamente valiosos. Sin embargo, el término se refiere principalmente al proceso de enriquecimiento que ocurre en yacimientos de cobre y de plata, y que implica la oxidación de los minerales sulfurados presentes sobre el nivel freático. El metal liberado, mantenido en solución por efecto del ambiente ácido generado por la oxidación de pirita, desciende hasta más abajo del nivel freático y reacciona con los sulfuros primarios de los cuales desplaza los elementos menos valiosos. Así se forma, en el caso del cobre, el mineral calcosina (Cu_2S), a expensas de bornita, calcopirita o pirita. En el caso de la plata, se forma argentita a partir de minerales como blenda (= esfalerita) (ZnS). Sin embargo, no todos los enriquecimientos de minerales sulfurados son de carácter supérgeno (en España: supergénico). También puede desarrollarse en la etapa hidrotermal o por efecto de procesos análogos posteriores. Recientemente, R. Sillitoe ha planteado la posibilidad de que el enriquecimiento de plata en Chañarcillo, considerado un ejemplo clásico, sea hipógeno (hipogénico) y no supérgeno (supergénico). Lo que está fuera de discusión es la gran importancia económica que ha tenido el enriquecimiento supérgeno en yacimientos como La Escondida y Chuquicamata. En este último, aparte de la zona de sulfuros enriquecidos se formó otra de óxidos ricos en cobre al bajar el nivel freático y oxidarse los sulfuros previamente enriquecidos. Factores favorables al enriquecimiento supérgeno (o secundario) de yacimientos cupríferos son un clima semiárido (vale decir, con lluvias estacionales moderadas), adecuada fracturación, tectónica de ascenso de bloques a una tasa también moderada, y suficiente presencia de pirita.

ENTROPÍA: Es un concepto termodinámico fundamental, que tiene diferentes connotaciones e implicaciones. En primer término, se refiere a la energía que no es posible utilizar en un proceso y que por ello se considera degradada. Por ejemplo, una máquina térmica necesita entregar parte del calor generado al medio externo, lo que limita su rendimiento (Principio de Carnot). También la entropía debe ser substraída a la energía libre de una reacción para evaluar su estado de equilibrio termodinámico. Otra connotación de entropía se refiere al estado de orden-desorden y de probabilidad-improbabilidad de un sistema. Con el incremento de entropía, los sistemas evolucionan de estados de orden (menos probables) a otros desordenados (más probables). Si bien esto no ocurre en los seres vivos, se debe a que el estado de orden se conserva mediante la extracción de energía del medio, de manera que la entropía total aumenta de todas maneras. El concepto de muerte térmica del Universo alude a un estado final en que toda la energía disponible será de carácter térmico y estará distribuida de manera homogénea. Los procesos de contaminación ambiental, así como los de dispersión geoquímica pueden ser analizados como procesos de crecimiento de entropía.

EPIGENÉTICO (en inglés: *epigenetic*): Se dice que un yacimiento es epigenético respecto a su roca encajadora (en inglés: *host rock*) si la roca encajadora se formó bastante tiempo antes que ocurriera su mineralización. El término se contrapone a diagenético y a singenético (ver definiciones).

EPITERMAL (en inglés: *epithermal*): El término se refiere a aquellos yacimientos hidrotermales formados a baja temperatura (200°-50°C; según Lindgren) y a relativamente poca profundidad. Sin embargo, no existe una relación estricta entre profundidad y temperatura en el interior de la Tierra, lo que puede complicar la aplicación de la segunda condición señalada. Por otra parte, en el caso de yacimientos de gran extensión vertical, como los pórfidos cupríferos, el depósito puede incluir una zona epitermal (la envolvente argílica del pórfido) una mesotermal (300°- 200°C, la zona fílica del pórfido) y una hipotermal (500°-300°C, la zona potásica del depósito). Otros autores amplían el rango de temperatura epitermal a los 300°C. La mayoría de los depósitos de oro y de plata son epitermales (tipos Carlin, Bonanza, Hot Spring), aunque también existen depósitos auríferos de mayor temperatura, como los del tipo Bendigo, emplazados en estructuras de rocas plegadas antiguas.

ÉPOCAS METALOGÉNICAS: En un orógeno (como la cadena Andina) o en un escudo (como el escudo Brasilero) se distinguen determinados intervalos de tiempo durante los cuales se formaron yacimientos de ciertos metales. Esos intervalos, según su duración, se denominan épocas (mayor duración) o pulsos (= episodios) metalogénicos (menor duarción). Por ejemplo, la mayoría de los pórfidos cupríferos de Argentina, Chile y Perú se formaron entre fines del Cretácico y fines del Terciario, lo cual podría representar una época metalogénica, dentro de la cual hay tres pulsos principales, uno Cretácico tardío (norte de Chile, sur de Perú); otro Eoceno-Oligoceno (norte de Chile) y un tercero Terciario Superior (Chile central y Argentina). Otra época metalogénica importante es la del Carbonífero Inferior en el sur de España-Portugal, que dio lugar a la formación de yacimientos volcanogénicos exhalativos de Cu: la Faja Pirítica Ibérica. Yacimientos de esta provincia metalogénica son entre otros Rio Tinto, Aznalcollar, y Neves-Corvo.

ESCOMBRERAS: Ver desmontes.

ESCUDOS: Se denomina así a dominios lito-estructurales corticales de dimensiones continentales. Aunque sus terrenos experimentaron procesos orogénicos en el pasado, los escudos se han comportado como bloques tectónicos estables desde fines del Precámbrico hasta la actualidad. Mineralizaciones típicas de los escudos son las chimeneas diamantíferas, los grandes cuerpos máficos lopolíticos con Cr-Ni y platinoides, las carbonatitas con tierras raras, yacimientos ferríferos tipo BIF, etc. Ello no excluye, sin embargo, que los escudos no puedan presentar mineralizaciones propias de las fajas orogénicas (como pórfidos cupríferos) pero generalmente ellas han sido metamorfizadas o removilizadas.

ESMECTITAS: Arcillas del tipo montmorillonita, en las que dos grupos tetraédricos Si-O rodean a un grupo octaédrico Al-O, repitiéndose indefinidamente esta estructura. Ello implica que dos capas tetraédricas quedan en contacto, generando un enlace débil. En esa posición se producen cambio de bases (por ejemplo, de H^+ por Me^+ o Me^{2+}. En la mina Radomiro Tomic (RT; distrito Chuquicamata, norte de Chile), se ha encontrado una esmectita rica en Cu. Aparte de este fenómeno, que puede dificultar la lixiviación en pilas de minerales de cobre, se agrega la incorporación de H_2O, que genera una expansión del volumen de la arcilla, lo cual también es causa de problemas (suelos expansivos). Ver además: arcillas.

ESPECULARITA: Hematita (= hematites) brillante, con estructura hojosa tipo mica. Acompaña a distintos tipos de mineralizaciones. Su color en agregados cristalinos mayores es negro, pero al disgregarse finamente se manifiesta el color rojo sangre del mineral.

ESQUISTOS BITUMINOSOS (en inglés: *oil shales*): Se trata de rocas pelíticas (clásticas de grano fino) notablemente enriquecidas en hidrocarburos (varias decenas de %). A diferencia del caso del petróleo, donde la fracción orgánica migró hasta llegar a la roca almacenadora, en estos depósitos permaneció en la roca madre. Los yacimientos de hidrocarburos de este tipo encierran enormes reservas, pero su explotación ha permanecido puntual debido a razones económicas y ambientales (en Lonquimay, Región del Bío Bío, Chile, llegaron a explotarse a escala reducida a fines de los años 1930's). Su explotación puede realizarse mediante dos procedimientos. El primero implica la extracción de la roca mediante minería convencional, seguida por su molienda y posterior destilación. Esto implica la necesidad de disponer y estabilizar el material clástico residual, lo cual es difícil y costoso. El segundo consiste en su destilación *in situ*, que se realiza después de preparar la mina y quemar (controlando la cantidad de aire) parte del material, facilitando el escurrimiento hacia la superficie del material fundido no afectado. Es un método complejo, que implica riesgos y obliga a sacrificar una parte importante de las reservas. Pese a las dificultades señaladas, la explotación de estos depósitos estuvo a punto de iniciarse en USA en los años 1970's, aprovechando sus grandes reservas, en particular las situadas en el Estado de Colorado. Esto por fin no sucedió debido a que los precios del petróleo bajaron (después del alza asociada a la crisis iraní). En todo caso, considerando la explotación en curso de las arenas alquitranadas de Alberta (Canadá), es previsible que su aprovechamiento se realice en un mediano plazo. Ver además: arenas alquitranadas.

ESTÉRIL (en inglés: *barren*): Material que no contiene concentraciones económicas ni sub-económicas de los metales que son objeto de la explotación (aunque podrían tener un valor posterior, por ejemplo, por un mineral de ganga recuperable). Ver desmontes (= escombreras).

ESTRATIFORME (en inglés: *stratiform*): Cuerpo mineralizado concordante, cuya morfología sigue la forma de las capas de una secuencia estratificada.

ESTRATOLIGADO (en inglés: *stratabound*): Mineralización cuya distribución está ligada a determinados estratos de una secuencia volcánica o sedimentaria. Esta mineralización puede ser o no estratiforme. Ver además: estratiforme.

ESTRATOVOLCÁN: Volcán compuesto de estratos alternados de lavas y de material piroclástico. Es una forma típica del volcanismo calcoalcalino, caracterizada por variaciones del contenido de sílice del magma en torno a una composición intermedia. Al aumentar ligeramente el contenido en sílice se producen episodios explosivos con emisión de piroclastos (aumento de viscosidad). Al disminuir los contenidos en sílice los episodios son más tranquilos dando lugar a la emisión de lavas fluidas, produciéndose así una alternancia de lavas y piroclastos. Este es el tipo de volcán más abundante en la Cadena Andina y en arcos de islas. Implica peligros importantes por su explosividad, pero sus cenizas aportan nutrientes para los suelos hasta grandes distancias, y en sus niveles sub-volcánicos puede estar asociado a valiosos tipos de mineralización. Ver además: magmatismo calcoalcalino.

ESTRUCTURAS (en inglés: *structures*): Se refiere a rasgos morfológicos asociados al proceso de formación de una roca o un macizo rocoso (p.ej., de un volcán, una colada de lava, un estrato sedimentario, un batolito) o al posterior efecto de procesos tectónicos deformativos (plegamiento, diaclasamiento, fallamiento, metamorfismo dinámico). Las estructuras, junto a la litología, ejercen un control principal en la distribución de las mineralizaciones a sus distintas escalas.

EUTÉCTICO: Mezcla de dos o más componentes cuyo punto de fusión es inferior al de cualquiera de ellos considerado separadamente. Las pegmatitas poseen la composición aproximada del eutéctico ternario: ortoclasa-albita-cuarzo.

EVAPORITAS (en inglés: *evaporites*): Yacimientos de minerales salinos, formados por la saturación de las soluciones debida al proceso de evaporación en cuencas de regiones áridas o hiperáridas. En ellos se encuentran sales muy solubles, como cloruros y sulfatos de Na, Mg y Ca. Los yacimientos de nitratos del norte de Chile representan un caso especial de depósito evaporítico. Otro ejemplo notable son los yesos del Mioceno de la Cuenca de Sorbas en el sureste de España.

EXHALATIVO: Yacimiento formado por emanaciones de origen volcánico. Las acumulaciones de sulfuros polimetálicos descubiertos en las dorsales oceánicas, asociadas a las fuentes de emisiones de sulfuros en forma de chimeneas (*blacksmokers*) son propiamente yacimientos exhalativos.

EXÓGENO: Proceso o depósito que tiene su origen en la superficie de la Tierra, ligado a fenómenos climáticos e hidrológicos que controlan la meteorización y la erosión de las rocas. Corresponde al concepto de supérgeno (= supergénico). Por ejemplo, el enriquecimiento supérgeno, es un proceso exógeno particular, como lo son los procesos exógenos generales de meteorización, remoción en masa y erosión. Yacimientos como los de placeres aluviales, los depósitos exóticos de cobre y las evaporitas de los salares son de origen exógeno.

EXOSKARN: Parte principal de un yacimiento de tipo skarn, correspondiente a la mineralización depositada en la roca estratificada afectada por el metamorfismo de contacto y el metasomatismo neumatolítico-hidrotermal producido por el cuerpo intrusivo.

EXÓTICO (en inglés: *exotic*): El término designa un yacimiento exógeno originado por la erosión y transporte (mecánico y/o químico) de parte de un depósito preexistente. Se aplica básicamente a yacimientos de minerales oxidados de cobre depositados por efecto del drenaje ácido subterráneo procedente de la oxidación de un pórfido cuprífero situado en una posición topográfica más alta, a unos pocos km de distancia. En algunos casos como en el del yacimiento Mina Sur (ex Exótica) situado al sur de Chuquicamata, se conoce perfectamente el paleocanal que utilizaron las soluciones ácidas con cobre. A medida que la solución avanza, su reacción con las rocas y sedimentos genera un efecto de alteración sobre estas mientras la solución gradualmente se va neutralizando. Así se libera SiO_2, Mn^{2+} (que se oxida a MnO_2) y otras substancias y elementos de las rocas, que junto con iones presentes en la solución transportadora, dan lugar a la precipitación de minerales de cobre. Los principales minerales son crisocola ($CuSiO_3.H_2O$), atacamita (oxicloruro de Cu), Cu-Wad (MnO_2 rico en Cu), Cu-pitch (óxidos de Cu con MnO_2), etc. Aunque el carácter oxidado de los minerales de Cu ofrece algunas ventajas metalúrgicas, la presencia de minerales de arcilla y MnO_2 puede dificultar su lixiviación obligando a pre-tratar la mena. La presencia de estos yacimientos es muy probable en el entorno de pórfidos cupríferos meteorizados bajo condiciones de clima semiárido y en situación topográfica positiva respecto a las rocas y sedimentos de sus alrededores.

EXPLORACIÓN MINERA (en inglés: *mining exploration, mineral exploration*): El término designa diversas actividades y etapas de trabajo destinadas al descubrimiento, evaluación y estimación de recursos y reservas de minerales de interés económico. Va desde una etapa inicial de detección de posibles prospectos, vale decir, áreas de interés para la realización de estudios ulteriores, hasta campañas de sondajes (= sondeos) destinados a la estimación de reservas. La exploración minera puede ser centrífuga, vale decir, partir de un depósito conocido hacia su entorno geológico en búsqueda de nuevas reservas o nuevos yacimientos (en Chile: caso del descubrimiento de El Salvador desde Potrerillos o el de Candelaria, desde un yacimiento menor del distrito Punta del Cobre). También puede ser centrípeta, vale decir, partir de una gran superficie para localizar uno o más yacimientos en su interior (en Chile: caso del descubrimiento de La Escondida). Puede ser realizada para encontrar prospectos o yacimientos para ser vendidos a otras empresas (caso de las compañías *junior* canadienses), o bien para reponer o expandir reservas de la misma empresa que explora y explota yacimientos. La exploración minera utiliza conocimientos, criterios, métodos y tecnologías de carácter geológico, mineralógico, geoquímico y geofísico, además de variados tipos de sensores remotos. Sin embargo, la experiencia de terreno, la imaginación, tenacidad y disposición al riesgo de los geólogos es esencial en el logro de éxitos. En suma, la exploración minera sigue siendo un arte (y en parte una aventura) pese a la ciencia y tecnología que la apoyan. El término prospección minera se utiliza a veces como sinónimo de exploración minera, y otras para designar solamente sus primeras etapas.

EXTRANJERO: Término utilizado para indicar que la mineralización que alberga un yacimiento tiene una fuente diferente del material del que proceden sus rocas encajadoras. Se opone al término familiar. El término fue propuesto originalmente por G. C. Amstutz y modificado por P. Routhier.

F

FACIES: Término que denota tanto el singular como el plural (la facies, las facies). Indica rasgos distintivos de una unidad sedimentaria, de rocas ígneas, o metamórficas. Por ejemplo: facies carbonatadas marinas fosilíferas, la facies metamórfica de esquistos azules (con jadeíta + glaucofano). Las características de la facies son indicativas de las condiciones específicas de formación de la roca. El concepto es muy útil en exploración minera de yacimientos emplazados en rocas sedimentarias, así como en determinadas facies metamórficas (p.ej., en las zonas de contacto de intrusivos con rocas estratificadas pelítico-carbonatadas).

FAMILIAR: Designa una mineralización cuyo origen se atribuye a la misma fuente de la roca encajadora. Por ejemplo, en un pórfido cuprífero, la mineralización presente en el pórfido es familiar respecto a éste (puesto que proceden del mismo magma). Ver además: extranjero.

FASE: Concepto físico-químico que designa una porción homogénea de un sistema termodinámico. El número de grados de libertad (L) de dicho sistema (vale decir, de las variables que es posible modificar sin alterar el estado de equilibrio de las fases del sistema) es igual al número de sus componentes (C) menos el número de fases (F) más dos, que se expresa de la siguiente manera: $L = C - F + 2$ (regla de las fases de Gibbs). Este concepto se aplica en temas como la cristalización de los silicatos, el estudio de las soluciones hidrotermales, las inclusiones fluidas de los minerales, etc.

FÉLSICO: Se dice de los magmas o las rocas ígneas cuya composición es rica en feldespatos y en sílice, por ejemplo, un magma riolítico o una granodiorita. Se opone al término máfico. El término felsita se utiliza para designar en general a rocas félsicas. El término *félsico* es equivalente al de ácido (p.ej., un granito es una roca ácida).

FILÓN (VETA) (en inglés *lode, vein*): El término se utiliza para designar a cuerpos emplazados en planos de falla. En cierto grado es análogo al de veta. Sin embargo, el concepto de filón es más amplio, y se puede aplicar a masas mineralizadas más irregulares y menos definidas que una veta, por ejemplo, el *Mother Lode* (Filón Madre) al que se asociaban numerosas mineralizaciones auríferas en California. En España filón denota un cuerpo mineralizado tabular emplazado a lo largo de una falla u otro accidente estructural.

FISURA: Fractura.

FLOTACIÓN (en inglés: *flotation*, menos común: *floatation*): En general el término designa cualquier proceso de concentración o purificación de un mineral (en sentido amplio) que se realiza aprovechando su menor densidad o bien su capacidad para adherirse a una burbuja de aire. El primer caso corresponde, por ejemplo, a la flotación de carbón mineral para eliminar algunas impurezas. El segundo procedimiento es de gran uso en el tratamiento de minerales sulfurados. Consiste en la molienda fina de la mena, seguida de la separación de los sulfuros de la ganga mediante la adherencia de los primeros a burbujas de aire, lograda con la ayuda de substancias surfactantes (espumantes y colectores). En España se ha utilizado históricamente el término lavado para el proceso y lavadero, para la planta de flotación. Modificando otros parámetros como el pH, es posible obtener la depresión de algunos sulfuros como pirita, logrando así concentrados de mejor ley y menor contenido de impurezas. La flotación puede ser realizada en celdas rectangulares o cilíndricas de variado tamaño, así como en columnas (flotación columnar).

FLUIDO: El término se aplica a substancias líquidas o gaseosas, cuya baja coherencia intermolecular permite su flujo. Los fluidos desempeñan un papel esencial en la segregación y transporte de los metales en las etapas pegmatítica, neumatolítica e hidrotermal que siguen a la cristalización de los magmas. También son esenciales en la formación de yacimientos de origen sedimentario y metamórfico.

FORMAS (MORFOLOGÍA) (de los yacimientos minerales): Bajo el punto de vista de la forma (morfología) los yacimientos minerales se pueden clasificar en uni, bi y triextendidos. En los uniextendidos (= morfología tubular discordante) se encuentran los yacimientos tipo chimenea de brecha de pequeño diámetro y gran extensión vertical, así como las intersecciones de dos vetas (clavos de bonanza). Los biextendidos son propios de las vetas (= morfología tabular discordante) y de los depósitos estratiformes (= morfología concordante), mientras que los triextendidos (= morfología irregular discordante) incluyen los pórfidos cupríferos. En un yacimiento puede haber combinaciones de formas, por ejemplo, un *stockwork* triextendido (= morfología irregular discordante) con una chimenea de brecha uniextendida (= morfología tubular).

FRACTURA (en inglés: *fracture*): El término incluye tanto a las diaclasas como a las fallas. En el primer caso los planos de ruptura implican una simple apertura de la roca, sin desplazamiento relativo paralelo a dichos planos, mientras que en las fallas existe desplazamiento relativo. Ambos fenómenos implican una conducta frágil de la roca (rotura). Tanto los planos de diaclasas como los de fallas pueden albergar mineralizaciones hidrotermales, aunque las mineralizaciones de mayor magnitud se desarrollan en planos de falla por la mayor extensión que estos alcanzan. También es común que los planos de falla corten y desplacen masas mineralizadas preexistentes, lo que puede facilitar la erosión de aquellas situadas en el bloque ascendente.

FREÁTICO: Se denomina nivel freático a aquel situado en una roca o sedimento que separa el acuífero saturado de la zona vadosa superior no saturada. Bajo el nivel freático, todos los poros y fracturas interconectadas están saturados de agua. Sobre el nivel freático puede haber agua subterránea en descenso, pero parte de los espacios contienen aire. Como consecuencia de ello, la zona de oxidación de los yacimientos sulfurados se desarrolla sobre el nivel freático (zona rica en oxígeno) y en cambio, la de cementación o formación de sulfuros enriquecidos se sitúa bajo él (zona pobre en oxígeno). Cuando una explotación minera corta el nivel freático, puede ser necesario bombear el agua que ingresa a las labores subterráneas o superficiales. Por otra parte, la posición del nivel freático al término de una explotación minera es un factor muy importante a considerar en el plan de cierre.

FREATOMAGMÁTICA: Designa un tipo de erupción (*maar*) así como a sus productos, por ejemplo, la brecha generada en condiciones explosivas debido a la interacción del magma con las aguas subterráneas.

FUENTE TERMAL (en inglés: *hot spring*): Es un afloramiento de aguas subterráneas calientes. Generalmente se encuentran en zonas de alto gradiente geotérmico, producto de la presencia de cuerpos magmáticos en curso de enfriamiento o de una corteza continental adelgazada por un proceso extensional de *rifting*. Su interés práctico se relaciona con la posible presencia de sistemas geotérmicos explotables (para energía geotérmica), de mineralizaciones hidrotermales o, caso más común, de su aprovechamiento médico-recreacional (termas). Con respecto a esto último, resulta curioso que la gente acuda de manera masiva y pagando para beber aguas que en otras condiciones serían consideradas no aptas para el consumo por su elevado contenido en metales pesados y metaloides.

FUGACIDAD: Parámetro termodinámico correspondiente a la presión parcial corregida de un gas (de manera de acercar los cálculos al comportamiento de un gas ideal). La fugacidad es un parámetro importante en el estudio de sistemas mineralizadores neumatolíticos. Tres parámetros importantes en dichos estudios son: la fugacidad de azufre, la del oxígeno y la del cloro.

FUMAROLA: Punto de la superficie terrestre del cual escapan gases a alta temperatura, el que puede estar bajo aire o bajo agua. Las fumarolas son comunes en áreas volcánicas y a ellas se asocia la formación de depósitos de azufre nativo, por reacción de anhídrido sulfuroso con ácido sulfhídrico: $SO_2 + 2H_2S \rightarrow 3S^0 + 2H_2O$.

FUNDENTE: Sustancia que tiene la propiedad de disminuir el punto de fusión de otras, facilitando dicho proceso o retardando su cristalización. Por ejemplo, el agua actúa como un fundente respecto a rocas y magmas silicatados, debido a su efecto despolimerizante. De ahí que el mayor contenido de agua favorezca el emplazamiento más cercano a la superficie de los magmas ricos en sílice (cuya viscosidad dificulta en principio su ascenso).

G

GABRO: Roca ignea máfica plutónica constituida por plagioclasa cálcica, piroxeno y olivino (= olivina), vale decir, similar a un basalto (su equivalente volcánico) en términos composicionales. Los gabros están asociados a mineralizaciones de elementos siderófilos, como cromo, níquel y platinoides.

GALERÍA (en inglés: *drift* y si es de acceso: *adit*): En minería subterránea corresponde a un túnel, esto es, se trata de una labor horizontal. Se complementa con los piques (en inglés: *shaft* o *raise*) (= pozos) y con labores inclinadas (*inclined shafts*). Estas labores permiten el acceso a la mina, y a los cuerpos mineralizados, así como su ventilación y la extracción de los minerales explotados.

GANGA (en inglés: *gangue*): Minerales constituyentes de la mineralización de un yacimiento que no tienen interés económico para quienes explotan el yacimiento. Generalmente el término se utiliza para silicatos o minerales no metálicos, como la calcita. Los minerales de ganga de una explotación pueden llegar a adquirir valor económico, por ejemplo, la baritina (= barita) de una explotación de plata. Esto depende del precio que alcancen, de la existencia de un poder de compra local, de las inversiones requeridas para su concentración, etc. En situación intermedia se encuentran los minerales integrantes de la mena, que pueden o no ser recuperados. Por ejemplo, recientemente se inició la concentración de magnetita en el yacimiento cuprífero de Candelaria (Copiapó, Chile), mineral que antes no era aprovechado económicamente. Esto se facilita porque el proceso de molienda (etapa intensiva en costos) debe realizarse de todas maneras para separar el mineral principal. En todo caso, siempre que se explote un yacimiento debería considerarse en su totalidad mineralógica y separar los desechos sólidos del proceso con vistas a posibles recuperaciones futuras de subproductos. Ver además: mena.

GEOESTADÍSTICA (en inglés: *geostatistics*): Los métodos tradicionales de evaluación de reservas de yacimiento asumen un carácter isótropo de la distribución de sus leyes. En consecuencia, estiman la ley de los puntos no muestreados sobre la base de sus distancias a aquellos de ley conocida por haber sido muestreados y analizados. Para esto se utilizan los criterios de los inversos de las distancias (ID) o de los inversos de los cuadrados de las distancias (ID^2). Esto implica que la validez de la estimación disminuye con la distancia o el cuadrado de esta. Alternativamente, las leyes pueden ser estimadas por áreas de confianza. Así, en una sección podemos extrapolar las leyes medias de un sondeo (= sondaje) hasta la distancia media que existe entre este y el sondeo siguiente. En cambio la geoestadística (ciencia fundada por el matemático francés G. Matheron) considera no solo la posición de los puntos conocidos en el espacio sino que además, la isotropía-anisotropía de los datos mediante el estudio de la función $\gamma(h)$, esto es, el variograma: $\gamma(h) = \frac{1}{2} n \Sigma [Z(Xi) - Z(Xi + h)]^2$, donde h es la distancia entre las muestras, Xi es la posición de cada muestra, Z es el valor de la muestra en el punto Xi y n el número de pares considerados. A partir de esta función, se puede estudiar el sistema en términos de la variación espacial, determinando el *alcance* (distancia máxima de confiabilidad) en función de la anisotropía de los datos. Así, puede que los datos presenten una mayor continuidad N-S que E-W (el *alcance* sería mayor en el primer caso). Una vez establecido el modelo de variograma (modelización espacial de la anisotropía del sistema) se puede interpolar los datos espacialmente mediante la técnica de *kriging*. En otras palabras, el *kriging* incorpora la anisotropía determinada por el variograma posibilitando una estimación espacial mucho más confiable. Por otra parte el *kriging* permite conocer *a priori* la varianza de los errores que se cometerán en la estimación. Según el cuerpo mineralizado presente límites difusos o bien límites geológicos netos, se utiliza el *kriging* convencional o bien *kriging* bajo restricción geológica.

GEOFÍSICA (en inglés: *geophysics*): En exploración minera se utiliza una amplia gama de métodos geofísicos. En términos básicos, se trata de conocer la expresión o la respuesta de las rocas no expuestas y los posibles yacimientos asociados a ellas en términos de sus propiedades físicas. Estas propiedades incluyen: a) densidad (en términos de masa gravitacional), b) magnetismo, c) reflexión y refracción de ondas sísmicas, d) conductividad eléctrica, e) respuesta a ondas electromagnéticas, f) conductividad térmica, etc. Algunos métodos geofísicos, como gravimetría, magnetometría, etc. implican simplemente realizar mediciones. En otros casos, como la sísmica, conductividad eléctrica, etc. es necesario producir un efecto (p.ej., una explosión, la generación de corrientes eléctricas, ondas electromagnéticas, etc.) para registrar la correspondiente respuesta. Los métodos basados en radioactividad son un tipo especial de métodos de exploración, situados a medio camino entre la geofísica y la geoquímica (puesto que permiten detectar indirectamente los isótopos radioactivos presentes). Realizadas las mediciones y su corrección, así como el proceso matemático de la información, se elabora un modelo geofísico que explica la anomalía detectada (lo cual puede ser realizado por varios modelos alternativos). Dicho modelo se utiliza en conjunto con el resto de la información modelizada (geológica, geoquímica, mineralógica, etc.) para seleccionar los blancos de sondajes (= sondeos), o bien detener por el momento la exploración, o descartar el área estudiada si los resultados son negativos. La geofísica es una herramienta de apoyo, y no una técnica definitiva. Esto quedó comprobado durante la exploración del yacimiento de Neves Corvo (Portugal), donde sin la modelización tectónica habría sido imposible orientar adecuadamente los sondajes (= sondeos) por los datos gravimétricos, como se comprobó después de algunos errores preliminares.

GEOQUÍMICA (en inglés *geochemistry*): La geoquímica es la ciencia que estudia la distribución de los elementos químicos en la Tierra y en otros planetas, y elabora las leyes que describen dicha distribución y las hipótesis que la explican. Puesto que los yacimientos minerales constituyen concentraciones anómalas de elementos minerales o sustancias (como el carbón o el petróleo), la detección de las anomalías superficiales de estos permite la detección de yacimientos profundos ocultos o bien de depósitos superficiales situados a cierta distancia de las muestras analizadas. El segundo caso corresponde, por ejemplo, al de un yacimiento que aflora en el área de nacimiento de un río, cuyos contenidos metálicos contaminan sus aguas y sedimentos y permiten por lo tanto su detección a distancia. Los métodos geoquímicos de exploración minera se clasifican según el material muestreado y su origen. Tenemos así a) geoquímica de rocas, b) geoquímica de suelos, c) geoquímica de aguas y sedimentos (de la red de drenaje, de lagos, etc.), y d) biogeoquímica (normalmente de plantas). Un método asociado, que no es propiamente geoquímico es la geobotánica, basado en la observación de cambios de color o morfología en las plantas, que pueden ser interpretados en términos de altas concentraciones de metales o metaloides en los suelos. Los notables avances en las técnicas analíticas instrumentales para metales y metaloides permiten hoy trabajar con análisis de decenas de elementos químicos en cada muestra a costos (= costes) muy bajos. La exploración (= prospección) geoquímica ha sido notablemente efectiva en el descubrimiento de nuevos yacimientos y es utilizada en todo tipo de exploraciones mineras. También tiene aplicaciones importantes en la exploración de hidrocarburos. Por otra parte, similares criterios y procedimientos son utilizados por la geoquímica ambiental, que investiga concentraciones anormales de elementos o sustancias que pueden tener efectos tóxicos, ya sea debidas a procesos naturales o a actividades humanas (mineras, industriales, agrícolas etc).

GEOTECNIA (en inglés: *geotechnics*): La geotecnia es una disciplina profesional dedicada a las aplicaciones ingenieriles de la geología, la geomecánica y la hidrogeología. Por ejemplo, al planificar la construcción de un túnel que atraviesa una montaña, se parte con: a) un modelo geológico que describe las rocas presentes y sus estructuras, b) un modelo hidrogeológico que muestra el comportamiento del agua subterránea y c) un modelo geomecánico. Este último describe los parámetros físicos de las rocas presentes y su conducta frente a la activación de sus estructuras por los cambios de magnitud y dirección de los esfuerzos que implica la obra de ingeniería a realizar. Corresponde a la geotecnia utilizar esta información en la elaboración de un modelo predictivo, tanto del comportamiento del macizo rocoso y sus aguas subterráneas durante la excavación del túnel, como de la situación del sistema una vez completada la obra.

GEOTERMOMETRÍA: El término se refiere a la determinación de la temperatura de formación de minerales, ya sea mediante el estudio de inclusiones fluidas, del grado de algunos reemplazos diadócicos (por ejemplo, el contenido de Fe en esfalerita es directamente proporcional a su temperatura de formación) o de la presencia de estructuras de desmezclas de minerales (cuya presencia permite fijar temperaturas mínimas de formación). Las inclusiones fluidas representan una muestra de las soluciones hidrotermales a partir de las cuales se formaron los minerales. En consecuencia, en el caso de inclusiones fluidas que incluyen dos o más fases, la temperatura a la cual se homogenizan es indicativa de su temperatura de formación.

GOSSAN: Se denomina así a la cubierta oxidada y lixiviada desarrollada sobre un yacimiento sulfurado aflorante meteorizado. El estudio de los minerales oxidados de hierro presentes (goethita, hematita, jarosita) así como el de las celdillas residuales dejadas por la oxidación de los minerales sulfurados, constituyen criterios diagnósticos valiosos en la evaluación preliminar del yacimiento subyacente. Ver además: celdillas residuales.

GRANATES (en inglés: *garnet*): Son nesosilicatos, cuya fórmula general es: $Me_3^{2+} Me_2^{3+} Si^3 O_{12}$, donde Me^{2+} puede ser Ca, Mn, Fe^{2+} o Mg y Me^{3+} puede corresponder a Al o Fe. Según su catión Me^{2+}, se clasifican en granates cálcicos, de Mn, etc. Cristalizan en la clase hexaquisoctaédrica del sistema cúbico. Son minerales característicos del metamorfismo de contacto de secuencias pelíticas, carbonatadas y volcánicas y junto a piroxeno y anfíbolas (= anfíboles), son los minerales de ganga principales de los yacimientos tipo skarn. En términos generales, los skarn de Cu y Mo están asociados a granates de $Ca^{2+} Fe^{3+}$ (andradita). En dichos depósitos, la coloración del mineral puede indicar la proximidad al cuerpo intrusivo, al adquirir éste una coloración rojiza intensa. Aparte de su valor diagnóstico, los granates tienen valor como minerales industriales debido a sus propiedades abrasivas, recuperándose como minerales aluviales de depósitos tipo placer, formados por meteorización y erosión de rocas afectadas por metamorfismo de contacto.

GRANITOIDE (en inglés: *granitoid*): Término de uso general para designar rocas plutónicas de composición ácido-intermedia (como granodiorita, tonalita, monzonita, etc.).

GRANODIORITA: Roca ígnea plutónica formada por plagioclasa sodico-cálcica, feldespato potásico, hornblenda, biotita y cuarzo. Su equivalente volcánico es la dacita. La composición de los pórfidos cupríferos de la cadena andina es granodiorítica, a diferencia de la composición diorítico cuarcífera – andesítica de los pórfidos cupríferos de arcos de islas oceánicas.

GREISSEN: Tipo de alteración neumatolítica-hidrotermal típica de algunos yacimientos asociados a intrusiones graníticas como los de Sn-W. La mineralogía del greissen incluye muscovita (= moscovita), feldespato (de Na o K), cuarzo, topacio, turmalina y fluorita.

H

HALOGENUROS: Minerales que incluyen un elemento del grupo 7A de los halógenos (F, Cl, Bi, I). Por ejemplo, la querargirita (AgCl) (= clorargirita) es un halogenuro.

HETEROCRÓNICOS: Término usado por P. Routhier para denominar a yacimientos de los mismos metales, pero de distinta edad presentes en un dominio metalogénico.

HETEROTÍPICOS: Yacimientos de los mismos metales principales, pero de distinta tipología presentes en un dominio metalogénico (P. Routhier).

HERENCIA: En metalogénesis se refiere a la hipótesis de que el contenido metálico de algunos yacimientos presentes en un dominio o provincia metalogénica pudo provenir de otros depósitos más antiguos de los mismos metales principales, que enriquecieron niveles inferiores subyacentes del mismo dominio o provincia.

HIDROCARBUROS (en inglés: *hydrocarbons*): Son compuestos de carbono e hidrógeno que integran el gas natural, el petróleo, los esquistos bituminosos y las arenas alquitranadas. El tipo más común es el de la serie alifática, y tiene por fórmula general C_nH_{2n+2}. Los más livianos de la serie son gaseosos a presión atmosférica normal, como los constituyentes del gas natural (CH_4 a C_3H_8: metano a propano) o del gas licuado (C_3H_8 y C_4H_{10}: propano a butano), luego siguen los líquidos (como el octano C_8H_{18}, que define el octanaje de la bencina, y los hidrocarburos de las parafinas). Finalmente, los de mayor peso molecular son sólidos. La combustión de los hidrocarburos genera más energía por unidad de emisiones de CO_2 que el carbón, debido a la contribución del H, cuya oxidación $2H_2 + O_2 \rightarrow 2H_2O$ entrega energía adicional a la producida por la oxidación del carbono.

HIDRÓLISIS: El agua pura a 25°C se encuentra débilmente ionizada a través del siguiente equilibrio: $H_2O = H^+ + OH^-$, y el producto de equilibrio (Kw) es [H$^+$] [OH$^-$] = 10^{-14} moles/litro. Así [H$^+$] = [OH$^-$] = 10^{-7} (la concentración de hidrogeniones es igual a la de oxidrilos = 10^{-7}). Por esto el pH del agua pura es 7 (pH = - log [H$^+$] = - log (-7) = 7). Etimológicamente la hidrólisis no es más que la descomposición de una substancia por la acción del agua. El término proviene de un período antiguo de la química, en el que se pensaba que el agua podía dividir una sal en un ácido y una base, por ejemplo: $CaCO_3 + 2H_2O \rightarrow Ca(OH)_2 + H_2CO_3$. La realidad es diferente, más compleja, y lo que muestra son equilibrios y reequilibrios a medida que el carbonato de calcio (ejemplo de arriba) reacciona con los hidrogeniones (H$^+$) del agua: $CaCO_3 + H^+ \rightarrow Ca^{2+} + HCO_3^-$ (a). La reacción implica un consumo de hidrogeniones, lo cual lleva a que se ionice más agua para mantener el equilibrio: $H_2O = H^+ + OH^-$ (b). Si combinamos las reacciones (a) y (b) tendremos: $CaCO_3 + H_2O \rightarrow Ca^{2+} + OH^- + HCO_3^-$, la cual representa de manera más adecuada el proceso de hidrólisis, pudiéndose observar el carácter alcalino que adopta el sistema. La hidrólisis juega un papel principal en la destrucción de los feldespatos, tanto en procesos hidrotermales como supergénicos. Por ejemplo: $3KAlSi_3O_8 + 2H^+ \rightarrow KAl_3Si_3O_{10}(OH)_2 + 6SiO_2 + 2K^+$ (paso de feldespato potásico a sericita) y $2KAl_3Si_3O_{10}(OH)_2 + 2H^+ + 3H_2O \rightarrow 3Al_2Si_2O_5(OH)_4 + 2K^+$ (paso de sericita a caolinita).

HIDROMETALURGIA (en inglés: *hydrometallurgy*): La hidrometalurgia incluye una amplia gama de tecnologías de procesos metalúrgicos, que tienen en común el hecho de que las reacciones se realizan en un medio acuoso. Aunque la mayoría de los procesos hidrometalúrgicos se realizan a temperatura ambiente y en espacios abiertos (ya sea estanques o pilas) también existen procesos en caliente, que se realizan en autoclaves. Por otra parte, se ha considerado (y realizado en algunos casos) la hidrometalurgia *in situ* de depósitos oxidados y fracturados, recuperando las soluciones enriquecidas en metales mediante bombeo o túneles. Los procesos hidrometalúrgicos de mayor uso son los de lixiviación de minerales oxidados de cobre en medio ácido (ácido sulfúrico diluido), lo que conlleva la formación de sulfatos solubles de cobre ($CuSO_4 = Cu^{2+} + SO_4^{2-}$). Por ejemplo:

- Crisocola: $CuSiO_3 \cdot 2H_2O + H_2SO_4 \rightarrow CuSO_4 + SiO_2 + 3H_2O$
- Brochantita: $Cu_4(OH)_6SO_4 + 3H_2SO_4 \rightarrow 4CuSO_4 + 6H_2O$
- Atacamita: $Cu_2Cl(OH)_3 + 2H_2SO_4 \rightarrow 2CuSO_4 + HCl + 3H_2O$

Además, se realiza la lixiviación de oxidados y sulfuros ricos de cobre (calcosina, bornita, covelina = covellina) con apoyo bacterial (biolixiviación). También es muy importante la lixiviación cianurada de oro en medio alcalino, que reemplazó al nivel industrial el método tradicional de amalgamación mercurial del oro, por ejemplo:

$$2Au0 + 4CN\text{-} + O2 + 2H2O \rightarrow 2Au[(CN)2]2\text{-} + 2OH\text{-} + H2O2$$

La hidrometalurgia ofrece importantes ventajas económicas y puede ser acompañada de la obtención directa del metal puro (en el caso del Cu, por extracción con solventes orgánicos seguida de electrolisis). Por otra parte, es menos exigente en materia de molienda que la flotación de sulfuros y evita la contaminación del aire que implica la posterior pirometalurgia de los minerales sulfurados concentrados. En cambio, implica algunos riesgos de contaminación, en particular de las aguas subterráneas. Las exigencias ambientales respecto a limitar las emisiones de SO_2 de las fundiciones de sulfuros de cobre han llevado a su recuperación bajo la forma de ácido sulfúrico. En Chile, esto ha producido una beneficiosa sinergia, al generar grandes cantidades de ácido sulfúrico de bajo costo, las que han sido utilizadas en la hidrometalurgia del cobre.

HIDROSTÁTICA: Ver presión hidrostática.

HIDROTERMAL (en inglés: *hydrothermal*): El término se aplica a toda solución acuosa caliente de origen natural. Las soluciones hidrotermales pueden tener distintos orígenes, entre los principales: a) agua contenida en solución en un magma y liberada en el curso de su cristalización, b) agua contenida en sedimentos, que se separa en el curso de la diagénesis y litificación de la secuencia, c) agua liberada en el curso del metamorfismo de rocas, d) aguas subterráneas calentadas por efecto de un alto gradiente geotérmico debido a un cuerpo magmático en cristalización, al desarrollo de un rift, etc. Las soluciones hidrotermales salinas (*brines*) tienen un especial potencial para lixiviar metales de las rocas, así como para transportarlos, debido a su capacidad para formar iones metálicos complejos con los aniones que contienen (p.ej. complejos clorurados). La etapa hidrotermal constituye la última fase de la cristalización de un magma, después de la cristalización principal, la etapa pegmatítica y la neumatolítica.

HIPABISAL: Nivel de cristalización de un cuerpo magmático comprendido entre el nivel plutónico o profundo, propio de un batolito (4-5 km) y el nivel subvolcánico, próximo a la superficie (menos de 2 km). A este nivel corresponde el emplazamiento de los pórfidos cupríferos (2-3 km).

HIPÓGENO (HIPOGÉNICO): El término indica el origen de un mineral o de una solución en el sentido de que proviene de la profundidad. Por ejemplo, un mineral depositado por una solución hidrotermal procedente de la cristalización de un cuerpo ígneo se considera hipógeno (al igual que la solución respectiva). El término se opone a supérgeno (= supergénico), proveniente de la superficie, por ejemplo, los minerales secundarios de la zona de cementación (= enriquecimiento) de sulfuros.

HIPOTERMAL (en inglés: *hypothermal*): En la clasificación de los yacimientos hidrotermales propuesta por Lindgren, denomina a aquellos formados a mayor temperatura, entre 500° y 300°C. En el proceso de cristalización de un magma, corresponde a aquellos formados por las soluciones hidrotermales tempranas, de mayor temperatura. Es importante considerar el hecho de que, en grandes yacimientos, de larga y compleja evolución como los pórfidos cupríferos o los yacimientos ferríferos tipo Kiruna, el proceso de formación puede incluir las etapas hipotermal, mesotermal y epitermal (tardía). Esto se expresa tanto en la mineralización como en la alteración hidrotermal asociada (p. ej., la mineralización principal asociada a la zona potásica de un pórfido cuprífero es hipotermal, pero aquella relacionada con la zona fílica es mesotermal).

HORNFELS: Ver rocas corneanas (= córneas).

HOT SPRING: En términos literales corresponde a fuente o manantial caliente. En la terminología de los tipos de yacimientos epitermales, designa a aquellos depósitos, generalmente de oro diseminado asociados a antiguos campos geotérmicos, esto es, muy próximos a la superficie. Otros tipos principales de depósitos epitermales son los denominados Bonanza (filones) y Carlin (oro diseminado en rocas pelíticas carbonatadas, ricas en materia carbonosa).

HUNDIMIENTO DE BLOQUES (en inglés: *block caving*): Método de explotación subterránea aplicado a grandes yacimientos de formas triextendidas, como los pórfidos cupríferos. A medida que los bloques diseñados van siendo hundidos y sus rocas mineralizadas extraídas, y el proceso progresa hacia niveles más profundos, se va formando un cráter de subsidencia en la superficie de la explotación. Se trata de un método de importante utilización, que puede ser empleado solo (p.ej., El Teniente, Chile) o en combinación con explotaciones a cielo abierto (p.ej., Río Blanco; Chile).

I

IGME: Instituto Geológico y Minero de España. Es la institución encargada de la cartografía del territorio nacional por mandato del Estado. Entre las funciones del IGME se encuentran las siguientes: a) elaborar y publicar la cartografía geológica nacional (Plan MAGNA) así como las cartografías temáticas para los programas y planes nacionales, las obras de infraestructura y la ordenación del territorio, y para otros fines dentro del ámbito de actividad del IGME; y b) estudiar el terreno continental, insular y el fondo marino en cuanto sea necesario para el conocimiento del medio geológico e hidrogeológico, en sus múltiples vertientes, tales como sus recursos, los procesos naturales, la vulnerabilidad de la actividad humana y sus implicaciones medioambientales, entre otras, así como realizar las correspondientes observaciones, controles e inventarios. Ver además SERNAGEOMIN.

INCLUSIONES FLUIDAS: Son aquellas presentes en cavidades presentes en un cristal (p.ej. de cuarzo), producto de un defecto en su proceso de crecimiento que dejó ese vacío. Las inclusiones pueden estar formadas por varias fases: líquida, gaseosa y sólidos cristalinos (generalmente cloruros de Na o Ca). Se considera que el fluido que rellena las cavidades corresponde a la composición de la solución hidrotermal homogénea de la que se formó el cristal. La salinidad de la inclusión fluida se puede determinar mediante criometría, vale decir, el descenso de la temperatura de cristalización del agua producido por efecto de su mayor contenido de sales. Respecto a su utilización para determinar la temperatura de formación del cristal, ver Geotermometría.

INDICADAS: Ver reservas.

INFERIDAS: Ver reservas.

INTRUSIVO: Se dice de un cuerpo geológico, normalmente de origen magmático (también hay diapiros salinos intrusivos y cuerpos peridotíticos de emplazamiento tectónico intrusivo) que se emplazó en un macizo rocoso preexistente. Dicho emplazamiento ocurre ya sea: a) hundiendo y asimilando las rocas en la que se intruye (caso de los batolitos); b) aprovechando y expandiendo zonas de debilidad (p.ej., un dique en una zona de falla); c) abriéndose espacio entre dos estratos (filones mantos y lacolitos); o d) emplazándose de modo forzado generando deformación. El primer mecanismo (a) (en inglés *magmatic stoping*), desempeña un papel principal en el emplazamiento de los batolitos de tipo andino. Los cuerpos magmáticos intrusivos desempeñan un papel principal en la formación de la mayoría de los yacimientos metalíferos hidrotermales, tanto como fuente térmica para activar celdas de convección, como por su aporte de metales y de elementos mineralizadores (S, Cl, etc). En algunos casos el intrusivo es también importante por su contribución de agua magmática y su participación en el desarrollo de estructuras de origen explosivo.

IOCG: Es un término muy amplio y por lo tanto poco preciso y ambiguo. Se trata de un acrónimo a partir de las iniciales de *iron ore*, *copper*, *gold*. Designa los yacimientos cuya mineralización de cobre y oro está asociada a óxidos de Fe: magnetita y/o hematita. El interés por estos yacimientos surgió a raíz del descubrimiento en 1975 del yacimiento de Olympic Dam en el sur de Australia, que alberga varios miles de millones de toneladas de minerales de cobre, oro, uranio y tierras raras asociados a óxidos de Fe. En Chile, están representados (de alguna manera) por el yacimiento de Candelaria, en Copiapó. Según se asocien con magmas más o menos alcalinos estos depósitos presentan o no enriquecimiento en U, Y y elementos de las tierras raras. En Chile la faja con mejores expectativas para encontrar este tipo de yacimientos corresponde a los afloramientos de secuencias cretácicas intruidas por granitoides de 120-100 Ma, que incluye depósitos ferríferos del tipo Kiruna, así como yacimientos de Cu-Au-(Fe) con ganga de actinolita o de tipo skarn.

IONES METÁLICOS COMPLEJOS: En las soluciones hidrotermales sulfuradas, los metales pesados (Cu, Zn, Ni, Cd, Ag, Au, Hg, etc.) no se encuentran disueltos en forma iónica simple (lo que no es factible, por el bajísimo producto de solubilidad de sus sulfuros), sino formando iones complejos con elementos no-metálicos o metaloides. Por ejemplo, el Au se disuelve bajo la forma de $Au(HS)_2^-$, Hg bajo la forma de HgS_2^{2-} etc., mientras Cu, Zn, Pb y otros metales se disuelven formando iones complejos clorurados. Estos iones complejos son tanto más estables cuanto más pesado es el elemento metálico. Su precipitación ocurre cuando se desestabilizan por cambios bruscos de T, P o composición química. Por ejemplo, en el caso del $Au(HS)_2^-$, su pH ideal es ligeramente ácido (alrededor de pH 5.5). Si el pH disminuye, entonces: $HS^- + H^+ = H_2S$; si aumenta, $HS^- + OH^- = S^{2-} + H_2O$. Por lo tanto, al disminuir la concentración de HS^- el complejo se desestabiliza y precipita Au. La lixiviación cianurada de oro, en la cual el metal es disuelto en forma de $Au(CN)_2^-$ constituye una aplicación industrial del mismo mecanismo. En general, existe concordancia entre los patrones de zonación de minerales en un yacimiento complejo y la estabilidad de los iones complejos que forman los respectivos metales. Ver además: hidrometalurgia, hidrotermal, zonación.

IONIZACIÓN: Se denomina así al proceso por el cual un elemento o grupo de elementos (p.ej., SO_4^{2-}) pierde o gana electrones. Por ejemplo, al disolver H_2SO_4 en agua $H_2SO_4 = 2H^+ + SO_4^{2-}$ (donde los electrones de los H^+ han sido transferidos al grupo SO_4^{2-}). La ionización ocurre generalmente en soluciones acuosas, facilitada por el carácter eléctrico bipolar de la molécula de agua. Sin embargo, también puede ocurrir en un gas (plasma).

ISÓTOPOS (en inglés: *isotopes*): El modelo simple de átomo propuesto por E. Rutherford en 1919, aún válido para muchos propósitos, considera que el átomo está constituido por tres clases de partículas: protones (masa 1, carga +1), neutrones (masa 1, carga 0) y electrones (masa 0,0005, carga -1). Los neutrones se comportan como si estuvieran formados por la unión de un protón y un electrón (ver radioactividad). Protones y neutrones se encuentran en el núcleo del átomo, mientras los electrones se sitúan en órbitas en torno al núcleo, y las más externas definen la valencia del respectivo elemento. La naturaleza del elemento químico, (es decir, de qué elemento se trata) está determinada por el número de protones que éste posee, mientras que la masa del átomo depende de la suma de sus protones y neutrones. Cuando dos átomos del mismo elemento poseen diferente masa, se dice que son distintos isótopos de ese elemento. Por ejemplo, existe un isótopo de oxígeno de masa 16 (8 protones y 8 neutrones: ^{16}O) que es el más abundante y uno muy poco abundante de masa 18 (8 protones y 10 neutrones: ^{18}O). Los isótopos pueden ser estables o radioactivos (ver radioactividad). Los isótopos estables poseen similares propiedades químicas, pero propiedades físico-químicas y bioquímicas ligeramente diferentes. Esto se utiliza para diversos e importantes propósitos, como paleo-determinaciones de la temperatura atmosférica y de las aguas oceánicas; determinación del origen geoquímico o bioquímico del azufre de la pirita y otros sulfuros; estimación del origen cortical o sub-cortical del Pb de yacimientos minerales y del grado de contaminación cortical de magmas, considerando las razones isotópicas de Sr ($^{87}Sr/^{86}Sr$); determinación del origen químico o bioquímico de los nitratos, etc.

ISÓTROPO: Se dice de un cuerpo cuyas propiedades físicas, físico-químicas o químicas no presentan diferencias sistemáticas según la dirección en la cual se miden dichas propiedades o sus variaciones.

J

JASPE (en inglés: *jasper*, *chert*): Es un sinter silíceo, vale decir, un precipitado de sílice formado por evaporación del agua (y/o descenso de su temperatura) sobre o cerca de la superficie de la Tierra. Es común en manantiales calientes y campos geotérmicos. El jaspe rojo ferruginoso es denominado *carneola* por los mineros en Chile.

JAROSITA: Sulfato hidratado de Fe y K ($KFe_3(SO_4)_2(OH)_6$) perteneciente al grupo de la alunita. Es un mineral secundario de color amarillo que se presenta formando costras o recubrimientos en zonas de oxidación de minerales sulfurados ricos en pirita. Ver además: alunita.

K

KARST: El término designa la topografía de hundimientos, formación de cuevas, y drenaje subterráneo que se producen en terrenos de afloramientos de rocas carbonatadas, en regiones de clima lluvioso. Estos rasgos morfológicos e hidrológicos son consecuencia de la disolución del carbonato de calcio: $CaCO_3 + CO_2 + H_2O \rightarrow Ca^{2+} + 2HCO_3^-$. Aunque los yacimientos estratoligados de Pb-Zn del tipo *Mississippi Valley* se formaron debido a la acción de extensos sistemas hidrotermales, parte de la mineralización se asocia a rasgos de probable origen kárstico en las rocas carbonatadas que albergan la mineralización sulfurada.

KIMBERLITAS: Se denominan así las rocas presentes en estructuras tipo chimeneas de brecha (= diatremas) profundas constituidas por material peridotítico originado en el manto, en las cuales se puede encontrar mineralización diseminada de diamantes. La parte superficial de la brecha, oxidada, presenta un color amarillento (*yellow ground*) y la inferior no oxidada, un color azulado (*blue ground*). La erosión de las chimeneas (= pipas) kimberlíticas da lugar a la formación de depósitos secundarios de diamantes del tipo placer, ya sea situados en sedimentos aluviales o en sedimentos marinos costeros (p.ej., en Namibia SW de África).

KIRUNA: Kiruna Vaara es un gran yacimiento de hierro (magnetita) de origen magmático, situado en el norte de Suecia. Define un tipo de yacimiento de hierro (= fierro) denominado *Kiruna*, equivalente al de *volcanic hosted magnetite* (magnetita en rocas volcánicas). Estos yacimientos se caracterizan por su asociación con magmas sub-volcánicos calcoalcalinos o alcalinos y una mineralogía que incluye piroxenos fibrosos o actinolita, apatita (= apatito), escapolita y contenidos menores de sulfuros, así como menores contenidos en V y Ti. Los yacimientos ferríferos cretácicos de la Cordillera de la Costa de Chile y del sur del Perú pertenecen a este tipo, así como el yacimiento plioceno de El Laco (Antofagasta, Chile).

KUROKO: Son yacimientos del tipo sulfuros masivos (= macizos) formados en un ambiente submarino. Los depósitos tienen una raíz consistente en una mineralización tipo stockwork de pirita-calcopirita y una parte superior formada sobre la superficie del fondo marino contemporáneo, constituida por agregados finos de sulfuros polimetálicos (Cu, Pb, Zn). Estos sulfuros presentan una fina textura y color negro (*kuroko* es una palabra japonesa que significa *mena negra*) si los sulfuros de Pb y Zn dominan la mineralización. También pueden observarse rasgos típicamente sedimentarios en las menas masivas depositadas sobre el fondo marino. Estos yacimientos son abundantes en Japón, donde fueron descritos y caracterizados tipológicamente. En Chile, los yacimientos cupríferos estratiformes del distrito Punta del Cobre presentan ciertas analogías con este tipo de depósitos. Quizás si el ejemplo más notable de este tipo se encuentre en España: Rio Tinto, que es el principal yacimiento de una provincia metalogénica (Faja Pirítica Ibérica) que se extiende de España a Portugal, y que incluye otros yacimientos como Tharsis, Aznalcollar, La Zarza, Aljustrel, y Neves Corvo (entre otros).

L

LAMPRÓFIROS: Se denomina así a rocas de afinidad alcalina, constituidas exclusivamente por minerales ferromagnesianos, y generalmente presentes en forma de diques. Investigadores de la ULS (Universidad de La Serena, Chile) encontraron en el distrito Los Mantos de Punitaqui (Cu-Au-Hg, Región de Coquimbo, Chile) pseudolamprófiros. Estos están constituidos por andesitas porfíricas cuyas plagioclasas albitizadas presentan color negro brillante y aspecto de anfíbolas (= anfíboles) debido a la presencia de finas inclusiones de magnetita. En consecuencia, puede que algunos lamprófiros presentes en distritos mineros tengan similar origen.

LATERITA: Los suelos lateríticos se desarrollan bajo climas cálidos lluviosos y pueden alcanzar en condiciones topográficas favorables varias decenas de metros de espesor. Estos suelos se caracterizan por presentar color rojo. Diversos tipos de yacimientos se pueden formar durante la laterización de las rocas ígneas:

- Rocas félsicas aluminosas (ricas en feldespato) → yacimientos de bauxita: gibbsita: $Al(OH)_3$, boehmita: γ-$AlO(OH)$, y diáspora: α-$AlO(OH)$.
- Rocas máficas ricas en Fe → óxidos de Fe.
- Rocas máficas magnesianas ricas en Ni → óxidos de hierro y garnierita (mena verde de Ni).

LEY (en inglés: *grade*): El término denota el porcentaje de un elemento químico o de un mineral industrial, ya sea en una muestra, en un bloque mineralizado o en un yacimiento (ley media). La ley media de un depósito depende de la parte de él que se considere, y naturalmente desciende en la medida que se incluyen zonas más pobres en el cálculo de sus reservas. En consecuencia es normal que se genere una relación inversa entre la magnitud de las reservas calculadas y su ley media, a menos que el crecimiento de las reservas se deba al descubrimiento de un nuevo cuerpo mineralizado más rico, ya sea en el mismo yacimiento o en sus inmediaciones.

LEY DE CORTE (en inglés: *cut off grade*): El término designa aquella ley bajo la cual el mineral extraído no es enviado a la planta para su beneficio metalúrgico. Puesto que esa ley puede variar conforme a factores económicos o tecnológicos, el mineral de ley inferior a la de corte, pero que presenta contenidos apreciables de mineral, debe ser apilado separadamente por su posible valor futuro.

LIMONITA (en inglés: *limonite*): Agregado de óxidos, óxidos hidratados, hidróxidos de hierro y sulfatos de Fe y K que se forman durante la oxidación de los sulfuros en la parte superior de un yacimiento (gossan). Las limonitas incluyen minerales tales como la goethita, jarosita, y hematita (= hematites) entre otros. El tipo más común es la goethita, que se forma de la siguiente manera (ecuación simplificada): $Fe^{3+} + 2H_2O \rightarrow 4FeO(OH) + 3H^+$. Las limonitas de los gossans son utilizadas por su valor diagnóstico para estimar el probable interés de la mineralización subyacente. La limonita forma un compuesto de baja solubilidad con molibdeno (ferromolibdenita), que dificulta la migración de ese metal. De ahí que el análisis geoquímico por Mo sea mejor indicador de la mineralización principal que el análisis por Cu, elemento que migra fácilmente. Esto es especialmente pertinente en exploración de pórfidos cupríferos. Las mezclas de limonitas con minerales enriquecidos en Cu reciben el nombre de *almagre* (Chile). En España el término *almagre* denota un agregado de sulfatos en los que predomina la alunita con óxidos de Fe (de ahí su color rojo). Ver además: gossan, celdillas residuales.

LITOLOGÍA (en inglés: *lithology*): El término abarca todo lo referente a las rocas, incluido su metamorfismo y alteración hidrotermal. Junto con la estructura (control estructural), la litología ejerce un control principal sobre la distribución de la mineralización en un yacimiento

LITOSTÁTICA: Ver presión litostática.

LIXIVIACIÓN (en inglés: *leaching*): Efecto de disolución ejercido por una solución sobre los materiales a través de los cuales circula. La lixiviación desempeña un papel muy importante en la formación de yacimientos metalíferos. Por ejemplo, los metales contenidos en secuencias sedimentarias pueden ser lixiviados por soluciones salinas durante su diagénesis, y depositados en contextos favorables. Otro tanto hacen las soluciones hidrotermales al atravesar secuencias volcánicas o sedimentarias.También la lixiviación desempeña un papel principal en la formación de sulfuros secundarios y de depósitos exóticos de cobre a expensas del metal lixiviado desde la zona de oxidación. La lixiviación es un proceso fundamental en las operaciones hidrometalúrgicas (p. ej., lixiviación en pila).

LOPOLITO: Cuerpo ígneo intrusivo y concordante que presenta una forma de embudo y alcanza decenas de km de diámetro. Los lopolitos se encuentran en ambientes tectónicos de escudo, y a ellos se asocian importantes yacimientos de Cr, Ni y platinoides (Pt, Os, Ir, etc.), como Bushveld, en Sudáfrica. El lopolito de Sudbury, en Canadá, es rico en minerales de Ni y Cu.

M

MAAR: Depresión formada en el afloramiento de una diatrema, chimenea de brecha asociada a un sistema volcánico. Esta depresión puede albergar un pequeño lago, cuyos sedimentos pueden a su vez ser mineralizados por la actividad fumarólica-hidrotermal del sitio. Los maares se forman como consecuencia de una erupción freatomagmática. Excelentes ejemplos de este tipo de vulcanismo se pueden encontrar en la provincia volcánica de Ciudad Real (España) y en el Macizo Central Francés (Auvernia)

MACIZA (MASIVA) (en inglés: *massive*): Denota un tipo de textura maciza (= masiva) de la mineralización. El término designa igualmente una clase de yacimientos: depósitos sulfurados macizos (= sulfuros masivos).

MACIZO (en inglés: *stock*): Designa un cuerpo intrusivo de menor tamaño que un batolito. Normalmente los macizos constituyen apófisis de los batolitos, desde los cuales se elevan unos 2 km para situarse a una profundidad similar respecto a la superficie. Los pórfidos cupríferos corresponden a macizos, aunque su relación respecto a los batolitos puede ser más compleja. En España y Francia el término tiene connotación morfológica, para designar a una montaña o conjunto de montañas (cadena), por ejemplo, Macizo Ibérico, Macizo Central Francés.

MACIZO ROCOSO (en inglés: *rock mass*): El término se refiere al enfoque geomecánico o geotécnico de la masa rocosa *in situ* para su intervención ingenieril (labores subterráneas, corrección de taludes, etc.). Dicho enfoque considera tanto las propiedades físicas de la roca como el efecto de las estructuras que presenta (fracturas, pliegues) y de los cuerpos de aguas subterráneas respecto a su probable comportamiento geomecánico y geotécnico.

MÁFICA (en inglés: *mafic*): Se denomina rocas máficas a aquellas rocas ígneas ricas en minerales ferromagnesianos (olivino, piroxenos, anfíbolas = anfíboles), tales como los gabros, basaltos y andesitas basálticas. Las rocas máficas presentan colores oscuros, a diferencia de las félsicas, caracterizadas por colores gris claro. No obstante, el color es también función de la textura y en general texturas finas comunican a la roca un color más oscuro. La presencia de rocas máficas poco alteradas, o con alteración hidrotermal potásica o propilítica, constituye un factor favorable para neutralizar el drenaje ácido.

MAGMATISMO CALCOALCALINO: Es el tipo de magmatismo característico de los márgenes tectónicos con subducción de placa oceánica (ya sea bajo corteza continental: tipo Andino o bajo corteza oceánica: arcos de islas). Se trata de un magmatismo oxidado, rico en azufre, lo que favorece el desarrollo de yacimientos metálicos sulfurados. Es un magmatismo empobrecido en Fe respecto al magmatismo toleítico. Sin embargo, importantes yacimientos de hierro se asocian a él (en especial de tipo Kiruna). Rocas características de este magmatismo son andesitas y dacitas entre las volcánicas, y dioritas y granodioríticas entre las plutónicas. Sin embargo, el carácter calcoalcalino de una serie magmática no puede ser considerado como un rasgo diagnósticio de subducción. Por ejemplo, el vulcanismo mioceno del sureste de España es calcoalcalino pero no relacionado con subducción.

MANTO (terrestre): El manto de la Tierra se extiende entre la corteza (5 a 70 km de espesor) y los 2270 km de profundidad, donde limita con el núcleo externo. Se distingue entre un manto superior o litosférico rígido, un manto astenosférico de menor rigidez y un manto inferior, nuevamente rígido. Algunos yacimientos minerales tienen su origen directo en el manto, como los de las chimeneas diamantíferas, los de cromita de carácter podiforme o de lopolitos (con Pt y platinoides).

MANTO (yacimientos): Designación tipológica estructural de yacimientos utilizada en Chile y Perú para depósitos estratiformes en secuencias volcánico-sedimentarias, cuya inclinación es moderada (del orden de 40° o menor). Generalmente, estos yacimientos se explotan por el método caserones (= cámaras) y pilares (*room and pillar*).

MASH (del inglés: *Melting, Assimilation, Storage and Homogenisation*): El término designa los procesos de fusión, asimilación, almacenamiento y homogenización de materiales magmáticos que se desarrollan en las zonas de subducción bajo la corteza, en el manto sublitosférico. Los magmas generados en esta zona ascienden hacia los niveles corticales superiores, experimentando distintos grados de diferenciación y asimilación en su trayecto. Se supone que la participación de la placa litosférica en este proceso aporta agua y substancias mineralizadoras y metales, los que favorecen la capacidad metalogénica de los magmas formados en la zona MASH.

MEDIDAS: Ver reservas.

MENA (en inglés: *ore*): Se entiende por mena un conjunto de minerales de los cuales uno o más de ellos (generalmente de carácter metálico) presenta valor económico. Los minerales sin valor económico que acompañan a la mena (normalmente de carácter no metálico) constituyen la ganga. Mena y ganga son términos ambiguos. Por ejemplo, un sulfuro integrante de la mena, sin interés económico en una mina (p.ej., pirita) no será denominado ganga, mientras que un no metálico (p.ej., baritina = barita) que puede llegar a tenerlo, generalmente se considera como tal. Digamos que el término mena se asocia a la mineralización metálica (con o sin valor económico) y el término ganga a la mineralización no metálica (con o sin valor económico), aunque esto escape a la definición estricta de ambos términos. Ver además: ganga.

MENA BRECHOSA: Se califica así a una estructura y/o textura de origen hidrotermal y/o mecánico que confiere a la roca mineralizada el aspecto de una brecha.

MENSURA (DEMARCACIÓN): Operación de delimitación topográfica de una propiedad minera con fines legales.

MESOTERMAL (en inglés: *mesothermal*): Conforme a la clasificación de Lindgren de los yacimientos hidrotermales sobre la base de su temperatura de formación, corresponde a aquellos cuya mineralización principal se depositó entre 300° y 200° C.

METAL DE BASE(METAL BÁSICO) (en inglés: *base metal*): Se denomina así a un grupo de metales que incluye al Cu, Zn, Pb, Cd, Sn y Hg, considerados básicos para la industria. Otras agrupaciones de metales son las de metales para ferroaleaciones (Cr, Co, Mo, Ni, W y V), metales preciosos (Au, Ag, Pt y Pd) y metales especiales (Sb, As, Be, Bi, Ga, Ge, In, Nb, Ta, Zr y tierras raras).

METALOGÉNESIS (en inglés: *metallogenesis*): Disciplina del campo de la geología económica que estudia la formación de los yacimientos metalíferos en un contexto geológico integral. La metalogénesis como tal se desarrolló originalmente en Europa y resaltó la importancia de los procesos sedimentarios y diagenéticos en la formación de yacimientos, así como la posible *herencia* de contenidos metálicos en determinados dominios geológicos. El término (*métallogénie*) fue propuesto por L. de Launais en 1913 y une los de yacimiento (*metallon*) y génesis (*genesis*), ambos del griego clásico.

METALOTECTO: Término propuesto por P. Routhier para aquellos factores o contextos geológicos responsables de la formación de determinados tipos de yacimientos que pueden ser utilizados en exploraciones mineras. Por ejemplo, la Falla de Domeyko es un metalotecto para pórfidos cupríferos en el norte de Chile.

METAMORFISMO (en inglés: *metamorphism*): Modificación profunda de los rasgos mineralógicos y estructurales de una roca debido al efecto de elevadas temperaturas y presiones. Se reconoce un metamorfismo regional progrado, generado por una elevación sistemática de la temperatura y presión, que afecta fuertemente la mineralogía y estructura de las rocas. Este metamorfismo se origina durante los grandes procesos orogénicos. También existe el metamorfismo de contacto, de carácter térmico, generado por contacto con cuerpos magmáticos intrusivos, cuyos efectos son especialmente mineralógicos. Finalmente, hay un metamorfismo de bajo grado, cuyos efectos son similares a los de la alteración hidrotermal propilítica. Con respecto a este último, aunque en teoría el metamorfismo es isoquímico (vale decir, no implica intercambios importantes de materia con el medio externo), en la práctica está acompañado de metasomatismo y se entremezcla en parte con la alteración hidrotermal. Así por ejemplo en las rocas volcánicas mesozoicas de Chile es difícil distinguir el metamorfismo de bajo grado de la alteración hidrotermal propilítica regional (= alteración regional). Este metamorfismo de bajo grado (*low-grade metamorphism*) fue originalmente definido por D. Coombs en Nueva Zelanda el año 1954, mientras estudiaba la gran secuencia de 8.500 m de grauvacas y tobas en las colinas de Taringatura.

METASOMATISMO (en inglés: *metasomatism*): Se entiende por metasomatismo el proceso de reemplazo de los minerales de una roca por otros a través de reacciones que también incluyen el reemplazo de componentes químicos (a diferencia de la concepción "isoquímica" que implica el metamorfismo, en términos teóricos). El metasomatismo se produce por efecto de fluidos neumatolíticos o hidrotermales. En el caso de yacimientos tipo skarn, dichos depósitos no podrían formarse sin un efecto metasomático superpuesto al metamorfismo de contacto, efecto que aporte los metales y metaloides que constituyen la mineralización económica.

METEÓRICAS: Se denomina aguas meteóricas (o de origen meteórico) a aquellas provenientes de la superficie terrestre. Las aguas meteóricas participan en distinto grado en la formación de la mayoría de los yacimientos hidrotermales en conjunto con aguas de origen magmático. Por otra parte, las aguas meteóricas son responsables de la formación de las zonas de oxidación y de enriquecimiento secundario (cementación de sulfuros), y de la generación de yacimientos exóticos.

METEORIZACIÓN: Proceso de alteración y destrucción *in situ* de las rocas, producto de los agentes atmosféricos (agua, aire, temperatura) y biológicos (efectos físicos, químicos y bioquímicos de plantas, hongos, microorganismos y animales). La meteorización produce una fragmentación de la roca, así como cambios químicos y mineralógicos. En términos termodinámicos, constituye una aproximación a un estado de equilibrio respecto a las condiciones ambientales de presión, temperatura y composición química en que se encuentra la roca en la superficie de la Tierra. El producto final de la meteorización es el desarrollo de un suelo. En general, se distingue entre meteorización química, física y biológica, cuya importancia relativa es función del clima, de la altura, de la topografía y de la cubierta vegetal. La meteorización desempeña un papel esencial en la formación de yacimientos del carácter residual, vale decir, enriquecidos por la disolución y migración de los componentes sin valor económico de la roca. También desempeña un papel importante en la formación de las zonas de oxidación de los yacimientos sulfurados e indirectamente, en el depósito de sulfuros enriquecidos de cobre, así como en la de yacimientos exóticos de cobre y de uranio tipo *roll front*.

MINERALES INDUSTRIALES (en inglés: *industrial minerals*): Este término incluye una amplia gama de minerales que tienen aplicaciones industriales o son utilizados para la síntesis de compuestos inorgánicos o la obtención de elementos como los de carácter alcalino. Algunos minerales industriales tienen múltiples y muy variados usos: por ejemplo la halita (NaCl) se utiliza como condimento, para fundir la nieve de los caminos, para la fabricación de carbonato de sodio (*soda*), para la obtención de Na y Cl, etc. En algunos casos, los productores de un mineral industrial ofrecen numerosos tipos de él, cada uno adecuado a un fin específico (caso de las arcillas). El procesamiento físico, químico o físico-químico de un mineral industrial, así como el valor económico respectivo, pueden ser muy diferentes según el uso al que se destina. Por ejemplo, es muy distinto vender $CaCO_3$ para la industria cementera que $CaCO_3$ precipitado para la fabricación de pasta dental. Se estima que el consumo y las exigencias de calidad respecto a los minerales industriales son un buen índice del grado de desarrollo de un país. Efectivamente estos minerales participan en todos los ámbitos (vidrios, fabricación de papel, cosméticos, medicamentos, procesos químicos, incluso en el procesamiento metalúrgico de los minerales metálicos). Chile no es un gran productor de minerales industriales, con la notable excepción de las sales del Norte Grande: caliche salitrero (nitratos, iodatos y sulfatos), cloruro de sodio del Salar Grande, sales de litio y potasio del Salar de Atacama, etc. Por el contrario, España lo es, y en casi todos los ámbitos de la minería y procesamiento de minerales industriales, destacando en este apartado las arcillas especiales. La casi segura evolución de la industria automotriz hacia la fabricación de híbridos (motor convencional + motor eléctrico) y automóviles eléctricos, puede dar un elevado valor al litio del Salar de Atacama (Chile), dado el uso de ese elemento en la elaboración de acumuladores eléctricos de alto rendimiento. Los minerales industriales son también denominados no metálicos.

MINERALIZACIÓN (en inglés: *mineralization*): El término denota el proceso de formación de minerales y generalmente se utiliza para minerales de interés económico. Por extensión, el término se utiliza también para designar una concentración de minerales ya formados, por ejemplo: *existen indicios de mineralizaciones de cobre en Quebrada Grande.*

MINERALIZADORA: Sustancia que facilita un proceso de mineralización. Por ejemplo, las sustancias volátiles como los compuestos de azufre y de halógenos, desempeñan junto con el agua un importante papel como agentes mineralizadores.

MODELO (en inglés: *model*): Es una representación idealizada y simplificada de la realidad, que se utiliza para describir o explicar un fenómeno físico o proceso, o para caracterizar los rasgos comunes que presenta un conjunto de objetos naturales. Por ejemplo, el modelo del interior de la Tierra, el modelo del ascenso de cuerpos magmáticos en la corteza, el modelo de yacimientos cupríferos de tipo porfírico, etc. Los modelos acompañan y completan la elaboración de hipótesis. Pueden ser de carácter conceptual y utilizar ecuaciones (generalmente diferenciales) en la descripción de sus distintos componentes, o bien ser de carácter empírico (descriptivos, más que interpretativos). Los modelos metalogénicos, que describen y explican los principales tipos de yacimientos minerales (en particular los de carácter metalífero), desempeñan un papel principal en su estudio y exploración. Los modelos empíricos consisten en una descripción de los atributos básicos de un determinado tipo de yacimiento mineral, por ejemplo, morfología, litología, mineralogía, estructura. No importa entender cómo se relacionan estos atributos más allá del mero hecho de saber que están presentes. Por su parte, los modelos conceptuales (= teóricos) intentan relacionar dichos atributos a través de procesos geológicos y físico-químicos. Adicionalmente, se puede agregar información sobre las anomalías geofísicas y geoquímicas generadas por la presencia del yacimiento tipo.

MODELO DE BLOQUES (en inglés: *block model*): Se denomina así a la representación del yacimiento a través de su división en múltiples bloques, cuyo tamaño se relaciona con las características del método de explotación a utilizar. Cada uno de los bloques así definidos contiene la información geológica, mineralógica, de leyes, etc., que es necesaria para la toma de decisiones durante las etapas de planificación y explotación.

MODELO GEOMECÁNICO (en inglés: *geomechanical model*): Este modelo presenta las características geomecánicas de las rocas de un yacimiento en un modelo de bloques, que se utiliza para predecir su comportamiento durante la explotación minera del depósito.

MODELO GEOMETALÚRGICO (en inglés: *geometallurgical model*): La geometalurgia tiene por objeto utilizar toda la información disponible (mineralógica, litológica, estructural, de leyes, etc.) para predecir el comportamiento de las menas durante sus procesos de tratamiento metalúrgico, información que se integra al modelo de bloques.

MOLIBDENITA (en inglés: *molybdenite*): Junto con las mayores reservas mundiales de cobre, Chile posee igualmente las de molibdeno, también presentes en sus yacimientos porfíricos de cobre. El molibdeno se presenta como molibdenita (MoS_2), mineral gris claro brillante que cristaliza en el sistema hexagonal y deja una raya gris análoga a la del grafito. La baja dureza del mineral se explica por su estructura cristalina que facilita el desprendimiento de *hojas* del mineral y que permite su uso como lubricante en casos especiales. La molibdenita de los pórfidos cupríferos presenta contenidos importantes de renio, debido a la similitud cristaloquímica de ambos elementos (que permite el reemplazo de Mo por Re).

MVT (del inglés: *Mississippi Valleytype*): Tipo de yacimientos de Pb-Zn emplazado en rocas carbonatadas marinas de la plataforma continental (calizas alteradas en parte a dolomías). Sus distritos son extensos, cubriendo cientos e incluso miles de km^2, aunque los depósitos individuales son pequeños (generalmente < 2 Mt). Normalmente el zinc supera al plomo, y la ley conjunta es inferior al 10%. Estos yacimientos se formaron con posterioridad al depósito de las rocas carbonatadas, ya sea durante la etapa diagenética o una posterior, por efecto de soluciones salinas originadas en la propia secuencia sedimentaria, y con aportes de aguas meteóricas.

N

NATIVO: Se dice de un elemento presente en un yacimiento en su forma metálica pura, por ejemplo, Cu nativo (Cu^0), Ag nativa (Ag^0). Excepto en el caso del oro o de los platinoides, los metales nativos se depositan por un proceso de oxidación del mineral sulfurado, seguido por una reducción química que reduce el catión al estado metálico.

NEUMATOLÍTICA: Etapa tardía de la cristalización de un magma, que es posterior a la pegmatítica, y se desarrolla entre unos 600° y 400°C. Para esto tiene que existir una gran concentración de volátiles que dan lugar a la formación de minerales como la turmalina. En la etapa neumatolítica, se forman minerales por reacción entre fases gaseosas, por ejemplo, $SnF_4 + 2H_2O \rightarrow SnO_2 + 4HF$.

NIVEL FREÁTICO: Es aquel nivel debajo del cual todos los espacios interconectados están saturados de agua. Sobre el nivel freático se encuentra la zona vadosa, donde el agua se encuentra de paso en su desplazamiento hacia el nivel freático. El nivel freático separa la zona de oxidación de la zona de cementación (= enriquecimiento secundario) en los yacimientos de cobre sometidos a oxidación. Esto es así porque debajo del nivel freático dominan las condiciones reductoras (niveles muy bajos de O_2). El nivel freático también desempeña un papel importante en la química de las soluciones durante la formación de depósitos epitermales porque al sobrepasarlo las soluciones encuentran un ambiente oxidante (niveles altos de O_2) que inducen el paso del ion sulfuro a sulfato. Esto se traduce en la precipitación del oro y un fuerte aumento de la acidez por la formación de ácido sulfúrico (a expensas de sulfuro o sulfidrato: S^{2-}, HS^-). Las explotaciones mineras, ya sean subterráneas o a cielo abierto pueden perturbar el nivel freático local. Al situarse bajo este pueden requerir importantes inversiones de energía para evacuar las aguas que ingresan a las labores en explotación mediante bombeo. Por su parte el bombeo induce la formación de un cono de depresión del nivel freático (impacto ambiental). Por otra parte, las aguas subterráneas pueden ser un importante vehículo de contaminación entre la mina y el drenaje local y regional (impacto ambiental).

NÓDULOS: Los nódulos de manganeso forman extensos yacimientos, enriquecidos en Cu, Ni y otros metales, dispuestos sobre la superficie del fondo oceánico profundo. Pueden alcanzar el tamaño de una pelota de tenis y se distribuyen a razón de varios nódulos por m². Se han considerado como una futura fuente de metales, aunque su extracción es costosa y difícilmente competitiva con las explotaciones continentales de manganeso y otros metales en las actuales condiciones.

NO METÁLICOS: Ver Minerales Industriales.

NORITA: Roca de composición gábrica, presente en yacimientos de cromita y platinoides del tipo Bushveld (lopolitos de regiones tectónicas tipo escudo). Ver lopolito.

O

OFIOLITAS: Secuencias de rocas volcánicas máficas submarinas fuertemente alteradas. Estas rocas alteradas se generan principalmente en las dorsales oceánicas, donde magmas basálticos toleíticos sufren hidratación durante su proceso de cristalización. Los complejos ofiolíticos acompañan la presencia de yacimientos volcanogénicos de sulfuros macizos (VMS), p.ej. del tipo Chipre.

ONZA TROY (en inglés: *troy ounce*): Unidad de peso inglesa que ha sobrevivido a la adopción del sistema métrico y continúa utilizándose para expresar las reservas de metales preciosos, en particular del oro. Una onza troy equivale a 31.1 g.

OROGENO: Se denomina así a una cadena montañas producto de esfuerzos compresivos horizontales en una faja de inestabilidad tectónica (por ejemplo, los Andes, los Himalayas). El proceso tectónico que da lugar a la formación de esa cadena es complejo y se denomina orogénesis. Los procesos orogénicos se interpretan en términos de la teoría de la tectónica de placas. Los orógenos de tipo Andino, que implican la subducción de corteza oceánica bajo un borde continental presentan ricas mineralizaciones de elementos sulfófilos (Cu, Mo, Pb, Zn, etc), así como de hierro y metales preciosos (Au y Ag).

ORTOMAGMÁTICA: Etapa de la cristalización de un magma durante la cual se forman las rocas ígneas propiamente tales, a temperaturas superiores a 800°C. Esta etapa es seguida por la etapa pegmatítica (800°-600°C), la neumatolítica (600°-400°C) y la hidrotermal (400°-50°C). Durante esta etapa se forman yacimientos como los de cromita y platinoides en cuerpos lopolíticos.

OXIDACIÓN: Se entiende por oxidación de un elemento químico la cesión de uno o más electrones a otro elemento (el cual se reduce). El oxígeno desempeña un papel principal en los procesos de oxidación en la atmósfera y la hidrósfera, y uno importante (aunque más complejo) en los de diferenciación magmática. Al respecto, la oxidación reviste especial importancia en la formación de las series magmáticas oxidadas con magnetita y series reducidas con ilmenita (propuestas por S. Ishihara). A las primeras, presentes en el arco magmático más cercano a la fosa oceánica, se asocian yacimientos sulfurados de Cu, Mo, etc., depósitos ferríferos y epitermales de Au-Ag, en tanto que los de Sn y W acompañan a un magmatismo menos oxidante, más alejado de la fosa oceánica. Es el caso de Chile (Cu-Fe-Au) y Bolivia (Sn-W), que se repite con una notable simetría especular en el margen del Pacífico Occidental.

P

PALEOSUPERFICIE: El término alude a la superficie (hoy erosionada) que existía cuando un yacimiento se formó o se enriqueció por efectos secundarios.

PALLACO: Término utilizado en Bolivia para designar concentraciones detríticas de minerales acumuladas en los faldeos de cerros mineralizados, como Cerro Rico de Potosí (Sn-Ag). Su equivalente en Chile son los *papeos* de minerales de hierro presentes en los faldeos de Desvío Norte y otros yacimientos.

PARAGENESIS: Designa la secuencia de minerales depositados en un yacimiento, indicando su relación de tiempo mediante un diagrama que muestra los nombres de los minerales en el eje Y (ordenada) y sus relaciones temporales en el eje X (abscisa). La paragénesis se determina en muestras que son estudiadas macroscópica y microscópicamente: si un mineral corta a otro, el que corta es más joven; si uno reemplaza a otro, el reemplazante es más joven, igual que el que rodea a otro; si están interdigitados son contemporáneos, etc. Puesto que la paragénesis refleja el efecto de un pulso mineralizador, nuevos pulsos pueden llevar a la repetición, al menos parcial, de la secuencia paragenética inicial. Es importante considerar que la paragénesis ilustra lo que ha ocurrido en un yacimiento a lo largo del tiempo, mientras que la zonación describe el efecto del proceso mineralizador en el espacio. Ver zonación.

PEGMATITAS (en inglés: *pegmatites*): Son rocas constituidas por grandes cristales de tamaño centimétrico a métrico, que deben su desarrollo a la movilidad iónica producto de una alta concentración de substancias volátiles. Las pegmatitas están constituidas por minerales de cristalización tardía (eutéctico ternario); cuarzo, micas, feldespato K y de Na, y otros minerales secundarios (turmalina, topacio, etc.). Las pegmatitas se forman a partir de fluidos residuales de la cristalización y se sitúan en una posición intermedia entre los magmas normales, los fluidos neumatolíticos y las soluciones hidrotermales. Las pegmatitas de Chile no presentan minerales secundarios de interés, sí en cambio los presentan las de Argentina, asociadas a magmas más alcalinos.

PERIDOTITAS (en inglés: *peridotites*): Son rocas ultramáficas constituidas por olivino y piroxeno, típicas de la composición del Manto. Cuando ocurren procesos de acreción de terrenos exóticos al continente, se puede producir ascenso diapírico de materiales del Manto. Este es el caso de las peridotitas presentes en la Cordillera de Nahuelbuta (Cordillera de la Costa, en el sur de Chile), que presentan contenidos sub-económicos de cromitas de tipo podiforme. En España existen importantes afloramientos de peridotitas en Galicia (p.ej, Macizo de Herbeira) y Andalucía (p.ej., afloramientos de Ronda).

PERTENENCIA (en inglés: *mining property*): El término designa una unidad de propiedad minera que cuenta con respaldo legal. El conjunto de pertenencias que integran una propiedad minera queda delimitado en el terreno mediante hitos establecidos por un topógrafo autorizado a cargo de la mensura. En Chile, la propiedad minera es registrada por el Servicio Nacional de Geología y Minería (SERNAGEOMIN).

pH (POTENCIAL DE HIDRÓGENO). Es una medida de la concentración de hidrogeniones $[H^+]$ en una solución acuosa y se expresa como $pH = -\log[H^+]$. El agua pura a 25ºC se encuentra débilmente ionizada a través del siguiente equilibrio: $H_2O = H^+ + OH^-$, y el producto de equilibrio (Kw) es $[H^+][OH^-] = 10^{-14}$ moles/litro. Así $[H^+] = [OH^-] = 10^{-7}$ (la concentración de hidrogeniones es igual a la de oxidrilos $= 10^{-7}$). Por esto el pH del agua pura es 7 ($pH = -\log[H^+] = -\log(-7) = 7$). Sin embargo, por efecto de la adición de un ácido o de un hidróxido (base) dicha relación se altera y la solución se vuelve más ácida o más alcalina. Por ejemplo, una solución de HCl de concentración molar (moles/litro) 10^{-3} tendrá $pH = 3$ ($pH = -\log[H^+]$). Esto es así porque el ácido está casi completamente disociado (ácido fuerte) y la concentración inicial de H^+ (10^{-7}) es tan baja que puede ser despreciada frente a 10^{-3}. En este caso, la concentración de OH^- baja a 10^{-11} para mantener el equilibrio ($Kw = [H^+][OH^-] = 10^{-3} \times 10^{-11} = 10^{-14}$). También la hidrólisis de una solución formada por un ácido fuerte-base débil o de un ácido débil-base fuerte produce un cambio del pH, que se hará más ácido en el primer caso y más alcalino (básico) en el segundo. Por ejemplo, la reacción de hidrólisis $CaCO_3 + H^+ \rightarrow Ca^{2+} + HCO_3^-$ consume hidrogeniones y por lo tanto, sube el pH de la solución (el pH se hace más alcalino). El pH tiene un importante papel en el control de las soluciones hidrotermales (disolución-precipitación de metales), así como en el enriquecimiento secundario de yacimientos sulfurados y en la formación de yacimientos exóticos. La evaluación de este parámetro es también esencial en la evaluación del riesgo de generación de drenaje ácido desde explotaciones mineras, así como en operaciones de tratamiento metalúrgico y en la estimación del riesgo ambiental que implican los desechos sólidos de las operaciones mineras y metalúrgicas.

PIQUE (POZO): En inglés: *vertical shaft* o *raise*. Es una faena (= labor) minera vertical. En inglés se usa el término *vertical shaft* para un pique (= pozo) excavado desde la superficie, que permite la entrada a la mina subterránea y su ventilación, y *raise*, para la labor vertical interna excavada desde una galería, para unir dos niveles de la mina.

PIRITA (en inglés: *pyrite*): Es un sulfuro de hierro (= fierro) de fórmula FeS_2 (a diferencia de la pirrotina: $Fe_{(1-x)}S$). Cristaliza en sistema cúbico, en formas características como el cubo mismo o el pentadodecaedro (*piritoedro*). Es el mineral sulfurado más abundante. Se explotó como mena de azufre para la fabricación de ácido sulfúrico (p.ej. en Rio Tinto; Huelva, España), pero hoy es raramente usado para ese fin. La pirita es un mineral con brillo metálico intenso, de color amarillo pálido, y normalmente bien cristalizado. Su fórmula química expresa una anomalía de sus cristales, puesto que hay átomos de azufre extra en espacios que corresponden a Fe^{2+}. Al oxidarse en presencia del agua, forma $FeSO_4$ (aporte de Fe^{2+}) y H_2SO_4 (aporte de H^+):

$$\bullet \; 2FeS_2 + 7O_2 + 2H_2O \rightarrow 2Fe^{2+} + 4SO_4^{2-} + 4H^+$$
$$\bullet \; 4Fe^{2+} + O_2 + 4H^+ \rightarrow 4Fe^{3+} + 2H_2O$$

A su vez, la formación de ion férrico (Fe^{3+}) contribuye también a la oxidación de la pirita:

$$\bullet \; FeS_2 + 14Fe^{3+} + 8H_2O \rightarrow 15Fe^{2+} + 2SO_4^{2-} + 16H^+$$

Esto de por sí genera fuerte acidez, a la que se une la producida a continuación por la oxidación e hidrólisis del hierro y formación de la goethita:

$$\bullet \; Fe^{3+} + 2H_2O \rightarrow 4FeO(OH) + 3H^+$$

Este efecto de acidez en el medio favorece la migración de metales en la zona de oxidación de yacimientos de cobre, y por lo tanto, la formación de sulfuros ricos en profundidad (zona de cementación). También posibilita la formación de yacimientos exóticos de cobre, debido al ambiente ácido que genera. Igualmente, es un factor dominante en la producción de drenaje ácido contaminante. Otra forma de FeS_2 de baja temperatura, es la marcasita. Ver además: pH.

PIROMETALURGIA (en inglés: *pyrometallurgy*): Conjunto de procedimientos metalúrgicos de liberación y refinación de metales, que implican procesos de elevada temperatura, como la fusión de minerales y el refinado a fuego. El llamado cobre blister es un producto de ambos procesos. El principal problema de la pirometalurgia (utilizada en el tratamiento de concentrados sulfurados de cobre) son sus emisiones aéreas. Estas incluyen SO_2 (que en la atmósfera forma ácido sulfúrico, principal responsable de la lluvia ácida) y pueden incluir también As_2O_3, si el concentrado contiene enargita (Cu_3AsS_4).

PIRROTINA (en inglés: *pyrrhotite*): Sulfuro de hierro de fórmula $Fe_{(1-x)}S$ (x = 0 a 0.2). Posee cierto grado de magnetismo (débil comparado con el de la magnetita). Su aspecto es metálico, de color amarillo pálido y cristaliza en el sistema monoclínico (variedad pobre en hierro) o hexagonal (variedad rica en hierro), aunque generalmente presenta aspecto masivo. Es un mineral frecuente en yacimientos de tipo skarn de cobre.

PLACERES (en inglés: *placers*): Yacimientos secundarios de minerales formados por erosión diferencial o por depositación diferencial (durante el transporte de sedimentos). Los minerales que forman estos yacimientos son resistentes al ataque químico así como a la abrasión, y su alta densidad les permite sedimentar cuando otros minerales son transportados por la corriente. Se distingue los siguientes tipos de placeres:

- Eluviales: el mineral económico permanece en el sitio mientras otros materiales de la roca o sedimento son disueltos o transportados.
- Aluviales: concentraciones en sitios favorables de una cuenca de drenaje donde hay obstáculos, disminución de velocidad de la corriente, efecto de la fuerza centrífuga.
- Litorales: formados por efecto del oleaje y las corrientes marinas.

El oro y los platinoides forman yacimientos tipo placer (aluviales) importantes. Debido a su propiedad de amalgamarse se pueden desarrollar pepitas de oro. También forman placeres la casiterita (SnO_2), los diamantes y muchos minerales no-metálicos, como circón, granate, rutilo, etc. Los placeres auríferos de Chile se explotaron ya en tiempos incaicos y fueron el principal recurso económico que financió la conquista de Chile. En la Región de Coquimbo fueron notablemente importantes los de Andacollo, explotados ya en tiempos pre-hispánicos.

PLATINOIDES (en inglés: *platinoids*): Elementos metálicos del Grupo del Platino, como Ir, Rh, Pd y Os. Ver lopolito.

PLIEGUE (en inglés: *fold*): Estructura formada por estratos deformados en formas arqueadas, siguiendo la figura de una onda mecánica. Se producen por el efecto de presiones horizontales sobre estratos que se comportan de manera plástica. La parte estructuralmente positiva del pliegue (en arco) se denomina anticlinal y la negativa sinclinal. El plegamiento desarrolla espacios en las zonas axiales anticlinales o sinclinales de los pliegues por diaclasamiento, fracturas que luego pueden albergar mineralizaciones hidrotermales. La mayor parte de los yacimientos minerales en Chile se encuentra en rocas no plegadas o suavemente plegadas debido al carácter competente de las secuencias volcánicas. En cambio, algunos distritos metalíferos del Perú presentan importante plegamiento, lo que se explica por la mayor participación de rocas sedimentarias de grano fino en sus secuencias estratificadas.

PLUMA (PENACHO): En inglés: *plume*. Este término denota una especie de *penacho* de una sustancia fluida que asciende en un medio sólido o fluido. Por ejemplo, la pluma de contaminación de SO_2 emitida por la chimenea de una fundición o la pluma formada por un fluido neumatolítico-hidrotermal que sale desde un magma en cristalización y se moviliza a través de las rocas en las que dicho magma se emplaza. Nota: la traducción de *plume* por pluma no es la más correcta, dado que el término en inglés denota un penacho, constituido por un conjunto de plumas paralelas, cuya forma se asemeja efectivamente a la que adopta el fenómeno en cuestión.

PLUNGE: Es un término inglés de amplio uso, que puede ser traducido como buzamiento axial. Se refiere a la dirección, sentido y ángulo de inclinación que presenta un elemento estructural axial. Por ejemplo, la inclinación = buzamiento del eje de un pliegue que indica la vergencia del mismo. También puede aplicarse en el caso de cuerpos mineralizados fusiformes (en forma de huso).

PLUTÓN: Cuerpo ígneo emplazado a varios km bajo la superficie. Puede ser un stock, macizo o un batolito. La palabra deriva del nombre del dios de los infiernos conforme a la mitología romana. Según las condiciones de cristalización, la naturaleza de las rocas que corta y las estructuras presentes, un plutón puede dar lugar a distintos tipos de mineralizaciones.

PODIFORME (en inglés: *podiform*): La palabra describe un tipo de estructura en que la mineralización se presenta en cuerpos pequeños lenticulares. Se aplica principalmente a yacimientos de cromita en peridotitas, como las de la Cordillera de Nahuelbuta, en el sur de Chile o las de Herbeira en el norte de España. Los cuerpos podiformes aparecen distribuidos al azar, separados entre sí por varios metros, lo cual dificulta la explotación de este tipo de depósito (en comparación con las capas continuas de cromita de los lopolitos).

POLÍMERO: Un polímero es una molécula gigante constituida por la repetición indefinida de una molécula simple pequeña. Los hidrocarburos parafínicos son estructuras polimerizadas construidas por la repetición del grupo CH_4, las que a su vez pueden ser transformados en moléculas gigantes como las de los plásticos. Los silicatos (excepto los nesosilicatos) son estructuras polimerizadas del grupo SiO_4^{4-}, ya sea en cadenas (inosilicatos), planos (filosilicatos) o redes tridimensionales (tectosilicatos). En un magma, los silicatos presentan cierto grado de polimerización, la que es un preludio de su cristalización. El agua contenida por un magma tiene un efecto despolimerizante. En consecuencia, tiende a retardar su cristalización.

POLIMETÁLICO (en inglés: *polymetallic*): El término designa yacimientos que incluyen diversos metales sulfurados, principalmente Pb (galena) y Zn (blenda = esfalerita). Entre estos están los de Casapalca,

Cerro de Pasco, Morococha, Yauricocha, Huaron y San Cristóbal en Perú. Chile es relativamente pobre en esta clase de yacimientos, localizándose la mayoría de ellos en la Región de Aysén (p.ej., Toqui) donde se asocian a una faja Patagónica, que continúa hacia el NNE en Argentina. Ejemplos españoles de yacimientos polimetálicos son los de La Unión y Mazarrón en Murcia, y Reocín en Cantabria.

PORFÍRICA, PÓRFIDOS (en inglés: *porphyric, porphyries*): Porfírica es una textura típica de las rocas volcánicas, subvolcánicas o cuerpos hipabisales de ascenso rápido. Se, caracteriza por la presencia de cristales de tamaño milimétrico a centimétrico, inmersos en una masa fundamental afanítica o microcristalina. Dicha textura se forma porque el magma experimenta una cristalización inicial en un nivel profundo (durante la cual se forman los cristales mayores), seguida de un rápido ascenso a un nivel más superficial, donde cristaliza la masa fundamental. Se denomina pórfidos a cuerpos de nivel hipabisal tipo stock o macizo, que presentan una masa fundamental microcristalina y cristales mayores de feldespato.

PÓRFIDOS CUPRÍFEROS (en inglés: *porphyry copper*): Estos yacimientos están asociados a stocks porfíricos que pueden albergar o no la parte principal de la mineralización. Los pórfidos cupríferos tienen en común una serie de rasgos que incluyen: a) la magnitud de su mineralización (unos cientos a miles de Mt de roca mineralizada); b) su ley primaria relativamente baja (dado el predominio de los sulfuros pirita y calcopirita), la cual se sitúa bajo 1% Cu; c) la presencia de Mo u Au (raramente los dos en contenidos significativos) acompañando los contenidos de Cu; d) la capacidad para formar importantes zonas enriquecidas secundariamente con calcosina (Cu_2S), favorecida por la presencia de pirita y siempre que se den condiciones litológicas, estructurales y climáticas favorables; y e) la distribución en fajas coincidentes con bordes de subducción de placas oceánicas. La subducción puede ocurrir bajo corteza continental (tipo Andino) o bajo corteza oceánica (arcos de islas). En ese ambiente se generan los magmas calcoalcalinos (series con magnetita de Ishihara). Según el tipo de estructura que alberga la mineralización se distinguen dos subtipos:

  • Stockwork (redes de finas fracturas mineralizadas) con o sin mineralización diseminada asociada importante.

- Chimenea de brecha (breccia pipe), con mineralización en la matriz junto (comúnmente) con turmalina.

La alteración hidrotermal puede disponerse concéntricamente de acuerdo a los modelos de:

- Lowell y Guilbert (de adentro hacia afuera): potásica → filica → argilica → propilítica. Modelo característico de los ambientes de tipo Andino, con intrusionesgranodioríticas asociadas.
- Hollister (de adentro hacia afuera): potásica → propilítica. Este modelo es típico de rocas encajadoras máficas, generalmente en contextos tipo arcos de islas, con intrusiones dioríticas asociadas.

Los pórfidos cupríferos de cadenas de tipo Andino encierran las mayores reservas de Cu y Mo del mundo, y existen importantes reservas de oro en los pórfidos cupríferos de los arcos de islas volcánicas (Nueva Guinea, Indonesia, Filipinas, etc.). Los principales pórfidos cupríferos de Chile (cada uno con reservas de miles de Mt de rocas mineralizadas con Cu-Mo) son los de: Collahuasi (Tarapacá), yacimiento complejo que incluye varios tipos estructurales de mineralización; Chuquicamata (Antofagasta), gran depósito tipo stockwork, cuya zona superior oxidada fue notablemente rica; La Escondida (Antofagasta), caracterizado por la magnitud y ley de su zona de sulfuros secundarios; Los Pelambres (Coquimbo), yacimiento tipo stockwork; Río Blanco-Los Bronces (Valparaíso y Región Metropolitana), donde predomina la mineralización en chimeneas de brecha; y El Teniente (Región del Libertador), gran depósito tipo stockwork, cortado por una chimenea de brecha estéril.

POTASIO-ARGON: Método de datación radiométrica de rocas ígneas que utiliza la conversión del isótopo ^{40}K en ^{40}Ar quedando este gas noble atrapado en la red cristalina de los minerales. Es un método de datación de amplio espectro de edades, que puede ser usado desde unos 100.000 años hasta cientos y miles de millones de años. Sin embargo, si la roca experimenta metamorfismo (o sus minerales se alteran) el ^{40}Ar puede escapar de la roca, en cuyo caso la datación indica la edad del evento metamórfico. Este método ha sido muy utilizado en la datación de pórfidos cupríferos.

POTENCIAL REDOX: Ver Eh.

POTENCIAL IÓNICO: Este parámetro indica la relación entre el radio iónico de un elemento y su valencia positiva (vale decir Fe^{2+}, S^{6+}, etc.). Representando los distintos elementos con su respectiva valencia y radio iónico en un diagrama de dos ejes, ellos se agrupan en distintos campos, que se corresponden con sus propiedades químicas en solución: 1. Alto radio iónico, baja valencia (como Na, K, Ca, Mg, Fe^{2+}). Estos iones no se hidrolizan en soluciones acuosas. 2. Radio iónico y valencia intermedios (Al^{3+}, Fe^{3+}). Estos iones experimentan hidrólisis, precipitando los respectivos hidróxidos. 3. Pequeño radio iónico; alta valencia (como C^{4+}, P^{5+} y S^{6+}). No son solubles como iones simples, pero sí como iones complejos con oxígeno: CO_3^{2-}, PO_4^{3-}, SO_4^{2-}.

PRESIÓN HIDROSTÁTICA: Se denomina presión hidrostática a aquella ejercida por el peso de la columna de agua, suponiendo que ella no está cortada por niveles de rocas impermeables entre la superficie del terreno y el punto considerado.

PRESIÓN LITOSTÁTICA: La ejercida por la columna de rocas situada sobre el nivel considerado.

PRESIÓN SUPRAHIDROSTÁTICA: Cuando la columna de agua, que se desarrolla a través de las fracturas y espacios interconectados de rocas y sedimentos, es interrumpida por un nivel de rocas impermeables, el agua situada bajo ese nivel se encuentra a una presión intermedia entre la hidrostática y la litostática. Dicha presión recibe el nombre de presión suprahidrostática. Ver además: válvula activada.

PROCESO: El concepto de proceso involucra la consideración de las distintas fases sucesivas de un fenómeno natural o de una operación artificial. En el caso de los procesos geológicos, esto implica la consideración de las causas y contextos físicos, químicos y biológicos que intervienen en cada una de esas fases y en la evolución y resultado de los fenómenos geológicos. Ejemplos de procesos geológicos son la formación de una cadena de montañas, el desarrollo de una caldera volcánica, la meteorización de un macizo rocoso, etc. En geología económica revisten especial importancia los procesos metalogénicos, los de enriquecimiento secundario de yacimientos sulfurados, los de generación de aureolas geoquímicas primarias secundarias, etc.

PROSPECCIÓN: Ver exploración minera.

PROSPECTO (en inglés: *prospect*): Se denomina así a una zona que presenta una cierta potencia para albergar mineralizaciones de carácter económico cara a su posible explotación. Este potencial puede ser de carácter geológico, mineralógico, geoquímico, geofísico, etc. El particular o la empresa que han reconocido el prospecto como tal pueden o no haber realizado trincheras de exploración (= calicatas) o sondajes (= sondeos), pero seguramente han invertido en el estudio de su geología y mineralogía y realizado muestreos geoquímicos preliminares (p.ej., geoquímica de suelos). Es posible que pretendan venderlo en esa etapa (tal vez reteniendo un porcentaje de su propiedad) o bien busquen asociarse para avanzar en su estudio. Según la información presentada y las características geológicas del sitio, un prospecto puede venderse por unos miles hasta cientos de miles de dólares-euros. Si cuenta con labores de reconocimiento o sondajes (= sondeos) positivos, ese valor puede subir hasta algunos millones de dólares. Al respecto, cuando se produjo la *fiebre del oro* generada por el descubrimiento de El Indio (Región de Coquimbo, Chile) un prospecto en la faja de interés llegó a venderse sin sondajes en 20 millones de dólares, pero fue un caso muy raro y el comprador no tuvo éxito en su apuesta.

PROVINCIAS METALOGÉNICAS (en inglés: *metallogenic provinces*): Son áreas geográficas, generalmente en forma de fajas, que pueden alcanzar extensiones de hasta nivel sub-continental. Se caracterizan por la presencia de yacimientos recurrentes de uno o varios metales asociados. Por ejemplo, en la región Andina de Sudamérica, se distinguen de W a E las siguientes provincias metalogénicas:

- Ferrífera: norte de Chile y sur de Perú.
- Cuprífera-aurífera: toda la Cadena Andina,
  con un máximo en el norte de Chile y en Perú.

- Polimetálica: principalmente en Perú.
- Estannífera: con W o Ag, en Bolivia.

PROXIMAL: Denominación relacionada con los yacimientos tipo sulfuros macizos (= masivos) de asociación volcánica depositados en el fondo oceánico. El término alude a su proximidad relativa a la fuente de la mineralización. La denominación opuesta es distal, que indica su mayor lejanía respecto a ella. La presencia de rasgos magmáticos y de minerales de mayor temperatura, son criterios que indican el carácter proximal de un yacimiento. Ver además: distal.

PULL-APART: Cuencas estructurales descomprimidas por efecto de la intersección y desplazamiento de fallas de desgarre (= rumbo), cuya geometría da lugar a condiciones locales extensionales y por lo tanto, subsidencia. La presencia de estas condiciones estructurales facilita también el emplazamiento de cuerpos ígneos intrusivos.

Q

QUERATOFIROS: Son rocas volcánicas alteradas de composición intermedia y de aspecto córneo (= corneano), emplazadas en medios subacuáticos, y que presentan enriquecimientos metasomáticos en sodio. Pueden ser considerados análogos de las espilitas, aunque de litología intermedia y de ambiente marino de plataforma. En Chile son frecuentes en las secuencias volcano-sedimentarias del Cretácico inferior.

R

RECURSOS: Es toda concentración natural de un sólido, líquido, o gas en la corteza terrestre, y cuya extracción es actual o potencialmente factible. En su aplicación minera (ambigua muchas veces), el término alude a estimaciones del probable volumen que alcanzan las rocas mineralizadas por uno o más metales en un distrito o yacimiento. Dicha estimación incluye recursos subeconómicos y está basada en inferencias geológicas.

Las estimaciones de recursos son útiles cuando se va a comprar o vender una propiedad minera o una mina en explotación, así como cuando se planifica una nueva operación minera. Al respecto, hay que considerar el hecho de que en el caso de grandes yacimientos sería un error económico serio el realizar al principio todos los sondajes (= sondeos) necesarios para determinar sus reservas. Ello sería innecesario y demandaría una enorme inversión que representaría un capital inmovilizado. En consecuencia, se miden las reservas requeridas para sustentar un determinado proyecto de explotación y se continúa con la operación de agregar nuevas reservas a medida que avanza la explotación o se plantea la posibilidad de expandir el proyecto. Sin embargo, es conveniente contar en todo momento con una estimación de los recursos, para pensar en el largo plazo o hacer frente a situaciones coyunturales (por ejemplo: una oferta de otra empresa para una asociación o compra).

RESERVAS: Son los tonelajes medidos de rocas mineralizadas con indicación de sus leyes, presentes en un yacimiento o distrito. En términos de su factibilidad económica de explotación se clasifican en económicas y marginales. Si son sub-económicas, se las denomina recursos (en vez de reservas). Las reservas económicas se pueden clasificar en:

• Medidas (= probadas) Se denomina reservas medidas a aquellas calculadas sobre la base de un número suficiente de muestras, separadas entre sí por una distancia igual o menor a la del alcance (ver Geoestadística). En su concepto más clásico, se habla de mineral medido cuando disponemos de una información directa tomada de un muestreo detallado de trincheras (calicatas), labores, sondeos (= sondajes). El tonelaje real no puede diferir en más de un 15 % con respecto al calculado.

• Indicadas (= probables): Se denomina reservas indicadas de minerales de un yacimiento a aquellas cuyo cálculo está basado en un número suficiente de muestras, pero éstas están espaciadas a una distancia mayor que el alcance estimado (ver Geoestadística). Las cifras de las reservas indicadas se calculan como proyecciones razonables considerando la incertidumbre implicada por el mayor espaciamiento de las muestras.

• Inferidas (= posibles): Las reservas inferidas corresponden a cifras estimadas sobre la base del conocimiento geológico del yacimiento. Por ejemplo, si se constata la asociación de la mineralización de cobre con una zona de alteración de albita-clorita, se podría inferir que la mineralización continúa en zonas con la misma alteración, aunque carezcan de muestreo de leyes. Naturalmente, el acierto de estas estimaciones dependerá de la regularidad de la asociación entre la mineralización y los rasgos litológicos y estructurales del depósito, así como de la experiencia y criterio del profesional responsable.

RESURGENTE: Se denomina así a una caldera volcánica en cuyo interior se ha emplazado un nuevo magma a cierta profundidad, lo cual genera un ligero *doming* o arqueamiento interno. Las calderas resurgentes son sitios propicios para el emplazamiento de yacimientos epitermales de metales preciosos.

REVELADORES: En la terminología propuesta por P. Routhier, son factores geológicos como el emplazamiento de magmas intrusivos o el desarrollo de fallas que permiten la expresión del potencial de un dominio metalogénico en términos de la formación de yacimientos.

RIFT: Valle alargado de origen tectónico, que puede representar la etapa inicial en la formación de una nueva dorsal oceánica. Por ejemplo, el Rift de Africa. Es común que la formación de un rift vaya acompañada de la extrusión de magmas alcalinos.

ROCA ALMACENADORA: En geología del petróleo, es la roca porosa y permeable que alberga los depósitos de hidrocarburos líquidos o gaseosos.

ROCAS CORNEANAS (CÓRNEAS) (en inglés: *hornfels*): Término aplicado a las rocas de la aureola de metamorfismo de contacto producido por un cuerpo magmático de considerable magnitud, que intruye a una secuencia de rocas estratificadas. Las rocas metamorfizadas reciben también el nombre de rocas corneanas (= córneas). Los depósitos tipo skarn se sitúan en este contexto.

ROCAS ENCAJADORAS (en inglés: *host rocks*): Son las rocas que albergan la mineralización de un yacimiento.

ROCA MADRE: En geología del petróleo, es la roca generalmente formada en una plataforma marina de carácter pelítico y reductor cuya etapa sedimentaria-diagenética dio lugar a la evolución de la materia orgánica a petróleo. Dicha evolución fue seguida por la posterior migración de los hidrocarburos hasta su emplazamiento en las rocas almacenadoras.

S

SALBANDA (en inglés: *gouge*): Es el material fracturado presente en una falla. Incluye desde fragmentos mayores hasta fino material molido que presenta un aspecto lodoso (= gredoso) si hay agua presente. En inglés el término *fault gouge* (= harina de falla) hace mención al material fino que se encuentra en las zonas de falla.

SALMUERA (en inglés: *brine*): Solución muy salina, que contiene principalmente Na^+, Ca^{2+}, Mg^{2+}, Cl^-, SO_4^{2-} y HCO_3^-. Las salmueras pueden tener variados orígenes: a) producto de la evaporación de cuerpos de agua dulce o de mar; b) a partir de la evolución de aguas *connatas* presentes en sedimentos en proceso de diagénesis; y c) de la cristalización de magmas, seguida de fenómenos de ebullición, etc. Las salmueras tienen especial interés en geología económica por dos razones principales. Una de ellas es su contenido en elementos valiosos. Por ejemplo, las salmueras del Salar de Atacama (norte de Chile) son fuente de potasio y de litio entre otros productos. Además, son precursoras de yacimientos salinos. La segunda razón es su capacidad para disolver y transportar metales en forma de iones complejos, principalmente de tipo clorurado que desempeñan un papel importante en la formación de algunos tipos de yacimientos metalíferos de origen diagenético (p. ej., MVT de Pb-Zn), así como en la de aquellos directamente relacionados con la cristalización magmática en la etapa hidrotermal (p.ej., pórfidos cupríferos), como muestran las inclusiones fluidas de alta salinidad encontradas en estos yacimientos.

SEDEX: El término constituye una combinación de los términos sedimentario y exhalativo. El término denomina los yacimientos emplazados en secuencias sedimentarias en cuya formación participaron soluciones hidrotermales de origen diagenético o relacionadas con manifestaciones ígneas. Los yacimientos de este tipo son característicos de ambiente de plataforma (marino-continental) y presentan carácter polimetálico, con Pb-Zn como metales principales.

SENSORES REMOTOS (en inglés: *remote sensing*): Conjunto de metodologías de exploración (imágenes satelitales, geofísica aeroportada, espectrografía infrarroja, etc.) utilizadas en exploración minera, que tienen en común la obtención de información a distancia del sitio estudiado (cientos de m a cientos de km). Una de las aplicaciones más importantes de la teledetección en el campo de la geología es el análisis de las regiones del espectro correspondientes al infrarrojo de onda corta (SWIR: *Short Wave Infrared*) y el infrarrojo térmico (TIR: *Thermal Infrared*).Estas técnicas permiten cartografiar zonas de alteración hidrotermal. Los sensores pueden estar montados en un satélite (p.ej., sistema ASTER en el satélite Terra: cooperación entre USA y Japón) o en aviones (sistema AVIRIS). Con la aparición de ASTER: *Advanced Spaceborne Thermal Emission and Reflection Radiometer* la utilización de los sensores de la serie LANDSAT en estudios de caracterización litológica quedó relegada a un segundo plano. La razón es que tanto TM como ETM+ no cuentan con la necesaria resolución espectral como para poder distinguir compuestos mineralógicos importantes. Por su parte, el sistema AVIRIS (*Airborne Visible/Infrared Imaging Spectrometer*) se monta en aviones y es un concepto desarrollado por el *Jet Propulsion Laboratory* (NASA). El equivalente europeo es HyMap, de origen alemán. Aparte de la exploración minera, estos sensores permiten estudiar la mineralogía de zonas contaminadas por la actividad minera en estudios ambientales.

SERICITA: Muscovita (= moscovita), mica blanca en finos cristales que se produce principalmente por alteración de feldespatos. Es un mineral principal de la alteración cuarzo-sericítica de la zona fílica de los pórfidos cupríferos y es especialmente abundante, junto con turmalina en aquellos de tipo chimenea de brecha. Se distingue por el carácter sedoso que presenta la roca alterada (si se la frota con la mano, se observa en ella el brillo de los finos cristales de sericita). Ver además: alteración fílica y pórfidos cupríferos.

SERIES MAGMÁTICAS: Ver oxidación (series de rocas ígneas con magnetita y series con ilmenita).

SERNAGEOMIN: Servicio Nacional de Geología y Minería del Estado de Chile. Es responsable de la elaboración de la Carta Geológica de Chile. Además, elabora otras cartas temáticas y realiza estudios en diversos campos de la geología y la geología aplicada, incluida la volcanología. En aspectos mineros, tiene a su cargo el registro de la propiedad minera del país, así como la seguridad de las operaciones mineras, incluidos los aspectos comprendidos en el cierre de explotaciones mineras. Ver además: IGME.

SIDERÓFILOS: El término designa aquellos elementos que presentan afinidad geoquímica con el Fe, como V, Ti, Ni, Co, etc.

SILICIFICACIÓN: Alteración hidrotermal consistente en la adición de sílice (SiO_2) a una roca. La sílice es un componente común de las soluciones hidrotermales. En su mayor parte se origina en la destrucción total de los silicatos por efecto de la acidez, por ejemplo: $MgSiO_3 + 2H^+ \rightarrow Mg^2 + H_2O + SiO_2$. La solubilidad de la sílice se facilita si el pH es alcalino: $SiO_2 + OH^- \rightarrow HSiO_3^-$. También se incrementa con la temperatura. El proceso de silicificación de una roca aumenta su dureza y resistencia a los esfuerzos, a diferencia de otras formas de alteración que tienden a debilitarlas.

SINGENÉTICA (en inglés: *syngenetic*). Se dice de una mineralización cuya depósito es contemporáneo con la formación de la roca que la alberga. El término se opone a epigenética (la mineralización es claramente tardía respecto a la formación de la roca). Una situación intermedia es la de una mineralización diagenética en rocas sedimentarias, que es posterior a la sedimentación misma, pero acompaña al proceso de litificación de la roca encajadora.

SIGMOIDE: Plano de falla o veta en forma similar a una letra S. Cuando la estructura se cierra, se denomina lazo sigmoide. También se suele escribir cimoide (lo que es menos correcto). Las estructuras sigmoides son características de la cizalla simple, vale decir, del efecto de corte de una pareja de fuerzas. Las condiciones internas dentro del lazo sigmoide pueden ser extensionales o compresionales dependiendo del sentido de movimiento en la falla principal.

SÍNTER: Depósito hidrotermal superficial constituido por sílice y/o carbonatos. La precipitación de estos minerales forma costras superficiales en sistemas tipo campo geotérmico al evaporarse y enfriarse el agua que contiene la sílice y el carbonato. La roca denominada andacollita (definida en Andacollo, Chile) es propiamente un sínter carbonatado.

SISTEMA: En geología designa un conjunto de procesos relacionados entre sí que tienen por consecuencia un determinado tipo de resultado. Por ejemplo, un sistema epitermal incluye: a) una fuente térmica poco profunda; b) la interacción de soluciones hipógenas (= hipogénicas) con aguas subterráneas profundas; c) el flujo de soluciones hidrotermales a través de redes de fracturas movidas por el desarrollo de celdas convectivas; y d) el transporte y depósito de metales preciosos (Au, Ag). Su resultado es la formación del yacimiento epitermal.

SKARN: Yacimientos metalíferos (Fe, Cu, Au, Zn, W, etc.) formados en la aureola de contacto de secuencias pelítico-carbonatadas y volcánicas, intruidas por granitoides. Más propiamente, designa su ganga constituida por granate, piroxeno y anfíbola. Ver además: granate, metamorfismo y metasomatismo.

SOLUCIÓN HIDROTERMAL (en inglés: *hydrothermal solution*): Solución acuosa caliente natural de cualquier origen. Una solución hidrotermal tiene una capacidad especial para transportar metales en forma de iones complejos, los que deposita cuando sufre un desequilibrio físico (cambios en T o P) o químico. Ver además: hidrotermal.

SONDAJES (SONDEOS): En inglés: *drill holes*. Los sondajes (= sondeos) se realizan para descubrir y reconocer la magnitud y leyes de un cuerpo mineralizado. Los sondajes pueden ser realizados en conjunto con otras labores de exploración o desarrollo (túneles, piques = pozos). Existen diversos tipos de sondajes:

- Con recuperación de testigo (core): DDH = Diamond Drill Hole. Son caros, pero al disponer de un testigo de roca, se puede obtener gran información geológica, mineralógica,geotécnica (RQD, FF), y por supuesto de leyes de mineral.
- Sin recuperación de testigo: 1) DTH = Down the Hole = percusión-rotación, donde se recupera una arenilla (cutting). 2: Aire reverso, similar al DTH pero con menor contaminación de materiales. La información geológica que se obtiene es muy limitada, aunque se pueden determinar las leyes de mineral y realizarse un estudio mineralógico preliminar.

Los testigos (*cores*) deben ser objeto de cuidadoso estudio, indicando con la mayor precisión posible su ubicación, orientación y metraje correspondiente al segmento estudiado. La descripción del sondaje (mapeo = testificación) incluye su litología, mineralogía, alteración hidrotermal o supérgena (= supergénica), y fracturas y vetillas presentes. Normalmente, los sondajes en roca mineralizada se cortan en dos a lo largo de su eje. Una mitad se guarda en cajas especiales y la otra es enviada al laboratorio para análisis químicos.

STOCK: Ver macizo.

STOCKWORK: Se denomina así a un enrejado de fracturas que se expresan a distintas escalas, desde el nivel métrico al microscópico, y que pueden albergar la mineralización principal de un yacimiento metalífero. Uno de los dos tipos estructurales de pórfidos cupríferos se denomina stockwork por su relación con estas estructuras (el otro es el denominado chimenea a brecha = *breccia pipe*). El stockwork se puede desarrollar tanto en el intrusivo como en la roca cortada por éste. En su origen pueden participar factores tectónicos, como la intersección de sistemas de fallas, así como el efecto explosivo generado por la descompresión de fluidos supercríticos. Los stockworks se pueden encontrar además en yacimientos epitermales de Pb-Zn-(Ag) (p.ej., distrito de Mazarrón, España) o en sulfuros macizos (= masivos) (p.ej., Rio Tinto, España). Ver además: pórfidos cupríferos, sulfuros macizos.

SUBDUCCIÓN: Proceso de introducción de una placa litosférica oceánica bajo el manto litosférico continental (p. ej., Cadena Andina) o bajo el manto litosférico oceánico (arcos de islas). El ángulo del plano de subducción se puede conocer porque constituye una zona sísmica (ver zona de Wadati-Benioff). Su inclinación está relacionada en parte con la velocidad de convergencia de las placas (inversamente proporcional). También influyen en la inclinación otros factores, como perturbaciones debidas a la topografía de la placa subductada y la edad de la placa. Una placa joven y caliente presenta mayor flotabilidad (*buoyancy*) y subduce a menor ángulo. Los procesos de subducción desempeñan un papel principal en la generación de los magmas que dan origen a importantes tipos de yacimientos metalíferos, como los pórfidos cupríferos, los depósitos epitermales y los de hierro tipo Kiruna (p.ej., Faja Ferrífera del Norte de Chile). Esto ocurre tanto en los márgenes continentales de tipo Andino como en los arcos de islas oceánicos.

SUBSIDENCIA: Proceso de hundimiento superficial o bien de un bloque geológico. Tiene su origen en la pérdida de apoyo vertical (por ejemplo, un proceso karstico) o en la pérdida de presión lateral (que afecta el comportamiento de las fallas presentes). Labores mineras subterráneas poco profundas (como en Portovelo-Zaruma, Ecuador) pueden ser causa de subsidencia. También es normal el desarrollo de cráteres de subsidencia en las explotaciones subterráneas por hundimiento de bloques (*block caving*), como los formados en El Salvador, Río Blanco y El Teniente (Chile).

SUBVOLCÁNICO: Emplazamiento de un cuerpo magmático entre el nivel volcánico y el hipabisal. Por ejemplo, los intrusivos asociados a los yacimientos de Sn-Ag de la parte central-sur de la faja estannífera de Bolivia se emplazaron en un nivel subvolcánico. Este nivel se sitúa en torno a 1.0 – 1.5 km de profundidad. El término también puede aplicarse a domos de emplazamiento muy somero, como los que dieron origen a yacimientos epitermales de Pb-Zn-(Ag) en los distritos de La Unión y Mazarrón (España).

SULFÓFILO: El término designa a los elementos que poseen afinidad por el azufre y por lo tanto están presentes en las paragénesis hidrotermales sulfuradas o se asocian al azufre en otros ambientes naturales (p.ej., piritas fromboidales de medios acuosos reductores). También se usa el término calcófilo, pero este significa, etimológicamente: afinidad por el cobre, de ahí que sea menos apropiado. Entre los elementos que presentan mayor afinidad por el azufre están Mo, Cu, Ni, Co, Fe, Zn, Pb, Sb y Ag. La metalogénesis asociada al magmatismo calcoalcalino es esencialmente sulfófila.

SULFUROS MACIZOS (MASIVOS): En inglés: *massive sulfides*. Es un término muy amplio, que incluye distintos tipos de depósitos asociados a diferentes ambientes tectónicos (dorsales oceánicas, plataforma marina continental, cuenca tras arco, actividad volcánica tipo caldera en el fondo oceánico, etc). Incluye tipos de yacimientos como los Sedex, Besshi, Kuroko, Chipre, etc. Estos tipos de yacimientos tienen en común su depósito cercano al nivel del fondo marino, el carácter masivo de la mineralización, la presencia en grados variables de sedimentos marinos, y la actividad hidrotermal exhalativa. Ver además: Besshi, Chipre, Kuroko, Sedex.

SUPERCRÍTICO: El equilibrio agua líquida-vapor está determinado por la relación temperatura-presión. Esto implica que puede existir agua en estado líquido a temperaturas muy por encima de la temperatura de ebullición del agua a nivel del mar (100°C) si la presión es mayor a 1 atmósfera. Sin embargo, lo señalado tiene un límite. Así, ese equilibrio se extiende hasta los 374°C, donde a 218 atmósferas aún puede existir agua líquida. Sobre esa temperatura se extiende un campo denominado supercrítico, donde a presiones elevadas el agua se presenta en forma de un fluido cuya densidad puede alcanzar una cifra en torno a 0.8, pero que ya no es agua líquida propiamente tal. Si la presión que permite la existencia de este fluido supercrítico disminuye bruscamente, el fluido pasa a gas de manera explosiva. Esto se debe a que el vapor de agua ocupa un volumen que es unas 1000 veces superior al ocupado por el agua líquida. Fenómenos explosivos de esta naturaleza pueden dar lugar a la formación de stockworks y cuerpos de brecha, tanto en estructuras cilíndricas como en cuerpos filonianos.

SUPÉRGENO (SUPERGÉNICO): Proveniente de la superficie. Por ejemplo, cuando la oxidación en superficie y hasta el nivel freático causa la lixiviación del cobre de un yacimiento y forma un horizonte profundo en el que está más concentrado (bajo el nivel freático), el fenómeno se califica como de enriquecimiento supérgeno (= supergénico = enriquecimiento secundario). El término se contrapone a hipógeno (= hipogénico). Ver además: hipógeno.

T

TAQUILITA: Vidrio volcánico generalmente de composición muy rica en sílice. Se denomina seudotaquilita al material vítreo que puede formarse en una zona de falla debido al efecto de la fricción producida por el movimiento de los bloques, la cual puede generar temperaturas capaces de fundir el material fino presente.

TECTÓNICA: Es el estudio de los procesos de deformación de la corteza terrestre que actúan a gran escala, como el desarrollo de cinturones orogénicos, fallas mayores, movimientos de placas litosféricas y sus consecuencias, emplazamiento de cuerpos batolíticos, etc.

TECTÓNICA DE PLACAS: Teoría geológica que explica el funcionamiento tectónico global de la Tierra, así como su historia geológica, sobre la base de la formación, desplazamiento y destrucción de placas rígidas. Estas placas, constituidas por litosfera (manto rígido) y corteza continental (placas continentales) u oceánica (placas oceánicas), se desplazan sobre un manto de menor rigidez (manto astenosférico).El movimiento de las placas se atribuye a las corrientes de convección que operan en el manto astenosférico, que movilizan materia y energía térmica entre el núcleo externo y el manto litosférico. Las placas oceánicas nacen en las dorsales oceánicas y se destruyen en las zonas de subducción. Esta teoría permite explicar la deriva continental y está sustentada en evidencias físicas, como las bandas de inversiones paleomagnéticas del fondo oceánico y la actividad sísmica en los bordes de placa. También se ha comprobado experimentalmente el desplazamiento de islas oceánicas y continentes mediante geodesia satelital (GPS). Por otra parte, la misma teoría permite explicar la generación de magmatismo en diversos ambientes tectónicos, así como la distribución mundial de los yacimientos minerales, y entrega una explicación consistente de la historia geológica de la Tierra. La tectónica de placas surgió en la década de los años 1960's y en su desarrollo fue esencial el estudio geofísico de los fondos oceánicos y su interpretación sobre la base del registro estratigráfico de las inversiones de polaridad del campo magnético terrestre, elaborado en años anteriores (el que permitió traducir la información paleomagnética binaria en términos de tiempo transcurrido).

TERMODINÁMICA: Es la ciencia que estudia los sistemas en términos de los intercambios de energía y materia. Desempeña un papel muy importante en el estudio de los sistemas geológicos y sus procesos ya que define sus condiciones de equilibrio. En lo referente a procesos que incluyen reacciones químicas (como la formación de minerales, las interacciones agua-roca-gas, etc.) la termodinámica permite evaluar el grado de desequilibrio de un sistema, pero no el tiempo que demorará en alcanzar el equilibrio respectivo. En ese aspecto debe complementarse con la cinética química. Un parámetro termodinámico de especial utilidad es la energía libre asociada a una reacción química determinada, e indica en qué medida la reacción ocurrirá espontáneamente y entregará energía (reacciones exotérmicas) o requerirá energía para ocurrir (reacciones endotérmicas). Los diagramas Eh-pH son un instrumento termodinámico de gran aplicación en geoquímica y en el estudio de procesos hidrotermales y supérgenos (= supergénicos), así como en hidrometalugia. Ver además: energía libre.

TEORÍA: Es una explicación científica de rango mayor al de la hipótesis, aplicada a una parte muy importante del campo de una ciencia. Puede incluir una serie de leyes (que son explicadas por la teoría) así como varias hipótesis sobre las que se apoya. Ejemplos: teoría de la evolución biológica; teoría de la tectónica de placas. En materia de depósitos minerales, las principales teorías conciernen a su origen, como la teoría hidrotermal. Un campo de larga discusión ha sido la importancia relativa de los procesos magmáticos y de la sedimentación marina en la formación de yacimientos, discusión que reprodujo en parte la del plutonismo-neptunismo relativa al origen de las rocas. Esta discusión ha sido superada en buena parte, debido a las perspectivas aportadas por la tectónica de placas, a la mejor comprensión del efecto de los procesos diagenéticos y al conocimiento obtenido respecto al papel de las salmueras metalíferas y de los sistemas hidrotermales en campos geotérmicos.

TERRAZA: Es el remanente de un plano de erosión y depósito (p.ej., el plano de inundación de un río, una plataforma de abrasión marina, etc.), una vez que se ha producido un ascenso del bloque respectivo y su parcial erosión. Las terrazas pueden contener concentraciones metálicas tipo placer, formadas en el antiguo plano de erosión-depositación.

TERRENO (del inglés: *terrane*): En términos tectónicos, se llama así a un bloque de corteza, limitado por fallas, cuya historia geológica es distinta de la de otros bloques adyacentes. Un uso coloquial del término terreno (en Chile) es el de campo. Por ejemplo, una *salida al terreno*, es una excursión geológica.

TESTIGO (en inglés: *drill core*): Se denomina así al cilindro más o menos continuo de roca que se obtiene de una perforación realizada con una corona de acero con diamantes industriales incrustados. La herramienta tiene una apertura central, en la que va quedando encajada la roca cortada por la corona. La corona a su vez se encuentra ligada a un sistema de tubos. La maquinaria de perforación induce dos tipos de movimiento: hacia abajo y rotacional, para producir el corte de la roca e introducirlo en la tubería. Para recuperar el testigo, hay que extraer toda la tubería, operación que se realiza sistemáticamente cada tantos metros. Ver además: sondajes (= sondeos).

TEXTURA (en inglés: *texture*): La textura de una roca o minerales está configurada por rasgos estructurales finos, incluidos los relativos al crecimiento cristalino. Por ejemplo: textura sacaroidal de una roca microcristalina, textura coloforme de los minerales de una mena. También un enrejado fino de vetillas constituye un rasgo textural. De especial importancia en términos del tratamiento metalúrgico de minerales sulfurados son aquellas relaciones texturales como el entrecrecimiento de minerales, que pueden dificultar mucho su separación en el proceso de molienda.

TIERRAS RARAS (en inglés: *rare earth elements = REE*): Es un grupo de elementos químicos cuyo número atómico está comprendido entre 58 (Lantano) y 71 (Lutecio): La, Ac, Ce, Pr, Na, Pm, Sm, Eu, Gd, Tb, Dy, Ho, Er, Tm, Yb y Lu. Su característica distintiva es que al aumentar el número atómico en 1, el electrón adicional correspondiente es agregado a un nivel electrónico interno (y no al último orbital). En consecuencia, entre dos elementos contiguos no existen mayores diferencias químicas (las cuales dependen de los orbitales electrónicos externos que determinan la valencia). Como tampoco hay diferencias físicas significativas (puesto que la diferencia de masa es sólo 1), estos elementos son muy difíciles de separar entre sí. Actualmente estos elementos (REE) tienen importantes aplicaciones tecnológicas. Su fuente principal son los fosfatos como la monacita → $(Ce,La,Nd,Th)PO_4$ (abundante en Brasil). También alcanzan contenidos importantes en la mena de yacimientos IOCG como Olympic Dam (Australia). En Chile se ha considerado la posibilidad de obtenerlos de apatita (= apatito), mineral que acompaña la mineralización en yacimientos de la Faja Cretácica Ferrífera. Sin embargo, su contenido de REE es relativamente bajo. Esto se explica por la asociación de los REE con el magmatismo alcalino mientras que en Chile predomina el de tipo calcoalcalino.

TOBA (en inglés: *tuff*): Roca piroclástica formada por la litificación de ceniza volcánica.

TRANSPRESIÓN Y TRANSTENSIÓN: Ambos términos se refieren a situaciones generadas a lo largo de grandes fallas, donde su curvatura induce condiciones locales de presión o tensión. En el territorio chileno se generaron condiciones tectónicas de estos tipos durante el período Cretácico, las cuales controlaron el emplazamiento de cuerpos magmáticos asociados a yacimientos de Fe tipo Kiruna (faja ferrífera cretácica), de vetas (= filones) de Cu-Fe-Au, y de yacimientos tipo skarn de los mismos metales.

TRAS ARCO (en inglés: *back arc*): El término designa una cuenca situada entre el arco magmático, producto de subducción de placa oceánica, y una zona continental estable (antepaís). La cuenca tras arco se forma por efecto de condiciones extensionales, que generan un régimen subsidente y pueden dar lugar al ingreso del mar el que puede alcanzar profundidades someras o mayores. Este fue el caso de la Cuenca de Huarmey, en Perú, que se desarrolló y profundizó en el Cretácico Inferior, mientras más al sur existía sólo una cuenca somera. Distintos tipos de yacimiento pueden formarse en este tipo de cuencas.

TRAZAS (en inglés: *trace elements*): Se denomina elementos en trazas a aquellos presentes en las rocas en concentraciones inferiores a 0.1%. Tienen aplicaciones importantes en estudios petrológicos y metalogénicos, así como en prospección geoquímica.

TUBO DE CORRIENTE: Modelo metalogénico general propuesto por H. Pelissonnier, que analiza la formación de yacimientos minerales en término de un gran volumen de rocas o sedimentos desde el cual los metales son extraídos y transportados por el efecto de fluidos, a través de mecanismos químicos físicos-químicos o físicos. Posteriormente son depositados al estrecharse el *tubo de corriente* por el cual circulan. Dicho estrechamiento puede ser igualmente de carácter químico, físicoquímico o físico. Más allá, el fluido transportador sigue su curso, ahora a través de otro volumen amplio, desarrollando anomalías geoquímicas *de fuga* o pequeños depósitos con el resto de minerales no depositados.

TURMALINA: Ciclosilicato rico en boro que cristaliza en el sistema hexagonal. Este mineral es típico de las mineralizaciones ricas en fluidos neumatolíticos o hidrotermales de alta temperatura. Es además común en yacimientos cupríferos del tipo chimenea de brecha, donde acompaña a sericita y sílice secundaria. Su fórmula general es: $AD_3G_6(BO_3)_3[T_6O_{18}]$ Y_3Z donde $\mathbf{A}$ = Ca, Na, K, $\mathbf{D}$ = Al, Fe^{2+}, Fe^{3+}, Li, Mg, Mn^{2+}, $\mathbf{G}$ = Al, Cr^{3+}, Fe^{3+}, V^{3+}, $\mathbf{T}$ = Si, Y = O y/o OH, y $\mathbf{Z}$ = F, O y/o OH.

U

ULTRAMÁFICAS: Rocas como las peridotitas, constituidas por olivino y piroxeno, cuya composición es similar a la del manto de la Tierra y tienen su origen en materiales procedentes de ese nivel. A estas rocas se asocian yacimientos podiformes de cromita. Ver además: podiforme.

V

VÁLVULA ACTIVADA: Cuando hay cuerpos de agua subterránea separados por niveles impermeables, el cuerpo inferior puede estar sometido a una presión suprahidrostática, muy superior a la presión hidrostática existente en el cuerpo superior libre. Si el nivel impermeable se rompe (por efecto de la reactivación de una falla: sismo), el agua asciende violentamente debido a la diferencia de presiones existente. Este proceso puede dar lugar al depósito de minerales hidrotermales si las soluciones afectadas contienen iones metálicos complejos, dado el desequilibrio que implica el ascenso violento descrito.

VETA (FILÓN): Ver filón.

VOLCÁN: Estructura en forma de cono o domo, producto de la extrusión de lava o de material piroclástico. Se clasifican en volcanes escudo (de gran diámetro respecto a su altura, constituidos por lavas fluidas de composición basáltica), estratovolcanes (integrados por estratos de lava y estratos piroclásticos alternados), hornitos (formados sólo por piroclastos), y domos (formados por lavas viscosas, ricas en sílice).En términos de formación de yacimientos metalíferos, presenta especial interés la actividad volcánica correspondiente a los estratovolcanes y domos pliocenos o más antiguos. Desde el punto de vista de los riesgos naturales, ambas formas son notablemente peligrosas en el caso de volcanes activos, por el riesgo de ocurrencia de flujos piroclásticos (riesgo presente en el caso del volcán Chaitén, Chile).

VOLCANOGÉNICO (en inglés: *volcanogenic*): Se denomina así a yacimientos de origen fumarólico o hidrotermal, formados a poca profundidad y en asociación a la actividad volcánica subaérea o submarina. Ver además: sulfuros macizos (= masivos).

W

WAD: Material constituido principalmente por MnO_2. El dióxido de Mn se forma por oxidación de Mn^{2+} a Mn^{4+}, seguida de la hidrólisis y precipitación de este último en forma de dióxido. El wad tiene un carácter coloidal y una notable capacidad para captar metales como Cu, Ni, etc. (de ahí el interés que presentan los nódulos de MnO_2 del fondo oceánico). En yacimientos exóticos de cobre el wad capta altos contenidos del metal, formando el denominado *copper wad*, así como un material de aspecto algo diferente (*copper pitch*). El wad tiene amplia distribución, dado que el Mn es un elemento menor de las rocas y el Mn se oxida rápidamente a la forma MnO_2, una vez que es extraído de las rocas por efecto de la meteorización. En la provincia de Ciudad Real (España) existen yacimientos epitermales de Mn con importantes contenidos en Co y Ni. Ver además: nódulos

X

XENOLITO (GABARRO): Fragmento de roca de distinta composición presente en la masa de un cuerpo de roca intrusiva. Corresponden a restos no asimilados de rocas incorporadas durante el ascenso del magma. Si su composición (aunque no necesariamente su textura) es similar a la del intrusivo, se denominan autolitos.

XENOTERMALES: Término utilizado para yacimientos hidrotermales para los cuales se supone una fuente ígnea, aunque no existan evidencias de magmatismo en la geología local. Es un concepto antiguo, en la práctica sobrepasado por los conocimientos actuales que implican múltiples orígenes para las soluciones hidrotermales, incluidas las salmueras metalíferas.

Y

YACIMIENTO MINERAL (DEPÓSITO MINERAL): Se denomina así a una concentración natural de minerales que presenta razonables posibilidades de ser explotada con provecho económico, ya sea en el presente o en un futuro relativamente cercano. Ver además: recursos, reservas.

Z

ZEOLITAS (también ceolitas y en inglés: *zeolites*): Son tectosilicatos caracterizados por redes estructurales muy abiertas, con grandes espacios de interconexión, en los que se alojan moléculas de agua y cationes. Puesto que ello permite a los cationes una elevada movilidad, pueden ser fácilmente intercambiados con los del medio externo. Entre sus principales aplicaciones industriales está la de actuar como tamices moleculares en el tratamiento de líquidos y gases, así como en el campo de la catálisis. En Chile no se cuenta con yacimientos de estos minerales, pero las zeolitas se presentan en muchos distritos metalíferos (como Talcuna, en la Región de Coquimbo), así como en secuencias de rocas volcánicas alteradas.

ZONA DE CEMENTACIÓN (= ENRIQUECIMIENTO SECUNDARIO): Es la zona de formación de sulfuros secundarios enriquecidos en yacimientos de cobre, donde calcosina (Cu_2S) se forma por reemplazo del Fe de otros sulfuros por Cu, procedente de la zona de oxidación. El límite entre ambas zonas está dado por el nivel freático (de aguas subterráneas) local. Ver además: oxidación.

ZONA OXIDADA: Es la zona superior de un yacimiento de cobre aflorante o sub-aflorante, situada sobre el nivel freático, en la cual el agua meteórica rica en oxígeno produce la oxidación de los sulfuros primarios. Si hay suficiente pirita (FeS_2), el ambiente ácido generado favorece el transporte vertical descendente del Cu hacia la zona de cementación o su transporte lateral para formar yacimientos oxidados exóticos de Cu. Todo esto ocurre de manera importante si y solo si la cantidad de agua disponible es la adecuada (ni poca ni mucha: clima semiárido) y la tectónica, la topografía, y las temperaturas son igualmente adecuadas. Ver además: zona de cementación.

ZONACIÓN (en inglés: *zoning*): El término es muy amplio, y en mineralogía y yacimientos minerales se refiere a fenómenos de segregación zonal que van desde la escala cristalina (p.ej., cristales de plagioclasa zonados) hasta la de un orógeno (p.ej., zonación metalífera de la cadena andina). Aquí consideraremos en particular la zonación de los minerales de interés económico, a la escala de un yacimiento metalífero o de un distrito. Al respecto, un ejemplo clásico de zonación es la del Distrito de Cornwall (Cornualles; suroeste de Gran Bretaña) donde se definió un esquema clásico con Sn-W en los granitos del centro mineralizador, siguiendo con minerales de Cu hacia la roca encajadora, y finalmente sulfuros de Pb y Zn. La idea básica es que al producirse los pulsos mineralizadores desde un centro (generalmente asociado a un magma intrusivo), los fluidos neumatolítico-hidrotermales van atravesando envolventes de temperatura y presión decrecientes. Esto implica desequilibrios en las condiciones de transporte de metales en fase gaseosa (fluidos neumatolíticos) que son los primeros en depositarse y, posteriormente, en las condiciones que hacen posible su movilización en forma de iones metales complejos en soluciones hidrotermales. Naturalmente, los metales que forman iones complejos más estables deberían continuar en solución hasta distancias mayores del centro mineralizador. Esto ocurre en la práctica, puesto que los metales más pesados como Au, Pb, etc., que forman complejos más estables, efectivamente se depositan a mayor distancia. Sin embargo, existen tres factores que hacen que este tema no sea tan simple. El primero es la existencia de diversos iones complejos de un mismo metal. Por ejemplo, el oro forma un ión clorurado a alta temperatura y uno sulfurado a temperaturas menores. En consecuencia, el primero se desestabiliza y deposita el Au en un nivel más profundo. El factor señalado puede traducirse igualmente en el depósito del metal bajo distintas formas mineralógicas (y la zonación concierne a los minerales, más que a los metales mismos). Un segundo factor es que frecuentemente existen dos o más pulsos de mineralización, los cuales pueden implicar cambios en la composición de los fluidos y en su temperatura inicial. El tercer factor, también importante, concierne a las interacciones químicas entre los fluidos mineralizadores y las rocas que atraviesan. Finalmente, es importante señalar que la zonación representa a nivel espacial lo que la paragénesis muestra en términos de tiempo, vale decir, son dos expresiones del desequilibrio de los fluidos mineralizadores debidos a los cambios termodinámicos que los afectan. La principal aplicación práctica de la zonación concierne a su uso en exploración minera. Esto es así porque permite prever: a) los cambios que puede experimentar la mineralización en la profundidad de un yacimiento y b) la posible existencia de yacimientos aún desconocidos en el entorno distrital.

ZONA DE FALLA: Las grandes fallas geológicas no constan de un solo plano de falla bien definido, sino que corresponden a un volumen tabular denominado zona de falla, constituido por rocas muy fracturadas y numerosos planos de fallas a través de los cuales se realizan los desplazamientos. Es común que las rocas de la zona de falla presenten alteración hidrotermal así como metamorfismo dinámico, con formación de cataclasitas en la zona superior y milonitas en la inferior. En la mega zona de falla de Atacama algunos cuerpos con mineralización ferrífera tipo Kiruna han experimentado el efecto metamórfico antes descrito. Localmente, esto ha generado un bandeamiento de magnetita y mica, adquiriendo así aspecto muy similar al de una formación ferrífera bandeada (BIF).

ZONA DE SATURACIÓN: Término que en hidrogeología designa a la zona situada bajo el nivel freático del acuífero. Bajo ella se desarrolla la zona de cementación (sulfuros enriquecidos) en yacimientos cupríferos.

ZONA DE SUBDUCCIÓN (en inglés: *subduction zone*): Ver tectónica de placas y zona de Wadati-Benioff.

ZONA DE WADATI-BENIOFF: Zona sísmica desarrollada en la parte superior de una placa litosférica en proceso de subducción y por la parte inferior del manto litosférico en contacto con ella. Permite inferir la posición e inclinación de la zona de subducción.

ZONA VADOSA: Término hidrogeológico que designa la zona comprendida entre la superficie del terreno y el nivel freático. Es una zona no saturada en agua y que contiene aire en los espacios libres, junto con agua que desciende hacia el nivel freático (o asciende por capilaridad). La zona de oxidación de los yacimientos metalíferos sulfurados se desarrolla en la zona vadosa. La zona vadosa presenta especial riesgo de generación de drenaje ácido, ya sea que se sitúe en yacimientos ricos en pirita o en desechos mineros ricos en el mismo mineral. De ahí que se recurra a su saturación con agua para evitar o retardar dicho proceso en las operaciones de cierre de explotaciones mineras.

JORGE OYARZÚN MUÑOZ

Geólogo de la Universidad de Chile, Dr. en Geoquímica y Dr. de Estado en Ciencias por la Universidad de París. Realizó un postdoctorado Humboldt en la Universidad de Heidelberg y es Fellow de la Society of Economic Geologists. Ha sido geólogo de los actuales Ciren y Sernageomin (ex IIG) ocupando la jefatura de la División Geoquímica y de la Carta Metalogénica de Chile en esta última institución Ha sido académico jornada completa de las universidades de Chile, Católica del Norte, de Concepción y de La Serena y profesor invitado de universidades de Chile, Argentina, Colombia, Perú, España y Polonia. También ha desempeñado roles de consultor para UNESCO y para empresas mineras chilenas y extranjeras en materias de geología económica, exploración minera y minería-ambiente. Es autor o coautor de un centenar de publicaciones de corriente principal, así como autor de capítulos de libros publicados en Chile, España y Alemania, y de libros y manuales disponibles en el sitio GEMM- Aula2puntonet. En 2001 compartió el premio de investigación Wardell Armstrong, otorgado por el Instituto de Minería y Metalurgia de Gran Bretaña y, en 2018, fue nombrado Profesor Emérito de la Universidad de La Serena.